Nigel Calder

JENSEITS VON HALLEY

Der Halleysche Komet in voller Pracht, ungefähr zu dem Zeitpunkt, als im März 1986 Giotto und andere Sonden bis tief in seinen Kern vorstießen. Eine Aufnahme mit der Schmidtkamera der Europäischen Südsternwarte in Chile, wo der Komet damals wesentlich besser als in Giottos Heimat Europa zu sehen war. (Bild: ESO)

Nigel Calder

JENSEITS VON HALLEY

Die Erforschung von Schweifsternen
durch die Raumsonden
GIOTTO und ROSETTA

Übersetzt von Daniel Fischer
Geleitwort
von Reimar Lüst
Mit 37 Abbildungen
davon 11 in Farbe

Springer

Nigel Calder
26 Boundary Road, Northgate
Crawley, Sussex RH10 2BT
England

Übersetzer
Daniel Fischer
Im Kottsiefen 10
D-53639 Königswinter

Titel der englischen Originalausgabe
Giotto to the Comets
© Nigel Calder 1992

Umschlagbild
Computergraphik der Umlaufbahnen der Erde (blau), des Kometen Grigg-Skjellerup (braun), der Flugbahn der Giotto-Sonde (grün) sowie der Umlaufbahn des Kometen Halley im Inneren Sonnensystem (rot). Grigg-Skjellerup und Giotto befinden sich hier kurz vor ihrer größten Annäherung. Die Hochgewinnantenne zeigt in Richtung Erde, um die Kommunikation aufrecht zu erhalten und den wissenschaftlichen Datentransfer zu den Bodenstationen auf der Erde zu ermöglichen. (Bild: ESA)

ISBN 3-540-57585-5 Springer-Verlag Berlin Heidelberg New York

CIP-Einheitsaufnahme beantragt

Dieses Werk ist urheberrechtlich geschützt. Die dadurch begründeten Rechte, insbesondere die der Übersetzung, des Vortrags, der Entnahme von Abbildungen und Tabellen, der Funksendung, der Mikroverfilmung oder der Vervielfältigung auf anderen Wegen und der Speicherung in Datenverarbeitungsanlagen, bleiben, auch bei nur auszugsweiser Verwertung, vorbehalten. Eine Vervielfältigung dieses Werkes oder von Teilen dieses Werkes ist auch im Einzelfall nur in den Grenzen der gesetzlichen Bestimmungen des Urheberrechtsgesetzes der Bundesrepublik Deutschland vom 9. September 1965 in der jeweils geltenden Fassung zulässig. Sie ist grundsätzlich vergütungspflichtig. Zuwiderhandlungen unterliegen den Strafbestimmungen des Urheberrechtsgesetzes.

© Springer-Verlag Berlin Heidelberg 1994
Printed in Germany

Die Wiedergabe von Gebrauchsnamen, Warenbezeichnungen usw. in diesem Werk berechtigt auch ohne besondere Kennzeichnung nicht zu der Annahme, daß solche Namen im Sinne der Warenzeichen- und Markenschutz-Gesetzgebung als frei zu betrachten wären und daher von jedermann benutzt werden dürften.

Einbandgestaltung: Erich Kirchner, Heidelberg
Satz: Datenkonvertierung durch K. Mattes, Heidelberg

SPIN: 10125925   55/3140-5 4 3 2 1 0 – Gedruckt auf säurefreiem Papier

Geleitwort

Mit der Kometensonde Giotto wurde eines der aufregendsten Kapitel der Geschichte der Raumfahrt geschrieben. Nigel Calder hat es verstanden, dieses Abenteuer anschaulich und spannend wiederzugeben.

Die Erscheinung eines Kometen galt früher als schlechtes Omen. Der Komet Halley, über dessen Beobachtung zum ersten Mal 240 v. Chr. berichtet wurde und der alle 76 Jahre in die Nähe der Erde zurückkehrt, bildete dabei keine Ausnahme.

Im Jahre 1986 hat er den Wissenschaftlern jedoch Glück gebracht. Mit der Raumsonde Giotto, die am 2. Juli 1985 von Kourou (Guayana) mit der europäischen Trägerrakete Ariane auf den Weg geschickt wurde und die in der Nacht vom 12. auf den 13. März 1986 in nur 600 Kilometern Abstand vom Kopf des Kometen vorbeiflog, wurde das Geheimnis eines Kometenkerns enthüllt. Mit der von Uwe Keller am Max-Planck-Institut für Aeronomie entwickelten Kamera konnte der Kern des Kometen sichtbar gemacht werden.

Die Giotto-Mission war in dreifacher Hinsicht herausragend:

- Die Ingenieure haben einen Raumflugkörper entwickelt, der mit Vorbeiflügen an zwei Kometen alle Erwartungen weit übertroffen hat.
- Die Wissenschaftler haben völlig neue Informationen über Mitglieder des Sonnensystems – die Kometen – gewonnen. Sie haben Europa damit an die Spitze der Kometenforschung gestellt.
- Giotto ist ein Symbol für den Erfolg internationaler Zusammenarbeit, nicht nur in Europa, sondern weltweit. Der erfolgreiche Vorbeiflug am Kometen Halley wurde in amerikanischer, russischer, japanischer und europäischer Zusammenarbeit geplant und durchgeführt.

Selbst der Papst hat dabei mitgespielt. Er verlieh den beteiligten Wissenschaftlern und Ingenieuren den Ehrentitel „Friedensstifter".

Reimar Lüst

Vorwort

„Wo warest Du, da ich die Erde gründete?" (Hiob 38,4)

Der Sinn von Giottos Reisen zum Halleyschen Kometen 1986 und Komet Grigg-Skjellerup 1992 reicht tief in die Grundlagenforschung. Mithin berührt die irdische Geschichte der Männer und Frauen und ihres High-Tech-Abenteuers auch kosmische Geheimnisse, wie in der Frage Gottes an Hiob. Die Europäische Weltraumbehörde (ESA) bot mir die Möglichkeit, die Geschichte der Giotto-Sonde so zu erzählen, wie ich wollte. Sie gewährte mir freien Zugang zu Personen und Dokumenten. Ich bin den Managern, Wissenschaftlern, Ingenieuren, Operateuren und Flugdynamikern dankbar, daß sie sich die Zeit nahmen, die Mission Revue passieren zu lassen und mich über ihren Fortschritt und die technischen Aspekte auf dem laufenden zu halten. Die Meinungen und Deutungen sind meine eigenen.

Dank gilt den vielen Mitgliedern der Giotto-Wissenschaftsteams in Frankreich, Deutschland, Irland, der Schweiz und Großbritannien, die mich in ihre Laboratorien einließen und mir ihre Theorien erklärten, die Experimente und ihre Ergebnisse. Mitarbeiter von British Aerospace und Dornier unterrichteten mich geduldig in Weltraumtechnik. Alan Johnstone vom Mullard Space Science Laboratory und Rod Jenkins von British Aerospace unterstützten mich mit ihren persönlichen Sammlungen von Unterlagen über Giotto und Komet Halley, ebenso David Dale mit seinem persönlichen Fotoalbum. Johannes Geiss (Bern), David Hughes (Sheffield), Jean-Loup Bertaux (Paris) und Tobias Owen (Honolulu) waren ebenfalls eine große Hilfe. Und bei beiden Kometenbegegnungen Giottos konnte ich im European Space Operations Centre in Darmstadt dabeisein.

Teamwork war entscheidend für diese Mission, und die folgende Bemerkung aus dem 3. Kapitel sollte schon einmal vorweggenommen werden als Entschuldigung an die Hauptdarsteller und als Hinweis für den Leser:

„Würde der Autor all die Hunderte von Personen und Dutzende von Organisationen auflisten, die in Wissenschaft, Technik und Betrieb von Giotto eine Rolle spielten, dieses Buch würde sich wie ein Telefonverzeichnis lesen. Der Leser möge bitte immer bedenken, daß jeder Genannte Teil eines viel größeren Teams war."

Nigel Calder

Vorwort des Übersetzers

Zwei Jahre, wie sie zwischen dem Erscheinen der Originalausgabe und der vorliegenden deutschen Fassung liegen, können in der Wissenschaft eine lange Zeit sein, und manches aktuelle Buch hätte in dieser Zeitspanne veraltet sein können. Nicht so Nigel Calders zeitlose Chronik von Europas erstem Aufbruch in die Tiefen des Sonnensystems: Nur an wenigen Stellen empfahlen sich Ergänzungen, vor allem was die Auswertung der Giotto-Beobachtungen am Kometen Grigg-Skjellerup im Laufe von 1993 betrifft, welche von mir anhand von Fachliteratur und Interviews mit den Wissenschaftlern vorgenommen wurden. Das Kapitel über die zwischenzeitlich von der ESA erheblich revidierte Rosetta-Mission hat Calder für diese Ausgabe selbst völlig neu verfaßt und stark erweitert, so daß dieses Buch nun nicht nur auf eine bemerkenswerte Epoche der europäischen Weltraumforschung zurückblickt, sondern beschreiben kann, wie es im 21. Jahrhundert weitergehen soll.

Neben gelegentlichen textlichen Erweiterungen sollte bei der Erstellung der deutschen Fassung besonderer Wert auf die Illustrierung gelegt werden, wobei uns neben der ESA, der ESO und der Firma Dornier insbesondere die Pressestelle der Max-Planck-Gesellschaft, Dr. H. U. Keller, der „Kameramann" von Giotto, Dr. J. Kissel, Prof. S. McKenna-Lawlor, Prof. F. M. Neubauer sowie ESTEC unterstützt haben. Exemplarische wissenschaftliche Ergebnisse sind der umfangreichen Fachliteratur entnommen worden; neu sind schließlich auch das Geleitwort und der Anhang. Doch angesichts des Reichtums der Erkenntnisse aus dieser Weltraummission und der vielen Facetten dieses großen wissenschaftlichen Abenteuers mußte vieles ungesagt und ungezeigt bleiben: Dieses Buch kann nur dazu anzuregen versuchen, sich eingehender mit der Materie zu beschäftigen. Möge sich nun auch im deutschen Sprachraum die Gelegenheit dazu bieten.

Königswinter
Im August 1994

Daniel Fischer

Inhaltsverzeichnis

Kapitel 1. *Der Halleysche Komet lockt!* 1
    Vorgeschichte und Geburtsstunde der Kometenforschung. Wie die moderne Astronomie die Kometen verkannte – und wiederentdeckte. Der Halleysche Komet kehrt zurück: Ist die Raumfahrt bereit?

Kapitel 2. *Eine Mission für Europa* 21
    Die ESA vereint Europas Weltraumträume. Kann sie ohne amerikanische Hilfe den Flug zu Halley schaffen? Das Projekt „Giotto" wird geboren.

Bildteil I

Kapitel 3. *Giotto nimmt Form an* 39
    Die Experimente für die Kometensonde: Chancen auch für Außenseiter. Die Sonde an sich: Hat sich Europa übernommen? Ein Neuanfang bringt die Lösung.

Kapitel 4. *Die Jagd auf den Kometen* 55
    Wie der Halleysche Komet 1982 wiederentdeckt wurde. Giotto wird zum Programm Nr. 1 der ESA. Wie seine Kamera fast gescheitert wäre. Das Pathfinder-Projekt: Die ganze Welt zieht an einem Strang.

Kapitel 5. *Die Reise beginnt* 73
    Die anderen Sonden der „Halley-Flotte". Im Dschungel Südamerikas – Giottos Start gelingt. Darmstadt übernimmt die Bodenkontrolle. Die Generalprobe: ICE erreicht Komet Giacobini-Zinner.

Kapitel 6. *Die ersten Bilder* 87
    Giottos Optik wird erprobt. Wie die Sonde fast verlorenging. Die Vega-Sonden erreichen Halleys Kern: Was bedeuten ihre diffusen Bilder? Giottos letzte Manöver. Der Flug durch den Kometen beginnt.

Kapitel 7. *Zusammenstoß mit Halley* 103

    Messungen im Kometenkopf. Wie Giotto den Kontakt mit der Erde verlor. Giotto sendet wieder: Die „Kamikaze-Sonde" hat überlebt. Erste Erkenntnisse sickern durch. Hat Giotto den festen Kometenkern gesehen? Wie es der Sonde nach dem Kometenabenteuer ging. Umstellung auf ein zweites Ziel.

Bildteil II

Kapitel 8. *Die ungeschminkte Wahrheit* 121

    Die ersten Auswertungen und die erste Konferenz. Das Bild vom Kometenkern verändert sich. Die Chemie eines Schweifsterns: Das mühsame Los der Massenspektrometriker. Bildauswertung bis zur Grenze: Was Halleys Kern zusammenhält.

Kapitel 9. *Schwung von der Erde* 143

    Giottos Jahre ohne Kontakt. Wie die Sonde wiedererweckt wurde. Swingby an der Erde: Kursnehmen auf Grigg-Skjellerup. Giottos Messungen in Erdnähe.

Kapitel 10. *Giottos zweite Mission* 159

    Welche Experimente für Komet Grigg-Skjellerup noch geeignet waren. Was den zweiten Kometen von Halley unterscheidet. Die Kamera muß endgültig aufgegeben werden.

Kapitel 11. *Die Symphonie des Grigg-Skjellerup* 173

    Die seltsame Welt der Plasmaphysik. Zielanflug ohne fremde Hilfe. Giotto spürt auch den schwachen Kometen. Jubel über einsame Staubteilchen. Die zweite Mission hat sich gelohnt. Noch ein Bahnmanöver – für ein drittes Ziel?

Kapitel 12. *Kinder der Kometen* 191

    Was die Erfahrungen der Kometensonden über den Ursprung des Sonnensystems, der chemischen Elemente, der Meere und der Erdatmosphäre, der Kohlenstoffverbindungen und des Lebens verraten. Und ob die Kometen das Leben auch wieder in Frage stellen könnten.

Bildteil III

Ausblick. *Rosetta – das wahre Rendezvous* 211
                  Die Pläne zu Europas nächstem großem Schritt in der Kometenforschung – und wie die Rosetta-Mission die Fragen beantworten könnte, die Giotto und die „Halley-Flotte" offenlassen mußten.

Letzte Nachricht – Rosetta 1994 225

Glossar 229

Abkürzungen und Kostenberechnungen

Typische Raumfahrtliteratur ist mit Abkürzungen und Akronymen übersät – hier wurden sie auf ein erträgliches Minimum reduziert. NASA, eine Bezeichnung, die bekannter sein mag als mancher kleine Staat, steht natürlich für die amerikanische Raumfahrtbehörde (National Aeronautics and Space Administration), und Firmen, die unter ihrer Abkürzung allgemein bekannt sind (RCA, BBC usw.), wurden in dieser Form belassen.

Andere Abkürzungen, die umständliche Wiederholungen zu vermeiden helfen oder im Kontext eine besondere Bedeutung haben, wurden ebenfalls übernommen. Die folgenden kommen ziemlich oft vor, und bei den ersten drei steht der Ortsname oft für die Organisation selbst:

ESTEC ist das European Space Research and Technology Centre, Noordwijk, Niederlande,
ESOC das European Space Operations Centre, Darmstadt, Deutschland.
JPL bezeichnet das Jet Propulsion Laboratory der NASA, Pasadena, Kalifornien, USA,
DSN das Deep Space Network der NASA, ein Netz großer Antennen zur Kommunikation mit interplanetaren Sonden.

Zahlenangaben für die Kosten von Projekten werden nur dann genannt, wenn sie in direktem Zusammenhang mit der Geschichte stehen. Inflation und schwankende Wechselkurse machen Vergleiche und Umrechnungen in bestimmte Währungen schwierig und können in die Irre führen. Die ESA benutzt sogenannte Accounting Units (AU), zu Deutsch Rechnungseinheiten; in zwei für Giotto bedeutsamen Jahren entsprach:

1986: 1 ESA AU = 2,22 DM
1992: 1 ESA AU = 2,04 DM

Giotto 1986 zum Halleyschen Kometen zu schicken, hat die ESA 144,4 MAU oder 321 Mio. DM gekostet, die Giotto Extended Mission zum Kometen Grigg-Skjellerup 1992, inklusive der ersten Reaktivierung der schlafenden Sonde und dem Erd-Vorbeiflug 1990, etwa 12 MAU oder 24,5 Mio. DM.

In diesen Zahlen sind die Kosten der wissenschaftlichen Experimente nicht enthalten. Bei NASA-Projekten werden sie meistens von der Behörde selbst bezahlt, bei europäischen Projekten dagegen durch die Institute der Wissenschaftler und nationale Forschungsorganisationen. Für die Gesamtkosten der Experimente Giottos ist nie eine genaue Bilanz aufgestellt worden, aber bei der ESA schätzt man, daß die Kosten für die Experimente beinahe so hoch waren wie die der Sonde selbst: Mithin hat Giotto ingesamt sehr grob 700 Mio. DM gekostet – angesichts der bahnbrechenden Ergebnisse eine erstaunlich geringe Summe, auf die die ESA zu Recht stolz ist.

Kapitel 1

Der Halleysche Komet lockt!

„Ob unser Uwe hier wohl einen Kometen sehen möchte?"

Der Astronom Karl Wurm war ein Freund der Kellers. Alle wohnten im zerbombten Hamburg, doch sie waren Sudetendeutsche, die am Ende des schrecklichsten aller Kriege Europas geflohen waren. Als die Rote Armee von Osten anstürmte, um die aus dem Westen anrückenden Alliierten zu treffen, war Uwe Keller ein verwirrter und hungriger kleiner Junge. Zwölf Jahre später, im Frühjahr 1957, interessierte sich der rundliche Schüler mehr für Technik als für Astronomie, aber einen Blick auf den Himmel von der Bergedorfer Sternwarte aus sollte man nicht ausschlagen – und Professor Wurm schien ungewöhnlich aufgeregt.

Das Auge am Fernrohr sah Uwe sofort, daß ein Komet nicht über den Himmel rast, wie sich das viele Leute vorstellen. Statt dessen zog ein verschmierter Lichtfleck gemächlich vor den Sternen vorbei, die man sogar durch ihn hindurch sehen konnte. Während Wurm den Kometen photographierte, Arend-Roland war er nach seinen Entdeckern benannt worden, erklärte er, daß es sich dabei um eine kosmische Staubwolke handelte, viel dünner als Zigarrenqualm, doch von der Sonne hell erleuchtet. Und Gas gab es in dem Kometen auch.

Der Strahlungsdruck des Sonnenlichts trieb die Staubteilchen vom Kometen fort und bildete so einen Schweif, der Millionen von Kilometern in den Raum ragte, bevor er zu dünn wurde, um noch gesehen zu werden. Einige der Staubteilchen würden sich später wieder bemerkbar machen, falls sie mit der Erdatmosphäre zusammenstießen und als Meteore durch die obere Atmosphäre jagten. Ein Kometenschweif zeigt immer von der Sonne weg, und Arend-Roland reiste jetzt Schweif voran, weil er sich schon von ihr entfernte. Aber es war sein „anomaler Schweif" oder Gegenschweif, der Aufregung unter den Kometenbeobachtern verursachte.

„Schau auf den Vorsprung an seinem Kopf, Uwe! Ein seltener Anblick, aber bei diesem Kometen außergewöhnlich gut zu sehen. Du siehst von der Seite auf einen Fächer aus großen Staubteilchen, auf der sonnenzugewandten Seite des Kometenschweifs."

Wurm lud den jungen Keller ein, in den nächsten Nächten wiederzukommen. Der Junge sah den Kometen eine große Strecke am Himmel zurücklegen. Er erfuhr, daß Kometen aus den Tiefen des Weltraums kommen, um die Sonne kurvten und wieder entschwanden. Arend-Roland würde niemals wiederkommen, erklärte Wurm, aber manche Kometen würden auf langgestreckten Ellipsen um die Sonne laufen und nach ein paar Jahren oder Jahrhunderten zurückkehren. Von den fünf bis zehn Kometen, die jedes Jahr gefunden werden, seien ungefähr die Hälfte alte Bekannte und die andere Neulinge.

„Als der Halleysche Komet 1910 kam, suchten die Astronomen nach einem Klumpen, einem Kern in seinem Kopf, aber sie fanden nichts dergleichen. Also sagten sie: ‚Na, dann ist der Komet eben nur ein Schwarm von sandähnlichen Teilchen, die zusammen um die Sonne reisen.' Aber viele von uns glauben jetzt, daß es wirklich einen festen Kern gibt. Wir sehen ihn bloß nicht, weil er vielleicht nur ein paar Kilometer groß ist und Millionen von Kilometern entfernt."

„Die neueste Theorie aus Amerika", fügte Wurm hinzu, „behauptet, daß ein Komet ein mit Staub verschmutzter Eisball ist. Wenn er der Sonne näherkommt, verdampft etwas von dem Eis, nimmt den Staub mit und sorgt für das phänomenale Schauspiel, das Du da draußen sehen kannst."

Das war Uwe Kellers erste Kometenbeobachtung. Wenn das Leben ein Roman wäre, hätte er hier und jetzt den Entschluß gefaßt, jenen schmutzigen Schneeball im Herzen des Kometen zu entdecken. In Wirklichkeit vergaß Keller die Kometen für zehn Jahre, um erst auf einer langen mentalen „Umlaufbahn" zu ihnen zurückzukehren.

Während Arend-Roland wieder in der fernen Dunkelheit verschwand, brachte die Sowjetunion im Oktober 1957 den ersten künstlichen Erdsatelliten, Sputnik 1, auf eine Erdumlaufbahn. Die USA folgten vier Monate später. Abgesehen von den wichtigen militärischen Anwendungen war auch Prestige zu gewinnen, und die Supermächte wetteiferten mit immer aufregenderen Ideen.

Wissenschaftliche Ziele machten den Wettlauf im Weltraum respektabler, und sowjetische und amerikanische Wissenschaftler ergriffen die Gelegenheit, um Instrumente auf Umlaufbahnen zu schicken. Sie entdeckten den Strahlungsgürtel der Erde und schauten auf die Rückseite des Mondes. Astronomische Teleskope wurden gestartet, um aus dem Weltraum ultraviolette und andere Strahlung aus dem Weltraum nachzuweisen, die von der Erdatmosphäre abgeschirmt wird.

Unter den französischen Wissenschaftlern, die ein Stückchen des Kuchens abbekommen wollten, war ein wuschelköpfiger Student mit breitem Lächeln, Roger Bonnet. Er war so überwältigt von Sputnik 1, daß er beschloß, sein Leben der Weltraumforschung zu widmen. Das verband ihn mit Jacques Blamont vom Service d'Aéronomie in Verrières-le-Buisson, der überraschenderweise in einer Festung aus dem 19. Jahrhundert am Rande von Paris untergebracht war. Blamont entwarf Geräte für amerikanische Raumsonden und plante Experimente für Raketen und Satelliten, die in Frankreich gebaut wurden. Mit dem Start seines ersten Satelliten wurde Frankreich 1965 die dritte unabhängig raumfahrende Nation.

Andere Staaten kamen „per Anhalter" ins All, und die NASA hievte europäische Satelliten in den Orbit, zuerst 1962 einen britischen und später einige der neu entstandenen European Space Research Organization (ESRO). Aber die Amerikaner diktierten stets die Bedingungen und verglichen die zaghaften, europäischen Weltraumbemühungen mit „small boys talking about sex". Während der Enthusiasmus Bonnets und weniger anderer ein Ventil fand, blieb die Raumfahrt für die meisten jungen europäischen Wissenschaftler ein Zuschauersport.

Uwe Keller hatte sein Vorhaben Ingenieur zu werden, aufgegeben. An der Universität Hamburg war er von der Physik verführt worden – nicht der Teilchenphysik, die damals in Mode war, sondern der Astrophysik des Universums als Ganzem. Als Diplomphysiker ging Keller weiter nach München, mit einem Bart und einem Auto, das langsamer fuhr, als ihm lieb war, und begann, über Sternatmosphären zu arbeiten.

Der beste Platz dafür war das Münchener Max-Planck-Institut für Physik und Astrophysik, wo Werner Heisenberg, der Entdecker der Unschärferelation in der Quantenphysik, sein eigenes Labor hatte. Der führende Astrophysiker dort war Ludwig Biermann, Deutschlands bekanntester Kometenforscher: Er hatte den Sonnenwind vorhergesagt. Als Professor hatte sich Biermann in Göttingen mit der Natur der Gasschweife der Kometen beschäftigt. Das ionisierte Gas oder Plasma leuchtete in Blau und war für das menschliche Auge nicht besonders auffällig, um so mehr aber für die blauempfindlichen astronomischen Fotoplatten. Während Biermann über Astrophotographien von Plasmaschweifen brütete, fiel ihm auf, wie schön gerade sie meistens waren, verglichen mit den oft gekrümmten und aufgefächerten Staubschweifen.

Was machte die leuchtenden Plasmaschweife so schlank und gerade? Der Druck des Sonnenlichts, der den Staub vom Kometen wegtrieb, würde die Atome und Moleküle in einem Gas nicht genügend beeinflussen. Biermann stellte sich daher eine Art Wind aus geladenen Teilchen, ein anderes Plasma, vor, das von der Sonne ausgeht und das Planetensystem durchweht. Es würde das Kometenplasma in einer Richtung von der Sonne wegtreiben. Physiker hatten bereits magnetische Stürme und Funkstörungen auf der Erde auf Teilchenwolken von der Sonne zurückgeführt. Das durchweg ununterbrochene Abströmen der Kometenplasmaschweife, schloß Biermann, erforderte aber einen kontinuierlichen Sonnenwind.

Diese Voraussage war eine von drei fundamentalen Theorien, alle 1950 oder 1951 veröffentlicht, welche die Kometenforschung auf ein modernes Fundament gestellt hatten. Fred Whipple vom Harvard College Observatory in den USA hatte eine andere von ihnen aufgestellt, indem er Kometenkerne als Mischung aus Eis und Staub beschrieb. Periodische Kometen kamen oft ein bißchen zu früh oder spät zurück, und Whipple zog den Schluß, daß vom „schmutzigen Schneeball" abströmendes Gas und Staub wie bei einem Düsentriebwerk eine Kometenbahn leicht verändern konnten. Das ging natürlich nur, wenn es einen festen Kern gab, auf den diese Raketenkräfte wirken konnten.

In Leiden in den Niederlanden hatte sich zur gleichen Zeit Jan Oort gefragt, wo die Kometen eigentlich herkamen. Er stellte die Hypothese auf, daß Milliarden von Kometen in einer weit entfernten Wolke langsam um die Sonne kreisen würden. Wenn ein vorbeiziehender Stern die Bahnen dieser Kometen störte, würden einige ins innere Sonnensystem gelangen und sichtbar werden. Der Whipplesche Schneeball, die Oortsche Wolke und der Biermannsche Wind gaben der Kometenforschung einen neuen Vorstellungsrahmen.

Als erstes wurde der Sonnenwind bestätigt, was einen der frühen wissenschaftlichen Triumphe der Weltraumforschung darstellt. Sobald die ersten Sonden mit passenden Instrumenten die Nachbarschaft der Erde verließen, um den interplanetaren Raum zu erforschen, fanden sie den „leeren Raum" voll vom heißen „Atem" der Sonne. Als die ersten Astronauten den Mond betraten, konnten sie Fallen für die Teilchen des Sonnenwinds aufstellen und einige dieser Partikel mit zur Erde bringen.

Biermann war ein ruhiger und in Gedanken versunkener Mann, aber ein Wissenschaftler durch und durch. Jedes Gespräch brachte er bald wieder zurück auf die Physik, und er pflegte auf der Rückseite von Briefumschlägen zu rechnen, wobei er die Logarithmen auswendig wußte. Wenn man ihn um eine Auflistung seiner Leistungen bat, nannte er die Namen seiner Studenten. 1967 nahm er seinen letzten auf: Uwe Keller.

Er gab Keller eine Aufgabe in der Kometenforschung. Wenn Whipple recht hatte und ein Kometenkern weitgehend aus Eis bestand, dann würde das Gas von Kometen größtenteils Wasserdampf sein. Die UV-Strahlung der Sonne würde das Wasser aufbrechen, und Biermann sagte voraus, daß sich eine große Wolke von Wasserstoffatomen um einen Kometenkopf ausbilden müßte. Keller sollte dieses Modell in seinen Einzelheiten ausarbeiten.

Noch niemand hatte die Wasserstoffwolke eines Kometen gesehen: Ein solches Gas würde ultraviolette Strahlung aussenden, die wegen der Undurchlässigkeit der Erdatmosphäre für dieses kurzwellige Licht Teleskope am Boden nicht erreichen kann. Anfang 1970 entdeckte jedoch der amerikanische Astronomiesatellit OAO-2 die Wasserstoffwolke des Kometen Tago-Sato-Kosaka. Der französische Weltraumforscher Jacques Blamont und ein junger Kollege, Jean-Loup Bertaux, flogen einen UV-Detektor auf einem anderen US-Satelliten, OGO-5, und fanden erneut Wasserstoff, diesmal um den hellen Kometen Bennett herum.

Da Kellers Arbeit an Biermanns Modell einen theoretischen Rahmen für die Auswertung der Weltraumbeobachtungen bot, besuchten ihn Blamont und Bertaux in München. Sie zeigten ihm die Kometendaten und fanden die Kommentare des jungen Deutschen recht klug. Blamont lud Keller in das Festungslabor in Verrières-le-Buisson ein, wo er Bertaux bei der Datenanalyse half. Die Wasserstoffwolke um Komet Bennett war immens: Sie hatte 15 Mio. km Durchmesser.

Keller erkannte, daß die Zukunft der Kometenforschung im Weltraum lag. Nach seiner Promotion wechselte er zur Universität von Colorado in den USA und tauschte den Anblick der Alpen gegen die Rocky Mountains ein. Die damals noch großzügigen Investitionen der NASA in ihre Weltraumforschung lockten viele Europäer über den Atlantik. In Colorado arbeitete Keller an Weltrauminstrumenten, die Kometen von Höhenforschungsraketen und Satelliten aus untersuchen sollten. Er stattete gemeinsam mit Wissenschaftlern der US-Marine die Raumstation Skylab für die Beobachtung von Kometen aus. Ende 1973 wurde auf diese Weise eine Wasserstoffwolke auch um den Kometen Kohoutek nachgewiesen. Nach seiner Rückkehr nach Deutschland arbeitete Keller bei der Planung des IUE mit. Dieses Kürzel steht für den europäisch-amerikanischen International Ultraviolet Explorer, der eines der erfolgreichsten Observatorien für UV-Astronomie in der Erdumlaufbahn werden sollte.

1976 verließ Keller München endgültig und ging nordwärts, an das Max-Planck-Institut für Aeronomie. Es liegt in Katlenburg-Lindau, einem Dorf mit Fachwerkhäusern, im Leinetal zwischen der Universitätsstadt Göttingen und den Bergen des Harz – praktisch an der geopolitischen Verwerfungszone, wo sich damals die Panzer der NATO und des Warschauer Vertrages gegenüberstanden. Eine Seitenstraße führte zu dem modernen Institutsgebäude, voll von Computern und Werkstätten des Weltraumzeitalters, aber inmitten von Wiesen und Wäldern wie ein mittelalterliches Kloster gelegen. Hier begann Keller, über den Halleyschen Kometen nachzudenken.

1684 besuchte der Londoner Edmond Halley seinen Wissenschaftlerkollegen Isaac Newton in Cambridge und erfuhr von Newtons neuer Theorie. Sie konnte beschreiben, wie die Schwerkraft der Sonne die Bewegungen der Planeten regiert, und krönte die Bemühungen von Kopernikus, dem Polen, Kepler, dem Deutschen und Galileo, dem Italiener, die Astronomie zu einer modernen Wissenschaft zu machen. Halley mußte Newton sehr drängen, seine Gravitationstheorie zu veröffentlichen, und der helle Komet von 1680, den beide Wissenschaftler beobachtet hatten, sollte zu ihrem Testfall werden.

In der Kosmologie des Mittelalters war die Erde das Zentrum des Universums gewesen, und das Uhrwerk von Sonne, Mond, Planeten und Sternen, die jeden Tag über den Himmel zogen, wurde von Engeln kontrolliert. Die Kometen stellte man sich nahe der Erde vor, als unerhörte Abweichungen von dieser Harmonie und als Teufelswerk. Aber 1577 hatte Tycho, der Däne, die Beobachtungen eines hellen Kometen aus verschiedenen Teilen Europas verglichen und bewiesen, daß er weiter entfernt war als der Mond. Kepler hatte allerdings Jahre der Verwirrung ausgelöst mit seiner Auffassung, die Bahnen der Kometen im Sonnensystem seien gerade Linien.

Newton nun war aufgefallen, daß der Komet von 1680 seine Richtung scharf geändert hatte, als er an der Sonne vorbeizog. Seine Bahn trug den Kometen so weit nach draußen, daß ihr fernster Punkt nicht berechnet werden konnte, aber in der Nähe der Sonne gehorchte er klar den Gesetzen der Gravitation, so wie alle ordentlichen Mitglieder des Sonnensystems. Im neuen Bild der kosmischen Maschinerie machten die Kometen erstmals Sinn.

„Ich müßte den Verstand verloren haben", erklärte Newton, „wenn sie nicht so etwas wie Planeten sind, die in periodisch wiederkehrenden Bahnen ziehen."

Das war für Halley Anlaß, in den Aufzeichnungen über frühere Kometenerscheinungen nachzuschauen, ob irgendeiner mehr als einmal auf derselben Bahn gekommen war. Nach langer Suche hatte er drei Wiederkehrer zu bieten, zwei stellten sich als falsch heraus, aber beim dritten war er sich ganz sicher. 1682 hatte Halley einen Kometen beobachtet, der „falsch herum" um die Sonne gezogen war, entgegengesetzt der Erdbahn. Er paßte zu Erscheinungen, die 1607 und 1531 aufgezeichnet worden waren, und vielleicht sogar zu einem Kometen von 1456, der allerdings weniger gut dokumentiert war. „Daher wage ich, zuversichtlich seine Rückkehr vorauszusagen, und zwar für das Jahr 1758", verkündete Halley.

Zum angekündigten Zeitpunkt lebte Halley zwar nicht mehr, aber seine Voraussage war nicht vergessen worden. Als das Jahr 1758 voranschritt, wurde den Beobachtern des Kometen Rückkehr von französischen Berechnungen etwas später als von Halley vorausgesagt. Am Weihnachtstag sah dann ein deutscher Amateur, Johann Palitzsch, einen verwaschenen Fleck am Himmel, und Europa feierte einen Triumph der neuen Astronomie: Der Halleysche Komet war zurückgekehrt!

1835 und 1910 war er wieder da, und das nächste Mal würde 1986 sein. Zwischen den Erscheinungen, auch das wurde klar, brachte sich der Komet durch Meteorschauer in Erinnerung. Jeden Oktober und Anfang Mai kommt die Erde der Bahn von Halley nahe, und die Staubteilchen, die der Komet zurückläßt, treffen die Erdatmosphäre und verglühen als Sternschnuppen.

Ende der 70er Jahre unseres Jahrhunderts sahen alle Kometenforscher Halleys nächstem Besuch entgegen. „Zuständig" für seinen Orbit war Donald Yeomans vom Jet Propulsion Lab der NASA in Kalifornien. Unterstützt von einem Kollegen in Irland stellte Yeomans Berechnungen an und ging durch alte Aufzeichnungen. Das Ergebnis war eine ununterbrochene Folge von 29 Erscheinungen des Halleyschen Kometen, von 240 v. Chr. bis 1910. Die Abstände schwankten zwischen 76,1 und 79,3 Jahren, weil die Schwerkraft der Erde und der anderen Planeten die Bahn des Kometen störte. Die nachträglichen Identifikationen umfaßten z. B. chinesische Beobachtungen von 87 und 240 v. Chr. und, was erst 1985 gelang, auch babylonische von 164 v. Chr.

In der Antike und im Mittelalter waren die Astronomen meist auch Astrologen, und sie sahen in den „bösen" Kometen Vorboten von Hunger, Pest, Krieg oder dem Tod von Königen, wenigstens aber großen Veränderungen. Nachdem Halley im Jahre 837 der Erde nahekam und besonders groß am Himmel stand, erklärte der chinesische Kaiser die Astronomie zum Staatsgeheimnis. 1066 sah man in Halley den Vorboten der normannischen Eroberung von England, bildlich festgehalten im Wandteppich von Bayeux, der die Schlacht von Hastings in szenischen Bildern aufzeichnet. Und Halley hatte recht: Der Komet von 1456 war dasselbe Objekt gewesen. „Sein Kopf war groß und rund wie der Kopf eines Ochsen", so Leonardo da Vincis Lehrer Paolo Toscanelli. „Sein Schweif war enorm, denn er erstreckte sich über ein Drittel des Himmels."

1910 hatte der wissenschaftliche Fortschritt die Befürchtungen der Öffentlichkeit eher verstärkt denn verringert. Astronomen hatten nämlich das giftige Gas Blausäure in Kometenschweifen nachgewiesen, und die Erde sollte am 19. Mai 1910 geradewegs durch Halleys Schweif ziehen. Trotz Versicherungen der Wissenschaftler, daß jedes Gift bis unter die Nachweisgrenze verdünnt sei, gelang es Quacksalbern, Antikometenpillen an den Mann zu bringen.

Der Schriftsteller Mark Twain wurde geboren und starb in den Jahren der Halley-Sichtbarkeiten von 1835 und 1910, aber für die meisten Menschen gibt es Halley nur einmal in ihrem Leben. Diese im Mittel 76jährige Periode, die einem typischen Menschenleben entspricht, Aberglaube und Wissenschaft zugleich machen diesen Kometen zu einem besonderen. Als die Erscheinung von 1986 näherrückte, konnte Brian Marsden, der den Weltkatalog der Kometen führt, seinen Kollegen versichern: Für die Öffentlichkeit gibt es nur drei nennenswerte Objekte im Sonnensystem, den Planeten Mars, die Saturnringe und Halley ...

Für die Wissenschaftler lag Halleys Bedeutung in seiner Voraussagbarkeit. Große, neue Kometen übertreffen ihn oft in seiner Pracht, und ihre unverbrauchten Kerne machen sie zu idealen Studienobjekten, aber alle Beobachtungen sind notwendigerweise hektisch. Von allen wiederkehrenden Kometen war Halley der bei weitem aktivste, und Beobachtungen konnten Jahre im voraus geplant werden. Die Berechnungen für 1986 zeigten, daß es zwar für das bloße Auge die in vielen Jahrhunderten blasseste Erscheinung werden würde, doch würde Halley insgesamt länger eine moderate Helligkeit beibehalten, als bei vielen Besuchen der Vergangenheit und Zukunft, bei denen er für kurze Zeit viel heller wurde.

Sieben Monate lang würde er von dunklen Plätzen aus ohne optische Hilfsmittel zu sehen sein, was gleichzeitig eine lange Beobachtungsperiode auch für kleine Teleskope versprach – eine ausreichende Kenntnis der Kometenbahn am Firmament natürlich vorausgesetzt. Vor allem aber würden die modernen astronomischen Geräte eine ausgedehnte Beobachtungskampagne ohne Beispiel starten können, und die Raumfahrt würde eine Schlüsselrolle spielen. Die Öffentlichkeit würde den Kometen gut genug zu sehen bekommen – im Fernsehen.

Die Kometenforschung war auf einem Tiefpunkt angelangt und brauchte dringend die neuen Erkenntnisse – und die neuen Finanzmittel –, die Halley versprach. Die elektrische Straßenbeleuchtung machte jeden Kometen für Stadtbewohner unattraktiv. Nur ein paar Verrückte hielten sie immer noch für Boten aus der Hölle. Und die meisten professionellen Astronomen der 70er Jahre sahen in ihnen nicht mehr als den Abraum des Sonnensystems.

Entdeckungen in weit größerem Rahmen hielten sie in Atem: Explosionen in Galaxien, pulsierende Neutronensterne, mögliche Anzeichen für Schwarze Löcher, und Radiostrahlung, die geradewegs auf den Urknall zurückging. Wenn Kometen, wie die Schneeballtheorie besagte, ihre manchmal spektakulären Erscheinungen mit einem winzigen Kern hervorriefen, waren sie nichts als eine Verschmutzung des Himmels.

Die Astronomen der Welt, deren Hauptinteresse den Kometen galt, hätten damals kaum einen Bus gefüllt. Amateurastronomen waren die echten Enthusiasten, die Nacht um Nacht damit zubringen konnten, nach winzigen Lichtflecken am Himmel zu suchen, die zu einem großen Kometen werden und seinen Entdecker berühmt machen würden. Aber nachdem die Bahn eines neuen Kometen berechnet und eventuelle Besonderheiten notiert waren, gab es wenig Beobachtungen, die es wert schienen, aus der großen Entfernung zur Erde überhaupt gemacht zu werden. Eine der wenigen Ausnahmen war – bereits in Erwartung von Halleys nächster Wiederkehr – der Komet IRAS-Araki-Alcock gewesen, der der Erde 1983 ungewöhnlich nahe kam und kurze Zeit auch unter Profis Aufsehen erregte.

Selbst die Planeten waren den meisten Astronomen gleichgültig. Nachdem das Weltraumzeitalter die ersten Untersuchungen des Mondes und anderer Planeten vor Ort ermöglicht hatte, übernahmen hier die Geophysiker die Führung: Sie wollten die Erde durch Vergleich mit ihren Nachbarn besser verstehen lernen. Auch die Meteoritenforscher wurden bei den Mond- und Planetenmissionen aktiv, untersuchten sie doch steinige oder metallische Körper, die aus dem Weltraum auf die Erde fallen. Aber der Gedanke, daß die nebulösen Kometen mindestens so viel über die Vergangenheit der Erde aussagen könnten wie ein Stück Mondgestein oder Nahaufnahmen der Marsoberfläche, paßte nicht zu den gängigen Vorstellungen. Und eine Raumsonde zu einem Kometen – hatte das nicht Whipple selbst seit 1959 vergebens gefordert?

Die Unterschätzung der Kometen war ein großer Fehler. Wenn ein Kometenkern so erbärmlich klein war, dann mußte auch seine Gravitation minimal sein. Mithin müßten seine Bestandteile den starken Veränderungen durch Hitze und Druck entgangen sein, welche die Materie der Erde und der anderen Planeten erlitten hatte. Kometen sollten also eine direkte Verbindung zum größeren Kosmos herstellen, zu jener Epoche, als Sonne und Erde entstanden.

Einen Hinweis, daß dem tatsächlich so war, brachten flockige Staubteilchen aus dem Weltraum, die ein NASA-Forschungsflugzeug in der Stratosphäre der Erde einsammelte. Typischerweise 1/100 mm groß, sahen die fremdartigen Objekte aus wie Fischlaich. Diese interplanetaren Staubpartikel waren Bestandteile vom Schweif irgendeines Kometen und so leicht, daß sie durch die Erdatmosphäre schweben konnten, ohne als Meteore zu verglühen. Ihre Zusammensetzung entsprach den steinigen Anteilen kohlenstoffreicher Meteoriten, und ihre leichte, flockige Struktur verriet eine Entstehung in der Schwerelosigkeit des Alls, wo physikalische und chemische Prozesse viel sanfter ablaufen als auf der Erde.

Wie gut konnte die Wissenschaft die Entstehung des Universums und all seiner Bestandteile bis hin zum Menschen erklären? Das war schon immer ein guter Test des aktuellen Wissensstandes. In den 70er Jahren war die wissenschaftliche Version der Genesis in einigen Teilen bereits überzeugend, anderswo klafften noch Lücken. Die Kometen würden sie füllen helfen.

Der interstellare Staub, der in den Kometen erhalten geblieben ist, könnte aufzeigen, wie die chemischen Elemente entstanden, in Sternen, die es schon lange vor Sonne und Erde gab. Die Kometen selbst waren Rohmaterial aus der Zeit der Bildung des Sonnensystems, und ein Regen von Kometen könnte zur Entstehung der Planetenatmosphären beigetragen haben. Nach einer solchen Hypothese entstand zwar die Erde an ihrem heutigen Platz, ihre Ozeane aber kamen, sozusagen per Kometenpost, von irgendwo jenseits des Uranus. Und mit ihr könnten auch die für die Entstehung des Lebens auf der Erde entscheidenden „präbiotischen" Substanzen eingetroffen sein – der Hypothese zweier englischer Astronomen, daß sogar lebende Zellen in den Kometen reisten, wollte hingegen niemand folgen.

Eine andere Vorstellung erschien damals den meisten ebenso verrückt, nämlich daß ein Komet zum Aussterben der Dinosaurier geführt haben könnte. Aber Ende der 70er Jahre entdeckten europäische Geologen in Schluchten nahe des italienischen Ortes Gubbio eine Schicht roten Tons aus genau jener erdgeschichtlichen Epoche, in der ein beachtlicher Bestandteil der irdischen Fauna plötzlich verschwand, die Dinosaurier inbegriffen. Kalifornische Wissenschaftler analysierten diesen Ton und stießen auf eine geheimnisvolle Überhäufigkeit des chemischen Elements Iridium, das selten auf der Erde, aber häufiger in Meteoriten vorkommt. Die Meinungen waren gespalten, ob das Iridium von einem kosmischen Impaktor stammen mußte oder durch starke Vulkantätigkeit vor 65 Mio. Jahren erklärt werden konnte. Und ebenso darüber, ob der Impaktor eher ein Komet oder ein Planetoid, ein kleiner Planet also, gewesen sein sollte, wobei letzterer wiederum ein ausgebrannter Komet gewesen sein könnte.

Der Untergang der Dinosaurier war nur eines von mehreren Massensterben in der Erdgeschichte, die den Lauf der biologischen Evolution verändert hatten, und es war abermals die Weltraumforschung, die einen Zusammenhang mit den Einschlägen großer kosmischer Körper nahelegte, wenn auch anfangs nur für die Planetenforscher und weniger für die traditionellen Paläontologen. Denn die meisten festen Körper im Planetensystem, die insbesondere die Voyager-Sonden besuchten, sind von Einschlagskratern übersät, außer solchen, die ihre Oberfläche durch Vulkanismus oder Erosion laufend neu schaffen. Dazu gehört auch die Erde, doch erneut halfen Forschungssatelliten, die Zahl der hier bekannten Krater auf inzwischen weit über hundert zu erhöhen. Übereinstimmende Altersbestimmungen von großen Krater und den Zeitpunkten markanter Artensterben sind allerdings – noch – selten, für den Tod der Dinosaurier und einen versunkenen Riesenkrater in Mexiko freilich in den 90er Jahren in überzeugender Weise geglückt.

Die Entdeckung von immer mehr Kometen und Asteroiden, die sich im inneren Sonnensystem herumtreiben, manche groß genug, um globale Katastrophen auszulösen, hat die Erkenntnis solcher Zusammenhänge noch untermauert. Manche Wissenschaftler schlagen bereits vor, die Erde aktiv vor solchen Körpern zu schützen, was eine bessere Nutzung von Nuklearwaffen wäre als jede andere.

Konfrontiert mit den vielfältigen Entwicklungen in anderen Bereichen der Astronomie, waren die Kometenforscher zurückhaltend: Sie wünschten sich zuerst ein geordneteres Vorgehen. Die Spekulationen über den Ursprung der Ozeane oder des Lebens oder tödliche Impaktoren beruhten alle auf Vorstellungen über die Kometenkerne, für die die Belege aber nur indirekt waren.

Der „schmutzige Schneeball" war zwar eine populäre Theorie, aber nicht minder bedeutende Vorgänger Fred Whipples hatten noch für längere Zeit in Kometen „Tüten voll Nichts" gesehen, nichts weiter als Schwärme von Staubteilchen, die auf fast identischen Bahnen die Sonne umkreisten. Und selbst ein Schneeballkern konnte ebensogut völlig verdampfen, anstatt zu einem erdbedrohenden Asteroiden zu werden. Die Theorienbildung war zu weit vorgeeilt: Eine Raumsonde mußte her, die die Existenz des Kerns bewies und seine chemischen Eigenschaften herausfinden konnte.

Amerikanische Wissenschaftler forderten eine NASA-Sonde zum Halleyschen Kometen während seiner Rückkehr zur Sonne 1986. Aber konkurrierende Projekte für interplanetare Reisen kämpften um dieselben begrenzten Mittel, und eine Mission durchzusetzen erfordert manchmal ebenso viel Energie wie ihre Durchführung. Die Amerikaner setzten sich selbst einen hohen Standard. Die Viking-Missionen zum Mars waren 1976 ein grandioser Erfolg geworden, und die heldenhafte Reise der Voyagers zu den äußeren Planeten sollte 1977 beginnen.

Für diejenigen, die eine Kometensonde wollten, war ein Vorbeiflug nicht gut genug, ein „Encounter", wie das in der Sprache der interplanetaren Raumfahrt genannt wird. Alle entscheidenden wissenschaftlichen Untersuchungen müssen bei einer solchen Mission innerhalb der Minuten in der Nähe des Zielobjekts erfolgen, eine zweite Chance gibt es nicht. Bei Halley sollte es dagegen zu einem „Rendezvous" kommen, das Raumschiff sollte in eine Bahn um den Kometen einschwenken und ihn monatelang begleiten. Das Rendezvous wurde bei den amerikanischen Planern zur fixen Idee, aber weil Halley die Sonne andersherum umkreist als die Erde, würde das einen enormen Energieaufwand erfordern.

Kein Antrieb nach dem üblichen chemischen Prinzip wäre in der Lage, den Impuls, den die Sonde beim Start durch die Bewegung der Erde mitbekommen würde, völlig zu eliminieren und dann eine hohe Geschwindigkeit in Gegenrichtung aufzubauen. Die NASA-Ingenieure hatten eine andere Idee: einen elektrischen Antrieb, der das Kunststück über Jahre hinweg mit geringer, aber beständiger Beschleunigung bewerkstelligen könnte, dank ständiger Energieversorgung aus riesigen Sonnenzellen. Sie hofften, daß die Verlockungen Halleys Gelder für die Entwicklung dieses neuartigen solar-elektrischen Antriebs heranschaffen würden, doch der letztmögliche Starttermin war 1982, und im Januar 1978 war immer noch keine Finanzierung in Sicht. Die Zeit war abgelaufen, mußte man sich eingestehen: Es würde kein Rendezvous mit Halley geben.

Die Kometenforscher dachten sich nun eine andere Mission aus, die noch mit einem Start im Juli 1985 machbar wäre: Anstatt Halley sollte die Sonde mit ihrem elektrischen Antrieb für 1988 ein Rendezvous mit dem Kometen Tempel 2 anpeilen und auf dem Weg an Halley nur vorbeijagen. Der Sicherheit für die empfindlichen Bordsysteme und der Sonde selbst wegen mußte dabei der Abstand groß bleiben. Von Halley würde es nur ein paar Fotos geben, aber eine kleine Instrumentenkapsel könnte tiefer in den staubigen Kometenkopf eindringen.

Die Amerikaner versprachen sich von dem gemütlichen Tempel-2-Besuch wesentlich mehr Erkenntnisse und boten daher die Aufgabe der ungeliebten Hochgeschwindigkeits-Halley-Kapsel den Europäern an: Die NASA lud die ESA ein, eine solche Sonde huckepack auf dem Tempel-Satelliten mitzufliegen. Ein europäisches Team sollte am 11. Oktober 1978 in Washington eintreffen, um mit der NASA die Details zu besprechen. Waren die europäischen Wissenschaftler bereit für eine Mission zum Halleyschen Kometen? Offiziell ja – aber nur beinahe.

Im Juli 1978 hatte eine US-Rakete den europäischen Satelliten Geos-2 in eine Erdumlaufbahn gebracht, wo er das Verhalten subatomarer Teilchen im magnetischen Schutzschild der Erde, der Magnetosphäre, untersuchen sollte. Durch einen Raketenfehler war sein Vorgänger Geos-1 auf eine falsche Bahn gekommen, so daß der Start von Geos-2 gespannt erwartet wurde. Eine Stunde nach dem Abheben schien der Erfolg garantiert.

British Aerospace war der Hauptkontraktor für den Satelliten, und Projektmanager David Link nutzte die Euphorie der Stunde, um Ernst Trendelenburg, dem ESA-Wissenschaftsdirektor, einen Floh ins Ohr zu setzen. Es gab Ersatzteile, um einen Geos-3 zu bauen: Warum sollte man ihn nicht für weitere Erforschungen der Magnetosphäre einsetzen und dann zu einem Kometen weiterschicken?

Neu war so ein Vorschlag nicht. Deutschland hatte zwei Helios-Sonden gebaut, die die Amerikaner Mitte der 70er Jahre auf eine Tiefraummission in die Nähe der Sonne geschickt hatten. Die Bundesregierung schlug vor, Helios für eine Mission zum Kometen Encke umzubauen. Aber Weltraumbehörden ziehen es vor, Sonden für Missionen zu finden anstatt Missionen für Sonden.

1978 hatte die ESA zehn Mitgliedsstaaten: Belgien, Dänemark, Deutschland, Frankreich, Großbritannien, Italien, die Niederlande, Schweden, die Schweiz und Spanien; Irland war daran interessiert, Vollmitglied zu werden. Wissenschaftler aus jedem dieser Länder konnten Vorschläge für Weltraummissionen einbringen, was sie auch mit Freude taten. Hinter jedem der vielen Vorschläge standen die leidenschaftlichen Wünsche der einen oder anderen Gruppe, und der Auswahlprozeß endete oft mit Ärger und Enttäuschungen. Wer eine Kometenmission wollte, mußte die anderen Wissenschaftler überzeugen, die wenig von Kometen wußten und noch weniger davon wissen wollten.

Der Kampf für eine Europäische Mission zum Halleyschen Kometen begann 1977 in der ESA-Arbeitsgruppe für das Sonnensystem, in der Wissenschaftler aus mehreren Ländern neue Projekte für vorläufige Studien auswählen mußten. Ihr Vorsitzender war Johannes Geiss aus dem Schweizerischen Bern, der eine Kometenmission stark befürwortete. Er kannte die Pläne der NASA, und ein europäischer Beitrag wurde bereits inoffiziell erwogen. Auch ein unabhängiges Kometenprojekt lag auf dem Tisch, das die in Frankreich noch in der Entwicklung befindliche Ariane-Rakete benutzen sollte.

Geiss bat daher einen weiteren Freund der Kometenforschung, Hugo Fechtig aus Heidelberg, für die Arbeitsgruppe Vorschläge in Sachen Halley auszuarbeiten. Geiss und Fechtig hatten beide den wissenschaftlichen Hintergrund, um eine Kometenmission voranzutreiben. Geiss war international bekannt geworden, als amerikanische Astronauten seine „Schweizer Flagge" auf dem Mond aufstellten, eine Metallfolie, die schwere Atome im Sonnenwind aufsammelte. In Bern konnten Massenspektrometer darauf Spuren verschiedener Elemente nachweisen, mit derselben Technik, die die Schweizer Physiker auch bei der Analyse von Mondgestein und Meteoriten anwandten.

Im Heidelberger MPI für Kernphysik analysierte Hugo Fechtigs Arbeitsgruppe für Kosmosphysik Meteoriten und Mondgestein ebenfalls mit Massenspektrometern. Geiss und Fechtig untersuchten auch den interplanetaren Staub aus der Erdatmosphäre, der aus Kometenschweifen stammte. Immer wenn andere Wissenschaftler zu diesem oder jenem Planeten aufbrechen wollten, konnten ihnen Geiss und Fechtig mit ihrem großen Blick auf das Sonnensystem den besonderen Wert einer Halleymission begründen. Klarer als einige ihrer Kollegen in den USA sahen die europäischen Physiker in den Kometen einzigartige Speicher des ursprünglichen Materials des Sonnensystems, die Hinweise auf unsere kosmischen Ursprünge versprachen.

Der Komet selbst machte dieses Material für Untersuchungen zugänglich, indem er Gas und Staub in großer Menge in den Weltraum blies.

Und obwohl ein schneller Vorbeiflug wenig Zeit für Untersuchungen davon ließ, erkannten Geiss und Fechtig darin auch einen wunderbaren Vorteil. Für die Massenspektrometer, die die Atom- und Molekülsorten identifizieren sollten, mußten die Kometenteilchen hohe Geschwindigkeit haben, die normalerweise eine künstliche Beschleunigung erfordern, aber bei Halley würde die Relativgeschwindigkeit der Sonde zum Kometen für den Effekt ausreichen. Auch würden Staubteilchen mit hoher Geschwindigkeit beim Aufprall auf entsprechende Sondeninstrumente verdampfen und sich gleich selbst in ihre molekularen Bestandteile für die chemische Analyse zerlegen.

Im September 1978, nach verschiedenen Treffen mit anderen europäischen Wissenschaftlern, schlug Fechtig der ESA-Arbeitsgruppe formell die Studie eines Halley-Vorbeiflugs vor, entweder mit den Amerikanern oder ohne sie. Geiss war nicht mehr der Vorsitzende, und die Gruppe konnte nur ein Projekt auswählen – der Komet verlor gegen den Mond. Britische Wissenschaftler wollten dessen Chemie mit Hilfe eines Satelliten in einer Umlaufbahn untersuchen, ein Projekt, das gute wissenschaftliche Resultate praktisch garantierte. Aber ein rasanter Flug durch einen Kometen, der nur einige Stunden dauerte? In den USA waren sogar die Kometenexperten dagegen! Eine heftige Debatte endete mit einer Abstimmung: Vier Hände hoben sich für den Kometen, sechs für den Mond.

„Meine Herren, die Debatte ist vorbei", sagte der Vorsitzende – er irrte sich. Ein leidenschaftlicher Kometenforscher, Jean-Loup Bertaux, ging auf einen britischen Fachmann für Planetenatmosphären zu, der mit der Mehrheit gestimmt hatte. „Warum dieses plötzliche Interesse am Mond?", wollte Bertaux wissen. „Er hat doch keine Atmosphäre!"

„Es ist alles Politik, sehen Sie das nicht?", kam peinlich berührt die Antwort: Der Wissenschaftler hatte sich einfach verpflichtet gefühlt, seine Landsleute zu unterstützen.

Bertaux wandte sich an Fechtig, um die weitere Taktik zu beraten. Sie konnten es nicht verhindern, daß der ablehnende Beschluß der Gruppe an das Science Advisory Committee, die nächste Arena, weitergeleitet würde, aber Bertaux konnte den Vorsitzenden dieses Ausschusses angehen, Roger Bonnet, seinen Kollegen aus Verrières-le-Buisson. Fechtig würde sich um einen anderen Kometenbegeisterten im Komitee kümmern, Ian Axford vom MPI für Aeronomie in Deutschland. Sie würden dasselbe einfache Argument vorbringen: Der Mond würde immer da sein, aber eine neue Chance für Halley erst wieder 2061.

Der Wissenschaftliche Beratungsausschuß traf sich ein paar Tage später in einem Hotel am Flughafen von Nizza. Obwohl seine Mitglieder angesehene Wissenschaftler waren, hatte das Komitee den Ruf, stets die Entscheidungen von ESA-Funktionären zu unterstützen. Als sein neuer Vorsitzender wollte Bonnet das unbedingt ändern. Er bat daher den Generaldirektor der ESA und den wissenschaftlichen Direktor, den Raum zu verlassen, während der Ausschuß die Angelegenheit Halley gegen den Mond noch einmal neu verhandelte.

Die beiden waren froh, in der Bar warten zu können. Der Generaldirektor wollte einen klaren wissenschaftlichen Rat, der das Ansehen der Behörde bei den europäischen Universitäten heben würde. Und obwohl er kraft seines Amtes als wissenschaftlicher Direktor verpflichtet war, die Empfehlung der Arbeitsgruppe für eine Mission zum Mond weiterzuleiten, hoffte Trendelenburg auf eine Revision des Beschlusses.

Er hatte die Fäden in der Hand. Trendelenburg war bekannt für seine Glatze, die bunten Krawatten und eine gutbestückte Hausbar. Vor allem aber konnte er schnell entscheiden, ob Leute kompetent waren, egal, ob sie seine Vorgesetzten waren oder unerfahrene junge Wissenschaftler in seinem Team. Wer seinen „Test" bestanden hatte, konnte auf seine unbedingte Loyalität und sein Vertrauen rechnen, anderen ging es schlecht. Er hatte mehr Schwierigkeiten als Vielversprechendes in einer Kometenmission gesehen – bis er seine alte Mutter in Deutschland besuchte.

„Was machst Du gerade so, Ernst?", wollte sie wissen.

Trendelenburg erwähnte verschiedene Projekte, an denen er und seine Teams arbeiteten, aber sie sagten ihr nicht viel – sie war keine Wissenschaftlerin. „Einige Verrückte wollen sogar den Halleyschen Kometen besuchen", fügte er hinzu.

„Komet Halley – das ist etwas Außergewöhnliches! Ich sah ihn als Kind."

„Aber das war 1910."

„Ja, aber ich erinnere mich, als ob es gestern war – ein erstaunlicher Anblick. Und jetzt hast Du die Möglichkeit, ein Raumschiff loszuschicken, um Halley aus der Nähe anzuschauen!"

Trendelenburg gab Freunden gegenüber zu, daß die Reaktion seiner Mutter seine Blickweise geändert hat. In ihrer geschlossenen, hochtechnisierten Welt konnten Wissenschaftler manchmal das staunende Interesse von Nichtwissenschaftlern über die Wunder der Natur vergessen. Als ihm klar wurde, wie populär eine Kometenmission sein würde, beschloß er, daß die technischen Probleme eben gelöst werden mußten.

Als er an jenem Tag in Nizza in der Bar wartete, fragte sich Trendelenburg, ob er die drängende Einladung der NASA zum Vorbeiflug an Halley und Rendezvous mit Tempel 2 annehmen konnte. Unter Bonnets Führung zeigte das Advisory Committee seine Unabhängigkeit von den Funktionären. Es verschob die Mondmission und wählte das Kometenprojekt für weitere Studien aus. Paradoxerweise tat es damit genau das, was einer der Funktionäre, Trendelenburg, gewollt hatte.

Die Anhänger der Mondsonde waren außer sich. Aber bevor sie den Widerstand organisieren konnten, nutzte Trendelenburg bereits sein Mandat des Komitees, um intensive gemeinsame Studien mit den Amerikanern zu beginnen. Das Projekt, eine europäische Halleysonde „huckepack" auf dem NASA-Mutterschiff, sollte bald International Comet Mission heißen. Trendelenburg legte Fechtigs Alternative einer unabhängigen Mission beiseite und wählte ein Team aus, das die ESA in Washington bei Verhandlungen mit der NASA in Sachen Halley vertreten sollte.

Hinter den Dünen der oft grauen Nordsee liegt beim niederländischen Noordwijk das European Space Research and Technology Centre, nicht weit von der Stadt Leiden, die schon immer für ihre Kunst und die Wissenschaft berühmt war. Die Pilgerväter hatten sich von hier aus in die Neue Welt aufgemacht, Rembrandt hier malen gelernt. Und Jan Oort hatte hier seine kühne Theorie der fernen Wolke von Milliarden von Kometen um die Sonne erdacht. Im nahen Noordwijk nun arbeitete Rüdeger Reinhard, ein junger Wissenschaftler aus Kiel, in der Abteilung für Weltraumforschung. Das ESTEC, wie jedermann die ausgedehnte Einrichtung in ihren modernen Gebäuden nennt, ist das wichtigste Labor der ESA.

Wissenschaftliche Sonden entstehen durch eine Verbindung von Technik und Wissenschaft, wie sie im ESTEC praktiziert wurde. Multinationale Kolonien von Ingenieuren und Wissenschaftlern teilten sich hier denselben Campus. Wie bei der NASA bewährt, werden solche Missionen zwar von Wissenschaftlern erdacht, im Zusammenspiel mit den Topexperten in dem Gebiet, aber Ingenieure übernehmen dann als Projektleiter das Kommando. Das Bindeglied von Management und Experimentatoren auf einer Sonde ist der sogenannte Projektwissenschaftler, der vom Space Science Department ernannt wird.

Im Herbst 1978 waren Reinhards Gedanken weit weg, bei der Atmosphäre der Sonne. ESTEC-Wissenschaftler sollen in ihrem eigenen Forschungsfeld aktiv bleiben, und Reinhard arbeitete gerade an der Theorie der energiereichen Teilchen, die bei Flare-Eruptionen auf der Sonne freigesetzt werden. Er schaute von seinem Schreibtisch auf und sah einen stämmigen Mann mit kantigem Gesicht am Türpfosten seines Büros lehnen.

„Wo ist Reinhard?" wollte der Fremde wissen. Sein Akzent war englisch.

„Das bin ich."

„Ich bin David Dale, ich soll mit Ihnen zusammenarbeiten." Die tiefe Stimme wirkte autoritär, fast unfreundlich. Reinhard, stolz auf seine Englischkenntnisse, fand einen Ton würdevoller Zustimmung. „Ich denke, daß wir zusammenarbeiten können", sagte er.

„Nun, was wissen Sie vom Halleyschen Kometen?" wollte Dale wissen. Als sich Reinhard erhob, war er größer als Dale, aber schlanker und von jugendlicher Erscheinung. Er hatte gehört, daß der Engländer eine neue Abteilung für das Studium zukünftiger Projekte leitete. Dale wußte von Reinhard nur, daß er ein deutscher Wissenschaftler war. In Noordwijk mußte man mit allen möglichen Leuten zusammenarbeiten, aber es gab keine Vorschrift, wonach man dabei lächeln mußte.

David Dale war vier Jahre früher zum ESTEC gekommen, er hatte vorher an militärischer Satellitenkommunikation gearbeitet. Jetzt gehörte er zu einem kleinen Team, das an einer internationalen Mission zu den Polen der Sonne arbeitete, aus dem später das Ulysses-Projekt wurde. Eine europäische Sonde sollte von der NASA gestartet werden, um den Jupiter sausen und dann in eine Bahn über die Pole der Sonne einschwenken.

„Wo ist Jupiter?" fragte Dale – vom Sonnensystem wußte er offensichtlich nicht viel. Von gesundem Menschenverstand und Pfiffigkeit ließ er sich auch von Wissenschaftlern und Ingenieuren nicht einschüchtern, deren Qualifikationen auf dem Papier seine eigenen weit übertrafen. Das Ulysses-Projekt führte ihn oft zum JPL der NASA in Kalifornien. Zwei Jahre arbeitete er dann an der Nutzlast für das europäische Spacelab, was ihn zunächst von Noordwijk fernhielt. Aber dann bat ihn der ESA-Wissenschaftsdirektor, die technischen Studien für Zukunftsprojekte zu übernehmen, und so war die Halley-Komponente für die International Comet Mission auf seinem Schreibtisch gelandet.

Zu dem Team, das in Washington die Verhandlungen mit der NASA beginnen sollte, sollte auch ein Wissenschaftler gehören, und die ESA benannte Reinhard. Er ließ sich nicht von Dale abschrecken, sondern stürzte sich mit Enthusiasmus auf das Projekt. Beim deutschen Luft- und Raumfahrtkonzern Dornier, der die Ingenieurstudie für die Halleysonde gemacht hatte, engagierte er sich stark dafür. Als sie mit der Fähre über den Bodensee zurückfuhren, entschuldigte sich Dale bei Reinhard, daß er an ihm gezweifelt hatte. Die beiden Hauptstreiter für Europas Kometenmission lachten und wurden feste Freunde.

Das Konzept der Halleysonde entwickelte sich über zwölf Monate, mit regem Austausch über den Atlantik hinweg. Dornier baute mit seinem Entwurf auf einer schon existierenden Raumsonde namens ISEE-2 auf. Da die Sonde nach der Abtrennung vom amerikanischen Mutterschiff nur 15 Tage alleine überleben mußte, waren nur einfache Subsysteme für die Aufrechterhaltung ihrer Grundfunktionen erforderlich. Und da die Funksignale nur bis zum Mutterschiff reichen mußten, das als Relaisstation fungieren sollte, würden Batterien als Stromquelle ausreichen.

Das amerikanische Raumschiff mit seinem solarelektrischen Antrieb würde mit Düsen oder Kreiseln dreiachsstabilisiert sein, die Halleysonde dagegen wie ein Geschoß drallstabilisiert. In rascher Rotation sollte sie auf den Kometenkopf zustürzen, mit der Drehachse genau in Flugrichtung. Ein Schutzschild in Flugrichtung sollte den Kometenstaub abwehren, und die Sonde sollte in 500 km Abstand an Halleys Kern vorbeifliegen.

Im Februar 1979 kamen Amerikaner und Europäer im alten bayerischen Stadt Bamberg zusammen, um die wissenschaftliche Nutzlast der Halleysonde zu bestimmen, ihre Bestückung mit Meßinstrumenten. David Dale und Rüdeger Reinhard waren natürlich da, und Marcia Neugebauer vom JPL für die amerikanische Hauptmission. Jean-Loup Bertaux und Uwe Keller gehörten zu den sieben Wissenschaftlern amerikanischer und europäischer Forschungseinrichtungen.

Für die Europäer hatten drei Instrumente für die Analyse des Kometengases und -staubs absolute Priorität. Andere Geräte würden die Wechselwirkungen des Kometen mit dem Sonnenwind untersuchen und die Staubeinschläge auf dem Schutzschild zählen. Eine Kamera stand nicht auf der Liste, weil die europäische Seite sie für zu schwer hielt, und von einer rotierenden Raumsonde aus wären scharfe Bilder ohnehin sehr schwierig. Das Mutterschiff würde aus sicherer Distanz Aufnahmen machen.

Es war der Astronom Mike Belton aus Tucson in Arizona, der seine europäischen Kollegen überzeugte, daß die Sonde eine eigene Kamera haben sollte. Sie sollte den Kometenkern wenigstens so gut sehen, daß die anderen Experimente wußten, wo die Sonde zu jedem Zeitpunkt war, auf daß die Messungen besser zu interpretieren wären. Und sie könnte auch Größe und Form des Kerns zeigen. Ein neuartiges Konzept für eine elektronische Kamera, das Alan Delamere von Ball Aerospace in Boulder, Colorado, vorstellte, schien das Drallproblem lösen zu können.

Keller machte sich Sorgen über die Kamera: Er sah die technischen Probleme, aber wenig wissenschaftliche Herausforderung bei der Auswertung der Aufnahmen. Offenbarte ein Foto nicht seine gesamte Aussage praktisch auf den ersten Blick? Mehr „echte Wissenschaft", so dachte er, wäre mit den komplexen Meßreihen eines Teilchenzählers oder Massenspektrometers zu erzielen.

Er hatte zehn Jahre an der chemischen Zusammensetzung von Kometen gearbeitet, und sein Herz schlug für diese Art von Instrumenten. Er fürchtete, daß die Kamera, unter amerikanischer Leitung gebaut, zuviel der Sondennutzlast einnehmen würde. Um das zu verhindern – genauer gesagt, um dafür zu sorgen, daß die Kamera so klein wie irgendmöglich ausfallen würde –, trat Keller dem Kamerateam bei und beschaffte Mittel, so daß sein Institut an der Arbeit beteiligt sein konnte. Keller wußte noch nicht, auf was er sich mit seinem listigen Engagement für eine Kometenkamera eingelassen hatte.

Als wissenschaftlicher Leiter der Studie prüfte Reinhard die Vorschläge für Instrumente und übernahm auch die Planung des „Schutzschilds" für die Sonde. Schon ein flüchtiger Kontakt mit Halley war lebensgefährlich: Sein Staub, der die Sonde mit einer Relativgeschwindigkeit von 75 km/s treffen würde, war wie ein Sandstrahlgebläse, und ein einziges größeres Teilchen konnte sie bereits zerstören. Dale und die Ingenieure brauchten präzise Abschätzungen der Gefahr durch den Staub.

Das JPL hatte bereits ein grobes Staubmodell durch Beobachtungen des Kometen Encke. Eine gemeinsame Arbeitsgruppe von NASA und ESA – die für die Computerzeit am JPL zahlte – sagte Zahl und Größe der Staubteilchen in verschieden großem Abstand vom Kometenkern voraus. In den USA wurden Teilchen unterschiedlicher Masse mit mehreren Kilometern pro Sekunde auf Aluminiumplatten geschossen, um den Schaden, den sie anrichten konnten, abzuschätzen. Das Ernst-Mach-Institut in Freiburg führte ähnliche Experimente für die ESA durch.

Fred Whipple hatte einen Doppelschild erfunden, um eine Raumsonde gegen kleine Meteoriten zu schützen. Ein ziemlich dünner Frontschild stoppte die leichtesten Teilchen, während größere beim Kontakt explodierten. Der Dampf breitete sich in dem Hohlraum zwischen den Schilden aus, so daß der zweite die Energie aushalten konnte. Reinhard erfuhr von dem Prinzip des doppelten Schildes im JPL, rechtzeitig für einem Workshop über Staubgefahren im April 1979 in Noordwijk. Sein Vorschlag war ein Frontschild von 1 mm Dicke in 25 cm Abstand vor einem zweiten aus einer Aluminiumwabenstruktur, in einer Stärke, die die Gewichtsbeschränkungen eben noch zuließen. Dieses Konzept wurde die Grundlage für die spätere Konstruktion.

Eine weitere Sorge der Wissenschaftler und Ingenieure war, daß die Einschläge die Sonde mit einer leuchtenden Wolke ionisierter Teilchen umgeben könnten. Würden Moleküle und Staub beim schnellen Auftreffen elektrische Ladungen und Spannungen aufbauen, die der Sonde oder ihren Instrumenten schaden oder zumindest die Messungen verfälschen konnten? Aber als sich Reinhard des Problems näher annahm, sah es nicht mehr so bedrohlich aus.

Dale war schließlich zuversichtlich, daß eine Raumsonde gebaut werden konnte, die den amerikanischen Erfordernissen und Erwartungen ebenso entsprach wie den wesentlichen Wünschen der europäischen Wissenschaftler. Die Gesamtmasse sollte 143 kg betragen, 48 davon auf die Nutzlast entfallen. Am 23. Oktober 1979 luden NASA und ESA in einem formellen „Announcement of Opportunity" die Wissenschaftler ihrer Länder ein, für die International Comet Mission Instrumente vorzuschlagen. Bis zum 23. November mußten sich interessierte Teams melden.

Aber nur drei Tage nach diesem Datum brachte die amerikanische Fachzeitschrift *Aviation Week & Space Technology* eine schockierende Nachricht: Das US Office of Management and Budget hatte den solarelektrischen Antrieb im NASA-Budget gestrichen. Wegen der explodierenden Kosten des Space Shuttles hatten die Finanzplaner alle NASA-Anträge auf neue Programme gestrichen, mit Ausnahme eines Gammastrahlenobservatoriums. Und in dem Artikel hieß es weiter: „Die NASA-Kometenarbeitsgruppe hat der Behörde zu erkennen gegeben, daß, falls die kombinierte Halley-Tempel-2-Mission gestrichen würde …, ein Vorbeiflug an Halley allein ‚inakzeptabel' wäre."

Der Vorsitzende dieser Arbeitsgruppe war Joseph Veverka von der Cornell-Universität. In einem Nachrichtenblatt, dem *Comet Chronicle*, warb er für Unterstützung der bedrohten Mission. Er beschrieb, wie der Chef der NASA selbst im Dezember 1979 US-Präsident Carter aufgesucht und vergeblich um Wiederaufnahme des solarelektrischen Antriebsprogramms gebeten hatte. Für Veverka war Carters Wissenschaftsberater der Schuldige, an den Protestbriefe gerichtet werden sollten. Der *Comet Chronicle* führte auch diejenigen Kongreßabgeordneten auf, die die Budgetverteilung abändern konnten. Aber die Politiker blieben hart.

Die amerikanischen Kometenforscher hatten eine äußerst anspruchsvolle Mission vorangetrieben, die jede andere in Europa, der Sowjetunion oder Japan weit übertraf, und sich dabei klar übernommen. Der Starttermin rückte unerbittlich näher, und den Europäern erschienen ihre amerikanischen Freunde töricht. Die Kosten der Mission waren so hoch, daß sie sogar für den Präsidenten ein Problem darstellten, und die kleine Gruppe der Kometenfreunde hatte weder den Einfluß, das Geld zu beschaffen, noch das Fingerspitzengefühl, erfolgreich darum zu betteln.

Schlecht beraten versuchten sie, mit den Politikern Politik zu machen. Die Behauptung, ein völlig neuartiges Antriebssystem sei der einzige Weg zu einem echten Kometenrendezvous, war technisch gesehen nicht korrekt. Und die Kometenfraktion in der NASA benutzte den Halleyschen Kometen als Köder für diesen Antrieb, der die Sonde zu einem ganz anderen Kometen bringen sollte, während sie in demselben Atemzug den Halleyvorbeiflug als nutzlos und nur für Europäer oder andere rückständige Leute geeignet deklarierte.

Alle anderen Erkundungen des Sonnensystems hatte aber mit Vorbeiflügen begonnen. Indem sie einen Halleyvorbeiflug allein für „inakzeptabel" erklärten, verbauten sie der NASA mehrere konventionellere und preiswertere Möglichkeiten. Sie mußten es allein sich selbst zuschreiben, wenn sie am Ende ohne irgendeine Mission zum Kometen Halley dastehen würden.

Kapitel 2

Eine Mission für Europa

Trois, deux, un ... feu!

Es war am Weihnachtsabend 1979, als Raketeningenieure in einer Waldlichtung in Französisch-Guayana eine Kerze für Europa entzündeten. Gelbe Flammen versengten die Startrampe, und der Lärm ließ die tropische Luft gefrieren. Vier Triebwerke verbrannten eine Tonne Dimethylhydrazin und Stickstoffperoxid pro Sekunde und hoben die 210 Tonnen schwere Ariane-Rakete in den Himmel.

Wenn nichts schiefging, dann würde der erste Start einer Ariane eine traurige Historie von Kraftlosigkeit in der Weltraumtechnik beenden. 1964 hatte die Europäische Raketenentwicklungsorganisation ELDO versucht, eine britische erste, französische zweite und deutsche dritte Stufe zur sogenannten Europa-Rakete zu vereinigen. Aber niemand war wirklich verantwortlich, und als 1972 auch der vierte Start wie alle vor ihm gescheitert war, war es um die ganze mißratene Organisation geschehen.

Aus den Trümmern aber entstand die Europäische Weltraumagentur ESA, die einerseits die wesentlich erfolgreichere Europäische Weltraumforschungsorganisation ESRO schluckte, aber auch für die Raketenentwicklung verantwortlich zeichnete. Die Entwicklung einer neuen Rakete sollte geordneter vonstatten gehen, mit einem Hauptauftragnehmer, der säumige Subkontraktoren in den Mitgliedsstaaten zur Rede stellen würde. Und es lag auf der Hand, daß Frankreich die Führung übernehmen würde.

Kulturelle Vielfalt war eine der Stärken des neuen Mitstreiters Europa, das nach dem Zweiten Weltkrieg allmählich zu sich selbst gefunden hatte. Bei Frankreich konnte man sich auf einen Sinn für Glorie verlassen, der in den anderen Ländern als unangemessen gegolten hätte. Das Vereinigte Königreich hatte die ernsthafte Raketenforschung aufgegeben, als die USA ihm ballistische Raketen verkauften. Hier, wie auch in anderen Teilen Europas, hielten viele Politiker die zivile Raumfahrt für einen extravaganten Zirkus, den man besser den Supermächten überließ.

Den Deutschen, deren eigene Experten aus dem V2-Programm der Kriegsjahre danach vom amerikanischen und sowjetischen Militär und Weltraumapparat vereinnahmt worden waren, war zwar nach technologischen Abenteuern zumute, aber die politische Vorsicht überwog. Und obwohl sich eine erstaunliche Zahl von Regierungen dem europäischen Weltraumprogramm angeschlossen hatte, unter dem Druck der eigenen Wissenschaftler und der High-Tech-Industrie, sahen die meisten darin lediglich eine vergleichsweise preiswerte Alternative zum geldverschlingenden Schwarzen Loch einer nationalen Raumfahrt.

Die Franzosen sahen den Weltraum ganz anders: Weil ihnen die Amerikaner militärtechnisch weniger wohlgesonnen waren, nahm man in den 60er Jahren ein eigenes Crashprogramm für ballistische Raketen in Angriff. Die Kompetenz im Raketenbau war in Westeuropa ohne Beispiel. Und für die Franzosen war klar, daß jeder, der etwas auf Technologie hielt, im Weltraum präsent sein mußte: Hier sah man eher eine potentielle Quelle denn Senke von Reichtum.

Satelliten waren für die Telekommunikation, die Wettervorhersage und die Beobachtung der Umwelt unentbehrlich geworden, und die europäischen Behörden und Unternehmen waren emsig mit ihrer Entwicklung befaßt. Für Frankreich war die Abhängigkeit von den Supermächten für ihren Start inakzeptabel, mehr noch: Europa sollte im rasch wachsenden Markt für kommerzielle Raketenstarts nicht nur unabhängig sein. Man wollte die NASA schlagen. „Wartet nur ab", sagten die französischen Raketenbauer. „Bald werden wir amerikanische Satelliten starten."

Für die Ariane-Rakete der ESA brachte Frankreich die Hälfte der Entwicklungskosten auf, und sein Centre National d'Etudes Spatiales wurde der Hauptkontraktor. Die Firma Aerospatiale in Toulouse übernahm die industrielle Führung für Entwicklung und technisches Management. Deutschland kam an zweiter Stelle, auch andere ESA-Mitglieder steuerten Geld und Raketenteile bei. Aber der Countdown war Französisch.

Die erste Stufe der Ariane brannte 140 Sekunden lang, dann wurde sie abgeworfen. Die Ingenieure hielten den Atem an. Die zweite Stufe zündete und brannte 135 Sekunden. Jetzt war die Rakete schon 5 km/s schnell, hoch über der Küste von Guayana. Nachdem die dritte Stufe, angetrieben von flüssigem Wasserstoff und Sauerstoff, mit 10minütigem Brennen die Geschwindigkeit auf 10 km/s erhöht hatte, brachte das Steuerungssystem einen Satelliten auf genau die gewünschte Bahn hoch über dem Äquator. Im richtigen Abstand von der Erde machte ein kleiner Motor seine Bahn kreisförmig. Jetzt war er geostationär, stand still über einem bestimmten Punkt des Äquators. Die Amerikaner hatten derartige Manöver schon oft durchgeführt, doch für Europa war es eine Premiere.

Der volle Erfolg des ersten Teststarts der Ariane war Grund zum Feiern über die Weihnachtstage 1979. Und er hätte zu keinem besseren Zeitpunkt kommen können für die Wissenschaftler, die sich über das Ende der International Comet Mission ärgerten: Die Ariane empfahl sich als

2. Eine Mission für Europa

Trägersystem für eine unabhängige europäische Mission zum Halleyschen Kometen.

Ernst Trendelenburg, der wissenschaftliche Direktor, war die gönnerhafte Art der Amerikaner leid. Bis jetzt war die ESA gegenüber der NASA immer der Juniorpartner gewesen, jetzt sah er eine Chance für Europa, etwas höchst sichtbares, ja spektakuläres zu unternehmen, wo die Amerikaner aufgegeben hatten. Informelle Quellen in Washington bestätigten den Bericht von *Aviation Week*, daß die International Comet Mission am Ende war. Noch bevor die NASA ihre Partner offiziell von ihrer Streichung in Kenntnis setzte, war Trendelenburg schon auf der Suche nach Alternativen.

Er hatte den klassischen Vorteil der Schildkröte. Der Hase NASA konnte allen davonlaufen, nur nicht den Launen der eigenen Regierung, die jedes Jahr aufs neue seinen Lauf abrupt stoppen konnten. Das Wissenschaftsbudget der ESA war zwar viel kleiner, und Trendelenburg hatte eigentlich nie genug, aber das Geld kam regelmäßig und zuverlässig von den Mitgliedsstaaten – eine weise Einrichtung der ESA-Finanzierung, um die die amerikanischen Weltraumforscher Europa in kommenden Jahren noch beneiden sollten. Trendelenburg jedenfalls hatte keine Zweifel, eine Kometenmission bezahlen zu können, die nur einen Bruchteil des Wissenschaftsetats über 6 Jahre hinweg benötigen würde.

Trendelenburg wußte aber auch, daß der Europäischen Weltraumagentur ein schwerer Test bevorstand. Als eine Unternehmung vieler Regierungen wurde ihre Politik, vor allem die finanzielle, von den einzelnen Staaten akribisch überwacht. In dieser Bürokratie der Bürokratien dauerten Entscheidungen ihre Zeit und mußten zahlreiche Gremien durchlaufen. Eine Mission auf den Weg zu bringen, konnte Jahre dauern – aber Halley würde nicht warten.

Der Komet war der Sonne bereits näher als der Planet Uranus und gewann zunehmend an Geschwindigkeit: Die Sonne würde er im Februar 1986 passieren. Der letzte Starttermin, um ihm den Weg abzuschneiden, war der Sommer 1985. Fünf Jahre für Entwicklung und Bau einer Sonde waren nicht eben viel, sechs Monate weniger, als für die International Comet Mission zur Verfügung gestanden hätten. Um bis Juli 1980 den Start des Programms genehmigt zu bekommen, mußte Trendelenburg einige der üblichen Prozeduren überspringen, ohne dabei die Gemeinschaft der Wissenschaftler oder die Regierungen der Mitgliedsstaaten zu verärgern: Beide hatten das Vetorecht.

Der Vorschlag für eine Mission zu Halley mit Hilfe der Ariane-Rakete war während der Kollaboration mit der NASA nicht weiterverfolgt worden, aber in den Akten gab es den Plan eines italienischen Weltraumingenieurs, Giuseppe Colombo aus Padua. Colombo wurde in den USA als der Erfinder eines verrückt scheinenden, aber praktikablen Verfahrens respektiert, mit dem Satelliten durch Vorbeiflüge an Planeten umgeleitet werden konnten. Oder der Idee, Satelliten mit langen Kabeln zu verbinden. Sein Glatzkopf und grauer Schnauzer waren auch in den Gängen der ESA ein vertrauter Anblick. Im März 1979 griff Colombo eine Idee der British Aerospace von einigen Monaten vorher auf: Die Firma hatte auf die Bauteile für einen dritten Geos-Satelliten hingewiesen, die in ihrer Fabrik in Bristol lagerten.

„Schickt Geos-3 auf eine Doppelmission", forderte Colombo. „Sie kann erst den Magnetschweif der Erde erforschen und dann zu Halley weiterfliegen." Mit Magnetschweif meinte er die kometenartige Kielwelle der Erde im Sonnenwind. Diese Idee hatte den Vorteil, daß so ein Großteil der Kosten der Mission aus dem ESA-Sonnenwind-Programm gedeckt werden konnte, das unter den Weltraumforschern populärer als die Kometen war. Das Encounter, die Begegnung mit Halley, würde im März 1986 stattfinden, nachdem der Komet den sonnennächsten Bahnpunkt, sein Perihel, durchlaufen hatte, im Gegensatz zu einem Vor-Perihel-Encounter Ende November 1985 der International Comet Mission. HAPPEN wollte Colombo die neue Mission nennen, für „Halley Post-Perihelion Encounter".

Die Sonde sollte durch Halleys Schweif fliegen, rund eine Million Kilometer hinter dem Kern. Die Geos-Sonde war für Kometenbeobachtungen eher ungeeignet, und Colombo dachte nur an eine Art Meteoritendetektor für die Messung seines Staubes. Ein interner Report sprach sich gegen eine Kamera an Bord aus: Sie würde nicht mehr sehen können als Teleskope auf der Erde.

Für die Funktionäre und Wissenschaftler, Trendelenburg eingeschlossen, die wenig über Kometen wußten, schien HAPPEN ein attraktiverer Weg, um Halley zu erreichen, eine Übung in interplanetarer Gymnastik. Beim ESTEC in Noordwijk unterstützte der Geos-Projektwissenschaftler die HAPPEN-Idee. Und British Aerospace erbot sich, die Sonde zu bauen.

Trendelenburg kannte die Tricks des Wissenschaftsmanagements. Die Wortwahl der Aufzeichnungen von Meetings konnte die Meinungen und Schlußfolgerungen in diesem oder jenem Licht erscheinen lassen. Und die Kostenschätzungen für Missionen waren ein anderes Mittel, um die Politik zu beeinflussen. Weil vor den detaillierten Ingenieurstudien die Unsicherheiten erheblich waren, konnten mißliebige Projekte schon durch die Warnung vor drohenden Kostenüberschreitungen zu Fall gebracht werden. Trendelenburg wählte die umgekehrte Taktik: Er betonte, wie preiswert HAPPEN möglich werden könnte.

Aber der erste Versuch scheiterte. Als er HAPPEN der Solar System Working Group in Noordwijk am 24. Januar 1980 vorschlug, wurde die

Mission abgelehnt. Nicht weil die Mitglieder der Arbeitsgruppe gegen eine Kometenmission gewesen wären, sondern weil HAPPEN im Vergleich zu der International Comet Mission einfach nicht aufregend genug schien. Rüdeger Reinhard und seine Kometenfreunde wollten eine Mission, die sich ganz auf Halley konzentrierte, speziell für die Kometenforschung ausgelegt war – und die auf den Kopf des Kometen zielte und nicht seinen Schweif. Jean-Loup Bertraux regte eine gemeinsame Vorbeiflugsmission mit der NASA an, aber Reinhard kannte Trendelenburgs Einstellung und empfand, daß ein rein europäisches Projekt mehr versprach.

Reinhard war nicht in der Position für offene politische Manöver – aber im richtigen Moment klingelte das Telefon. Es war Uwe Keller aus Katlenburg-Lindau, der von der Ablehnung HAPPENs gehört hatte. „Was machen wir jetzt?", fragte er Reinhard. „Ich empfehle, daß Du sofort ein Telex an Trendelenburg schickst. Laß Geiss, Fechtig und alle anderen ihre Namen daruntersetzen."

„Und was soll drin stehen?", erkundigte sich Keller. Reinhard gab ihm in groben Zügen den Inhalt der Nachricht durch und diktierte die Schlüsselsätze. „Selber kann ich es nicht unterschreiben", sagte er, „offiziell hat das mit mir nichts zu tun."

Keller machte einen Entwurf und feilte am Text. Obwohl er von einem deutschen Wissenschaftler an einen anderen ging, war er in Englisch abgefaßt, der ESA-üblichen Sprache. Dann begann er, die Unterschriften zu sammeln. Hugo Fechtig aus Heidelberg bestätigte gern seine Unterstützung für eine Mission, die er schon lange befürwortet hatte. Ebenso Kellers Lehrer, Ludwig Biermann aus München. Am Ende konnte Keller 18 Namen unter das Telex setzen, neben seinem eigenen.

Am 29. Januar 1980 traf die Nachricht aus Katlenburg in Trendelenburgs Pariser Büro ein, als Telex, nur mit Kleinbuchstaben. Zuerst stellte sie einen „überraschenden Verlust der amerikanischen Kooperation" fest und dann, daß Halley der einzige Komet in diesem Jahrhundert sei, dessen Aktivität ihn zu einem herausragenden Ziel für eine Sonde machen würde. Dann kam der entscheidende Vorschlag: Warum sollte man HAPPEN nicht in zwei Teilen durchführen, mit einem Geos-artigen Raumschiff für den Magnetschweif und einem zweiten speziell für den Kometen? Dieselbe Ariane-Rakete könnte beide starten. Alternativ könnte das Colombo-Konzept für eine einzelne Sonde modifiziert werden, indem man mehr Kometeninstrumente auf Geos-3 packte.

Die Nachricht schloß mit den Worten: „Die erste interplanetare Mission der ESA könnte in Verbindung mit einer gut unterstützten Erdmagnetschweif-Mission für nur wenig mehr Kosten möglich werden." Trendelenburg war begeistert. Er gab David Dales Büro genau eine Woche, um die technischen Details einer reinen Kometensonde als Begleiter von

Geos-3 auszuarbeiten. Das war die eigentliche Geburtsstunde der europäischen Mission zum Halleyschen Kometen. Reinhard wurde gebeten, dem Projekt auch wissenschaftlich Farbe zu geben – genau demjenigen, das seine Bitte an Keller ins Leben gerufen hatte.

Trendelenburg stellte das neue Konzept dem Scientific Advisory Committee der ESA am 6. Februar in Paris vor. Dessen Vorsitzender war jetzt der deutsche Physiker Klaus Pinkau. Diesmal war das größte Projekt, mit dem sich eine Kometensonde messen mußte, der von französischen Astronomen geforderte Hipparcos-Satellit, der die Positionen Tausender von Sternen am Himmel mit unerreichter Genauigkeit vermessen sollte.

Die Kometenmission hatte den Ruf, primär eine deutsche Idee zu sein, während Hipparcos stark von der französischen Regierung unterstützt wurde. Diese hatte das Gefühl, sie habe im europäischen Weltraumforschungsprogramm nicht genug zu sagen. Als der frühere Ausschußvorsitzende, Roger Bonnet, ausgesprochen positiv über einen möglichen, rein europäischen Nachfolger des gescheiterten Gemeinschaftsprojekts mit den USA sprach, zieh ihn die französische Delegation prompt mangelnder Loyalität.

Aber wie zwei Jahre früher der Mond, so konnten jetzt die Sterne warten. Der Komet nicht. Zwar machte das Advisory Committee harte Vorgaben zur Qualität der Instrumente, der technischen Machbarkeit und den Kosten, aber es unterstützte einstimmig die Doppelmission, Geos mit einer separaten Kometensonde, als nächstes wissenschaftliches Projekt der ESA. Doch Dale mußte der Mission rasch Substanz verschaffen, sonst würde Hipparcos doch noch ihre Stelle einnehmen: „Die Entscheidung wurde so schnell gefällt, daß die Gegner keine Zeit hatten, sich zu organisieren", fand Keller. „Ich habe meine Zweifel, ob wir Giotto bekommen hätten, wenn wir durch die normalen Auswahlverfahren gegangen wären."

Die Mission erhielt ihren Namen durch den Artikel einer amerikanischen Kunsthistorikerin, der im vergangenen Jahr erschienen war. Sie hatte darauf hingewiesen, daß das wohl erste realistische Bild des Halleyschen Kometen in einem Fresko von Giotto di Bondone im italienischen Padua zu sehen sei. Es stellt die „Anbetung der Heiligen Drei Könige" dar und ist Teil eines weltbekannten Zyklus in der Kapelle der Familie Scrovegni. Noch niemand hatte sich über die Identität des Kometen Gedanken gemacht, der dort als Stern von Bethlehem diente. Kometen hatten meist als Unglücksboten gegolten – hier war die Bedeutung einmal eine gute.

Halleys Erscheinung von 1301 war eine der spektakuläreren gewesen. Giotto konnte sie schwerlich übersehen haben, und seine genaue Darstellung war typisch für den Naturalismus, den Giotto in die mittelalterliche

2. Eine Mission für Europa

Kunst einführte. Moderne Astronomen, die das Gemälde in Augenschein nahmen, halten es für eine derart naturgetreue Wiedergabe eines großen Kometen, mit dem bloßen Auge gesehen, daß Giotto ihn gezielt beobachtet haben mußte.

Rüdeger Reinhard machte andere in der ESA auf den Artikel aufmerksam, und Giuseppe Colombo, der selber aus Padua stammte, schlug einem Landsmann in Trendelenburgs Büro in Paris vor, die europäische Halleysonde doch Giotto zu nennen. Der Name wurde sofort akzeptiert, tauchte erstmals im Februar 1980 in offiziellen Dokumenten auf und unterschied die spezielle Kometenmission von anderen Konzepten, Colombos eigenem HAPPEN eingeschlossen.

Kein anderer Raumflugkörper hatte je einen so magischen Namen. Manchen hatte man triste Abkürzungen wie OAO oder IUE verpaßt, andere hatten astronomische (Kosmos, Venera = Venus), mythologische (Apollo, Ulysses) oder künstliche (Intelsat und Landsat). Viele Namen beschrieben auch einfach anonyme Reisende (Pionier, Explorer oder Voyager). Das Magische des Namens „Giotto" lag in seinem Klang. Indem die Physiker den ersten italienischen Meister im Vorfeld der Renaissance ehrten, bewiesen sie, daß sie kein kulturloses Völkchen waren. Und doch hatte der Name nichts pompöses oder niedliches. „Giotto" klang wie ein Spitzname und weckte Assoziationen von Pizza und Rotwein: Er gab der instrumentengespickten Aluminiumtonne Persönlichkeit.

Aber die Kometenmission hatte längst noch nicht alle Auswahlverfahren passiert. Das Advisory Committee hatte lediglich die Vollmacht, detailliertere Studien einer vorgeschlagenen Mission zu genehmigen. Diese mußten dann einem wissenschaftlichen Programmkomitee vorgelegt werden, wo die Forschungsleiter aller Mitgliedsstaaten den Beschluß über den tatsächlichen Bau einer Sonde fällten. Und die Delegierten waren zu erfahren, um von der Begeisterung der Giotto-Fans über den Tisch gezogen zu werden. Als deren Arbeit am 4. März vorgestellt wurde, erschien sie ihnen nicht ausgereift genug. Gewiß, es war löblich, so schnell auf den Abbruch der International Comet Mission zu reagieren, aber Qualität mußte schon geboten werden. Hipparcos wurde wieder auf den ersten Platz gesetzt.

Das Halleyprojekt erhielt aber eine letzte Chance: Der Zeitplan für Hipparcos könnte so gestreckt werden, daß das Geld gerade noch für Giotto reichen könnte. Und der vorgesehene Zwilling Geos-3 wurde der Einfachheit halber gestrichen. Die Kosteneinsparung könnte dann durch den gemeinsamen Start mit irgendeinem anderen Satelliten erreicht werden. Es mußte auch nicht unbedingt eine Ariane sein: Die ESA wollte der NASA anbieten, im Austausch für einen freien Start auf einer US-Rakete und Unterstützung mit Bodenstationen amerikanische Experimente an

Bord von Giotto zu nehmen. Wenn die Studiengruppe binnen vier Monaten ein überzeugendes Konzept vorlegen würde, könnte die Kometenmission doch noch fliegen. Mehr als 80 Mio. Rechnungseinheiten dürfe sie aber nicht kosten.

Dale übernahm persönlich die neue Studie und konzentrierte sich ganz darauf. Die ESA-Zentrale erlaubte ihm, direkt mit den Geos-Konstrukteuren von British Aerospace zu verhandeln und auf die ESA-übliche allgemeine Ausschreibung des Studienkontrakts zu verzichten. Das ersparte eine Menge Zeit und würde das auch in der Zukunft tun, da British Aerospace im Erfolgsfall höchstwahrscheinlich auch den Zuschlag für den Bau von Giotto bekommen würde.

Dale brachte einen Franzosen, Robert Lainé, in sein Team, als Chefingenieur des Projekts. Seine Arbeit an europäischen Astronomiesatelliten hatte Lainé den Ruf der Genialität, aber auch der Ungeduld eingebracht. Dale wurde allmählich besessen von der Halleymission: Eine solche Chance mochte es nur einmal im Leben geben. Und er konnte sich darauf verlassen, daß Rüdeger Reinhard denselben Fanatismus für die wissenschaftliche Seite aufbrachte. Die International Comet Mission, mit einem ähnlichen Startdatum, hatte damals bereits ein halbes Jahr früher begonnen, Experimentvorschläge einzuholen. Obwohl Giotto noch nicht einmal genehmigt war, erging im April ein vorläufiges „Announcement of Opportunity" an die wissenschaftliche Gemeinschaft, die formale Bitte um Bewerbungen für die Nutzlast der Sonde. Und Reinhard mußte auch die wissenschaftliche Begründung für Giotto schärfer fassen.

Die Hierarchie der wissenschaftlichen Gremien hatte die Weltraumbehörde bereits von HAPPEN weggeführt, erst zu Giotto plus Geos-3, dann zur reinen Giottomission. Ende Mai gab eine Präsentation Reinhard und seinen Kollegen die Gelegenheit, die grundlegenden Fragen darzulegen, die Giotto beantworten sollte: Woraus besteht ein Komet? In welcher Form und Zusammensetzung schießen seine Bestandteile in den Raum und zerfallen? Welche Wechselwirkungen bestehen zwischen der Kometenatmosphäre und dem Sonnenwind? Wie groß ist der Kern?

Einige hörten nun zum ersten Mal, daß die hohe Geschwindigkeit Giottos beim Flug durch den Kometen gar nicht der große Nachteil war, wie immer gesagt wurde, sondern für chemische Detektoren eine hervorragende „Vorbeschleunigung" der Kometenteilchen bewirkte. Die intellektuelle Schlacht war gewonnen, und die Zweifler schwiegen zumindest. Die Arbeitsgruppe zum Sonnensystem erklärte sich „einmütig enthusiastisch", warme Worte von einem Gremium, das oft gespalten war. Zwei Wochen später unterstützte das Science Advisory Committee mit Nachdruck die Empfehlung, daß Giotto fliegen sollte.

Während Reinhard noch auf die vorläufige Instrumentenliste der International Comet Mission zurückgreifen konnte, mußte Dale praktisch von vorne anfangen. Die Anforderungen an eine autonome Kometensonde waren ganz andere. Die alte Halleysonde hatte nur für zwei Wochen nach der Abtrennung vom Mutterschiff überleben müssen, aber Giotto mußte acht Monate alleine in den Tiefen des Weltraumes überstehen. Das warf viele neue Fragen auf, zur Stromversorgung, Temperaturkontrolle und Kommunikation. Und es gab einen Schwachpunkt in dem ganzen Plan einer rein europäischen Mission: Wenn Giotto Halley erreichen würde, wäre das so weit von der Erde entfernt, daß keine der eigenen Bodenstationen das Signal noch klar empfangen konnte. Und außerdem würde Giotto zum Zeitpunkt des Encounters auf jeden Fall für Europa unter dem Horizont stehen. Das Deep Space Network der NASA, das Netz großer Antennen, mit denen Kontakt zu den amerikanischen Raumsonden überall im Sonnensystem gehalten wird, hatte zwar eine Station nahe dem australischen Canberra – aber der Preis der Amerikaner dafür, finanziell oder politisch gesehen, könnte zu hoch sein.

Dale reiste nach Sydney, um mit der australischen Forschungsorganisation CSIRO zu verhandeln. Ihre Radioastronomen besaßen eine 64-Meter-Schüssel in Parkes, in der Wildnis von New South Wales. Die ESA würde Parkes bessere Mikrowellenausrüstung zur Verfügung stellen, bot Dale an, wenn die Antenne dafür in den entscheidenden Stunden für den Datenempfang von Giotto genutzt werden könnte. Die Australier stimmten begeistert zu: Nun würden sie Teil eines großartigen Unternehmens, und ihre doch manchmal etwas gelangweilten Ingenieure im Busch bekamen etwas zu tun.

Als Dale wieder nach Europa kam, kurz vor der entscheidenden Sitzung des Wissenschaftlichen Programmkomitees, begrüßte ihn Trendelenburg mit düsteren Nachrichten: Die NASA verlangte 10 Millionen Dollar für die Benutzung des Deep Space Networks! Dale konnte nur lachen: Parkes stand zur Verfügung, und es würde nur 200 000 Dollar kosten. Da konnten sie den Delegierten in Paris etwas erzählen.

Das Hauptquartier der Europäischen Weltraumagentur war in einem weißen Gebäude in einer Pariser Seitenstraße nahe der École Militaire untergebracht: Hier trafen sich ehemalige Gegner, um gemeinsam Projekte jenseits der irdischen Grenzen in Gang zu bringen, Wissenschaftler wie Ingenieure pilgerten hierher, in der Hoffnung auf Zustimmung für ihre Pläne. In der Rue Mario-Nikis sollte sich am 8. Juli 1980 entscheiden, ob Giotto doch noch vor die wertvolle Hipparcos-Mission geschoben werden konnte. Der Generaldirektor stellte fest, daß es von seiten der Amerikaner kein festes Angebot einer Rakete gab, so daß eine Festlegung auf Giotto einen Start per Ariane unumgänglich machte. Dale berichtete von „keinen unüberwindlichen Problemen" bei der Entwicklung oder dem Betrieb der Sonde. Er würde, das hatte er mit den Ingenieuren von British Aerospace berechnet, mit 83 Mio. Rechnungseinheiten auskommen, was nur knapp über der Vorgabe vom März lag.

Die nationalen Delegierten waren fast einmütig dafür, Giotto zur nächsten wissenschaftlichen Mission der ESA zu machen. Nur Frankreich stimmte dagegen, wegen der Verzögerung für Hipparcos. Eine Beteiligung der NASA wollte man nicht ausschlagen, aber jeder Wechsel auf eine US-Rakete hätte eine neue Abstimmung erfordert.

Europa hatte sich also entschlossen, alleine zum Halleyschen Kometen aufzubrechen. Dales Wunsch, Projektleiter zu werden, wurde erfüllt, und Reinhard wurde natürlich der Projektwissenschaftler. Fünf hektische Monate waren vorüber, in denen die Mission an den Mann gebracht werden mußte. Fünf hektische Jahre bis zu einem Start, entweder im Juli 1985 oder überhaupt keinem, standen nun bevor.

Daß ein Komet einen festen Kern hatte, war 1980 nur eine Hypothese. Es gab immer noch ein paar Fachleute, die in Kometen nur einen Haufen Sandkörner auf ähnlichen Bahnen sahen. Als die Giottomission bekanntgegeben wurde, spottete der Cambridger Astronom Raymond Lyttleton über ihr erklärtes Ziel, den Kern von Komet Halley zu finden. „Die Idee hat deswegen mehrere Jahre überlebt", schrieb er in einer Londoner Zeitung, „weil ein so postulierter Kern zu klein wäre, um ihn von der Erde aus nachzuweisen."

Aber nicht zu klein für eine Raumsonde auf Besuch. Wissenschaftliche Hypothesen werden nicht durch Zahl oder Reputation ihrer Verfechter bewiesen oder widerlegt, sondern durch Belege. Es war Zeit für die Kometenforschung, erwachsen zu werden. Selbst für die, die von der Realität des Kometenkerns überzeugt waren, war seine Beschaffenheit nur grob beschrieben.

Uwe Keller war bereits dabei, ein Team für den Bau der Kamera zusammenzustellen, mit der Giotto nach Halleys Kern suchen sollte. Auch wenn er ursprünglich nur mit Widerwillen in die Arbeitsgruppe Kamera der Original-Halleysonde eingetreten war, so wollte er jetzt – als Initiator von Giotto – das Konzept auf die neue Sonde übertragen. „Es ist wie wenn man auf einem Karussel fährt und einen bestimmten Stern mit einem Teleskop beobachten will, einmal pro Umdrehung", so beschrieb Keller die Aufgabe, den Kern von einer rotierenden Sonde aus zu beobachten.

Die Lösung, die Alan Delamere von Ball Aerospace in Colorado für die Halleysonde angeboten hatte, basierte auf elektronischen Lichtdetektoren, CCDs – damals noch eine Neuheit für den zivilen Sektor.

Diese Charge-Coupled Devices verbinden eine hohe Lichtausbeute mit der Fähigkeit, die visuelle Information zu speichern. Delamere wollte das ganze Bild des Kometen auf einmal mit kurzer Belichtungszeit aufnehmen und dann allmählich zur Erde übertragen, während die Kamera wegen der Sondenrotation gerade in falsche Richtungen schaute. Das klang einfach, erforderte aber ein kompliziertes Kontrollsystem: Niemand hatte je eine solche Kamera gebaut.

Im Frühjahr 1980 dachte Keller an die einfachste Möglichkeit, Ball dafür zu bezahlen, das Instrument zu entwickeln. Aber mit wessen Geld? Die ESA sorgte zwar für die Sonde, veließ sich aber auf die nationale Forschungsförderung für die Instrumente. Und warum sollte etwa die deutsche Regierung für eine Kamera, made in USA, zahlen? Statt dessen sondierte Keller, ob Delamere und Ball Aerospace einem europäischen Team beim Bau der Kamera helfen würden. Sie sagten zu.

Nun mußte Keller unter seinen europäischen Kollegen nach einem PI, dem Principal Investigator, für die Kamera, suchen. Für dessen Organisation würde das eine schwere finanzielle Bürde bedeuten; es fand sich kein Freiwilliger. Langsam dämmerte es Keller, daß er selbst der PI werden mußte: er, der Astrophysiker, der zwar etwas Erfahrung mit Weltrauminstrumenten, aber nie mit einem so komplizierten, hatte. Doch die Max-Planck-Gesellschaft und die Bonner Regierung waren bereit, ihn finanziell zu unterstützen. Die deutsche Tradition in der Kometenforschung zahlte sich jetzt aus.

Abermals ging Keller auf die Suche, diesmal nach Co-Investigatoren in anderen europäischen Ländern: Das Giotto-Kamerateam sollte kein Verein nur für Deutsche werden, alles technologische und wissenschaftliche Knowhow, das es in Europa gab, wollte Keller einbinden. In Frankreich war Jean-Loup Bertaux aus Verrières-le-Buisson ein offensichtlicher Kandidat. Wie Keller war er Mitglied des ursprünglichen Kamerateams der International Comet Mission gewesen, und er nahm das Angebot mit Freude an. Dasselbe taten Gruppen aus Marseille, Padua und Liège sowie auch einige einzelne britische Wissenschafter. Im August 1980 beeilte sich Keller, den Abgabetermin der ESA für den Kameravorschlag einzuhalten, Delamere und Reinhard halfen bei der technischen Beschreibung.

Und dann gab es plötzlich einen konkurrierenden Vorschlag für eine Giotto-Kamera. Keller konnte es kaum glauben, hatte er doch versucht, alle möglichen Interessenten in sein eigenes Team zu holen. Das neue Angebot stammte von demselben Jacques Blamont, der Keller zehn Jahre früher in die Weltraumforschung eingeführt hatte. Blamont war mit der Keller-Kamera vertraut, weil Bertaux in seinem Labor in Verrières-le-Buisson arbeitete – und er zweifelte an Europas Fähigkeit, die notwendige Technik rechtzeitig für Halley in den Griff zu bekommen.

Im Sommer 1980 war Blamont wissenschaftlicher Sondergast am Jet Propulsion Lab (JPL) in Pasadena, dem er einen Handel vorgeschlagen hatte. Wenn das amerikanische Labor eine Kamera für Giotto bauen würde, dann würde er sich für ihre Übernahme einsetzen: Die Regeln der ESA forderten einen europäischen PI. Blamont bot sich selbst für diese Rolle an, mit Bertaux als seinem Stellvertreter. Die unübertroffene Fähigkeit des JPL, Kameras für interplanetare Reisen zu bauen, hatten die Bilder der beiden Voyagersonden von Jupiter und seinen Monden 1979 Fachleuten wie Laien eindrucksvoll vor Augen geführt. Wer auf das Können Pasadenas gegenüber Katlenburg-Lindau wetten wollte, brauchte nicht lange nachzudenken.

Blamont selbst war einer von Europas führenden Weltraumforschern, der erste technische und wissenschaftliche Direktor des Centre National d'Etudes Spatiales für zehn Jahre nach seiner Gründung 1962, Mitglied der exklusiven Pariser Akademie der Wissenschaften und auswärtiges Mitglied der US-Akademie der Wissenschaften. Im Zusammenhang mit Giotto zählte besonders, daß Blamont Mitvorsitzender des wissenschaftlichen Komitees war, das die sowjetischen Vega-Missionen zur Venus und zu Halley plante.

Kellers Team drohte jetzt auseinanderzufallen. Bertaux mußte zurückziehen, weil sein Name auf dem konkurrierenden Antrag stand, besonders schmerzvoll aber war der Ausfall der Marseille-Gruppe. Zwar sollten die Instrumente für ESA-Missionen eigentlich allein aufgrund ihres wissenschaftlichen und technischen Wertes ausgewählt werden, aber nationale Empfindlichkeiten konnten nicht völlig ignoriert werden. Frankreichs Delegierte würden nun sicherlich für den Blamont-Vorschlag stimmen und konnten argumentieren, daß auf Giotto schon genug deutsche Instrumente wären, vor allem die chemischen Detektoren.

Ein französischer Bundesgenosse schien Keller also zwingend, und er dachte an Roger Bonnet. Der war zwar ein Student Blamonts gewesen, hatte sich aber von ihm während der Studentenrevolte 1968 getrennt, als Unzufriedenheit durch die Universitäten und Institute fegte. Bonnet hatte ein konkurrierendes Institut für Stern- und Planetenphysik in Verrières-le-Buisson aufgebaut. Keller hatte mit ihm zusammen in den USA an einem NASA-Projekt gearbeitet. „Ich rufe in zwei oder drei Tagen zurück", hatte Blamont am Telefon versprochen, als ihn Keller zur Mitarbeit an der Kamera einlud, etwa ihre Optik beizusteuern.

Bonnet war wütend über Blamonts Konkurrenzvorschlag. Er sah genau so klar wie Keller, daß man daraus eine Angelegenheit Frankreich gegen Deutschland machen konnte, aber für Bonnet war es vor allem eine Sache USA gegen Europa, mit der Blamont-Kamera als Trojanischem Pferd. Denn wenn das JPL die Bilder von Halleys Kern machen würde, dann würde es auch den Großteil des Ruhmes der Mission ernten. Bonnet prüfte die Möglichkeiten seines Labors. Es hatte bereits die Aufgabe übernommen, die Infrarot-Instrumente für die Vegasonden zu bauen, aber er entschied, daß er die Optik von Giottos Kamera auch noch einplanen konnte. Er würde nicht nur in das Kamerateam eintreten, versicherte er Keller, er würde auch einen praktischen Beitrag leisten.

Keller hob das Prestige seiner Gruppe, indem er zwei bedeutende Kometenforscher als Co-Investigatoren gewann: Ludwig Biermann war als sein früherer Lehrer leicht zu gewinnen, aber auch Fred Whipple aus den USA machte mit. Und als großen Namen in der europäischen Weltraumforschung, als Gegengewicht für Blamont selbst, konnte Keller Giuseppe Colombo aus Padua in sein Team locken. Blamonts Instrument hatte den hübscheren Namen, CHIC (Comet Halley Imaging Camera), während Kellers HMC (Halley Multicolour Camera) heißen sollte. Beide lösten das Problem der rotierenden Sonde ähnlich, aber während bei Blamont ein drehbarer Spiegel das Licht in die Kamera leiten würde, drehte sie sich bei Keller gleich selbst. Blamonts Kamera konnte im Gegensatz zu Kellers auch nicht nach dem Encounter rückwärts auf den Kern schauen, aber Blamont ging davon aus, daß Giotto durch den Kometenstaub ohnehin vorher zerstört werden würde.

Die Rivalen mußten nun ein Auswahlverfahren durchlaufen, genau wie Giotto selbst, früher in demselben Jahr. Im November 1980 würdigten unabhängige Gutachter den wissenschaftlichen Wert der beiden Vorschläge, während in Noordwijk ein ESTEC-Team die Verträglichkeit mit der Sonde selbst überprüfte. Es war derselbe Monat, in dem die JPL-Kamera von Voyager 1 Bilder des Saturn von atemberaubender Schönheit und Detailfülle funkte.

Die Arbeitsgruppe Sonnensystem traf sich am 15. und 16. Dezember im ESA-Hauptquartier, um die Giotto-Experimentvorschläge aus den europäischen Laboratorien zu begutachten. Vierzehn Wissenschaftler aus sieben Ländern mußten die besten auswählen, und obwohl die Kamera nur einer von einem Dutzend war, wußte die Gruppe, daß hier die Entscheidung die höchste politische Brisanz besitzen würde. Rufe nach „fair play" hörten sie wohl, aber bedrängen ließen sie sich nicht: Technische Argumente und die Arithmetik von Gewicht und Kosten hatten für sie Priorität.

Sein Auftreten gewann Blamont keine Freunde. Es mißfiel ihm offenkundig, sich und sein tolles Instrument Wissenschaftlern erklären zu müssen, die 20 oder 30 Jahre jünger waren als er, und er griff Kellers Konzept direkt an. „Wir ziehen es vor, den maximalen wissenschaftlichen Ertrag und Gesamterfolg der Giottomission sicherzustellen", verkündete Blamont, „statt Europa dieses Projekt dazu benutzen zu sehen, mühsame

Erfahrungen auf dem Gebiet der CCDs zu sammeln – mit dem Risiko, bei der Entwicklung verzweifelt in Zeitnot zu geraten."

Die Gruppe erwog und verwarf die Möglichkeit, beide Kamerasysteme mit Gewalt zu vereinigen und entschied dann mit knapper Mehrheit für Keller. Das Science Advisory Committee unter Vorsitz von Klaus Pinkau unterstützte die Wahl einige Tage später. Blamont beklagte sich über angebliche Manipulationen. In einem Schreiben an den Generaldirektor der ESA verwies er auf die Anwesenheit Reinhards, eines Co-Investigators von Kellers Kamera, im ESTEC-Team, das die Vorschläge bewertete, und er beschwerte sich, daß ein britisches Mitglied des Keller-Teams und ein Institutskollege Kellers bei den entscheidenden Beratungen der Arbeitsgruppe Sonnensystem anwesend waren, obwohl doch alle direkt Betroffenen den Raum verlassen sollten. Und Blamont gefiel es auch nicht, daß Ernst Trendelenburg ein Telex der NASA vorweisen konnte, in dem der ESA voller Zugang zu amerikanischen CCDs zugesagt wurde. Das habe die seiner Meinung nach entscheidende Frage der Erfahrung verschleiert. Und Pinkaus Komitee hätte die Empfehlungen der Arbeitsgruppe ohne weitere Prüfung abgesegnet.

Der Brief war Englisch, aber Blamont sprach trotzdem von „Herr Keller", „Herr Pinkau" usw., als ob er deren Nationalität betonen wollte. Und er warnte, daß eine befriedigende Kamera nur von erfahrenen Leuten und keinen „Amateuren" zustandegebracht werden könne. Er sage voraus, daß Kellers Leute bald die Kernbestandteile seines eigenen Vorschlags übernehmen müßten, und er forderte, dann die Leitung des Experiments übertragen zu bekommen.

Blamont hatte immer gute Argumente, technisch wie politisch, und seine düsteren Befürchtungen bezüglich Kellers Erfolgschancen waren nicht unbegründet. Aber die, die letztlich zu entscheiden hatten, teilten Bonnets Gefühl: Warum den weiten Weg zu Halley gehen, damit die Amerikaner die Bilder einfahren können?

Die Aufregung der Amerikaner nach dem Zusammenbruch ihrer großartigen Reise zu Halley und Tempel 2 ist wohl die mildeste Erklärung für ihr Verhalten im Verlauf des Jahres 1980. Widersprüchliche Signale von Freundschaft, Arroganz und Herabsetzung verwirrten die ESA-Manager, die angewiesen waren, mit der NASA zu einem Einvernehmen über Giotto zu kommen. Am Ende sollte sich zwar die Großherzigkeit der Amerikaner durchsetzen, doch zu spät, um ihnen noch eine bedeutende Rolle in der Mission zu geben.

Eine private US-Firma, RCA, drückte ihren Schrecken über das verlorene nationale Prestige dadurch aus, daß sie anbot, ganz alleine eine Halleysonde zu bauen, wenn die NASA sie starten würde. Eine Organisation

2. Eine Mission für Europa

namens Halley Fund begann, Spenden der Öffentlichkeit für eine Mission zu sammeln. Aus all dem wurde nichts, aber die beachtliche Sondenflotte anderer Länder, die sich anschickte, am berühmtesten aller Kometen vorbeizufliegen, kratzte augenfällig am Ego der Amerikaner.

Die Sowjets hatten den aufwendigsten Plan: Sie wollten 1984 die zwei Vega-Sonden Richtung Venus schicken und dann eine oder beide weiter zu Halley. Die Japaner, völlige Neulinge, schlossen gerade die Entwicklung einer neuen Rakete für ihre Mission ab, auch wenn sie die ursprüngliche Idee, Halley hinter der Sonne und damit unsichtbar von der Erde zu erwischen, wieder aufgaben. Und die Europäer bereiteten nun eine Sonde vor, die tiefer in den Kopf des Kometen vordringen sollte als jede andere.

Aber Giotto war nichts wert, wenn man Joseph Veverka von der Cornell University glauben wollte. Er war der Vorsitzende der NASA-Kometengruppe, die so eilig die Idee eines amerikanischen Halleyvorbeiflugs verworfen hatte, nachdem es die International Comet Mission nicht mehr gab. Er war gegen jede direkte US-Beteiligung bei Giotto und verkündete, die Sonde werde nichts zustandebringen: „Ihr werdet ins Nirgendwo davonschießen", höhnte er über eine Mission im Stile von Giotto. „Das wird eine einzige Katastrophe."

Als den USA offenkundig nichts anderes mehr als ein Encounter übriggeblieben war, änderte Veverka die Tonart und behauptete jetzt, nur die USA könnten so etwas ordnungsgemäß durchführen. Paul Weissman vom JPL verkündete, daß eine US-Mission „die harte Wissenschaft leisten würde, die die europäischen, japanischen und russischen Missionen nicht tun könnten" – die Arroganz der Amerikaner wurde allmählich unerträglich.

Aber als Rüdeger Reinhard die Giottomission in allen Einzelheiten aufgeschlosseneren US-Kollegen vorstellte und klarmachte, daß Giotto praktisch optimalen Gebrauch von seinem Vorbeiflug machen würde, dachten sie sich eine genau komplementäre Mission aus, die mit ausgebreiteten Flügeln Staubproben der Kometenkoma sammeln und zur Erde bringen sollte. Die Flügel sollten in Halleys Koma auf- und danach wieder zugeklappt werden, um die Staubteilchen während des Rücktransports zur Analyse auf der Erde zu schützen.

Das JPL hielt nichts davon. Man argumentierte, daß die heimischen Steuerzahler lieber sofort Bilder haben wollten anstatt viel später chemische Daten. Neben Blamonts Bewerbung um Giottos Kamera bemühte sich das JPL auch um eine Art Voyager zu Halley, der angeblich viel bessere Bilder machen könne als Giotto. Kosten würde das etwa zweimal soviel wie Giotto, was der NASA-Zentrale aber als zu schlechtes Preis-Leistungs-Verhältnis erschien.

Das JPL übte sich in Geduld und hoffte auf bessere Behandlung, falls Reagan die Wahlen Ende 1980 gewinnen sollte. Während die inneren Rangeleien noch andauerten, verlor die NASA die Chance, Partner im Giotto-Projekt zu werden. Die Beziehungen zwischen den beiden Organisationen waren ohnehin gespannt, weil die USA ihren Beitrag zur International Solar Polar Mission gekürzt hatten und Europas Ulysses-Sonde plötzlich alleine dastand. Während die ESA mit zahlreichen Concordeflügen über den Atlantik um die Rettung des Projekts rang, ließ der NASA-Direktor den Tag der Entscheidung über Giotto im Juli 1980 verstreichen, ohne Paris eine Rakete anzubieten.

Aber drei Monate nachdem die Europäer formal beschlossen hatten, Giotto mit der eigenen Ariane auf den Weg zu bringen, sprach die NASA plötzlich von einer Delta-Rakete und Unterstützung bei der Kommunikation mit Giotto und seiner Kamera, im Austausch gegen zwei amerikanische Experimente an Bord. Der Vorschlag wurde erwogen, doch in diplomatischer Sprache ließ die ESA die NASA wissen, sie könne verschwinden.

Präsident Reagan war einer teuren Halleymission genauso wenig zugetan wie Carter. Jetzt würden die Amerikaner noch nicht einmal ein Encounter bekommen. Im Gegensatz zu Europäern, Sowjets und Japanern war einfach keine ausreichende wissenschaftliche Begründung für eine solche Mission erarbeitet worden, wie sie z. B. Johannes Geiss und Hugo Fechtig formuliert hatten. Der wahre Betrogene war jetzt die ganze Menschheit, die ihren Platz im Kosmos zu ergründen trachtete: Eine andere Art von Vorbeiflug, zum Beispiel die Staubsammelmission, hätte die Ergebnisse der fünf anderen Sonden ideal ergänzen können.

Ein paar Experimente wurden in den USA zusammengestellt, um Halley aus dem Erdorbit zu beobachten, aber die Teams am JPL und anderswo, die auf eine US-Kometensonde gehofft hatten, fanden sich jetzt als stumme Beobachter am Rande wieder. Das JPL wurde immerhin zum Hauptquartier der International Halley Watch, welche die zwar wichtige, aber unspektakuläre Aufgabe der Koordination und Sammlung von Beobachtungen, vorwiegend von Teleskopen auf der Erde, aber auch aus der Erdumlaufbahn, übernahm. Und ein wissenschaftlicher Rivale des JPL innerhalb der NASA, das Goddard Space Flight Center in Maryland, war geschickt genug, um mit einer schon lange im Weltraum befindlichen Sonde den Kometen Giacobini-Zinner zu erreichen, ein paar Monate bevor die internationale Flotte bei Halley ankam. Das war wenigstens ein kleines Pflaster für den amerikanischen Stolz ...

In den Labors freilich, wo die eigentliche Wissenschaft stattfand, sahen die Dinge viel besser aus. Flinke Amerikaner wurden Co-Investigatoren von Experimenten auf Giotto und den Vegas. Mehr als 40 der etwa 160 Wissenschaftler in den Giotto-Experimentteams waren aus Amerika, mehr als aus jedem einzelnen europäischen Land dabei waren. Und oft steuerten sie wertvolles Fachwissen bei.

Als sich die Gemüter etwas beruhigt hatten und die NASA begriff, daß Giotto tatsächlich Wirklichkeit werden würde, bekam David Dale auf einmal exzellente Unterstützung von den Deep Space Network-Stationen zu einem fairen Preis. Das australische Teleskop in Parkes blieb zwar die primäre Station während des Halley-Encounters, aber die amerikanische Unterstützung war beruhigend. Später sollte sich sogar eine spezielle Operation entwickeln, bei der die amerikanischen Bodenstationen Giotto mit chirurgischer Präzision ins Herz des Kometen lenken würden.

Doch ohne die Verlockung Halleys wäre die Chance für jede Art Kometenmission in den 80er Jahren bescheiden gewesen. Hätten die Amerikaner einen eigenen Kometenvorbeiflug zustande gebracht, direkt nach dem Abbruch der International Comet Mission, der Enthusiasmus für Giotto wäre wohl begrenzt ausgefallen. Und in den kommenden Jahren würden sich die europäischen Weltraumforscher manchmal fragen, ob ihre Misson zu Halley ohne den Eingriff von Ernst Trendelenburgs Mutter im rechten Moment jemals Wirklichkeit geworden wäre.

Bildteil I

M. Grensemann G. Schwehm

H.U. Keller

J. Kissel

D. Link

F. Whipple

S. McKenna-Lawlor

T. McDonnell

A.-Ch. Levasseur-Regourd

R. Reinhard

R. Bonnet

H. Balsiger

H. Rème

F.M. Neubauer

Kapitel 3

Giotto nimmt Form an

Das Märchenschloß von Smolenice in der damaligen Tschechoslowakei war im Sommer 1980 Schauplatz einer internationalen Konferenz für solarterrestrische Physik. Susan McKenna-Lawlor war da, eine zierliche und hübsche irische Professorin, die sich in bunten Farben kleidete und die Welt mit ebensolcher Intensität betrachtete. Mit einem Seufzer der Erleichterung setzte sie sich zu ihren Wissenschaftlerkollegen zum Dinner in der Bankettenhalle: Nach unverhofften Problemen bei der Einreise war sie gerade noch rechtzeitig eingetroffen, um einen Vortrag über Sonnenflares zu halten. Nun konnte sie sich entspannen.

Neben ihr saß ein großer junger Mann mit jungenhaftem Lächeln. „Ich bin Rüdeger Reinhard", sagte er. „Ich bin der Projektwissenschaftler der Giottomission." Sie unterhielten sich freundschaftlich, und das Essen war fast vorbei, als Reinhard mit einer überraschenden Frage herauskam.

„Irland ist jetzt Vollmitglied der ESA", sagte er. „Warum ist eigentlich kein irisches Experiment für die Kometenmission vorgeschlagen worden?"

McKenna-Lawlor fühlte den Schock eines schicksalhaften Augenblicks. Schon einmal in ihrer wissenschaftlichen Laufbahn hatte sie eine ähnliche Erfahrung gemacht, noch als Universitätsstudentin. In der Schule hatte sie praktisch nichts über Wissenschaft erfahren und war bereits auf dem Weg, Musikerin zu werden. Am University College in Dublin angekommen wollte sie wenigstens einmal in das Gebiet hineinschnuppern. Die Quantenmechanik des Wasserstoffatoms bewegte sie tief: Das war für sie wie Poesie, und Susan McKenna-Lawlor entschied sich spontan, Physikerin zu werden.

Trotz dieses späten Starts studierte sie erfolgreich, und nach dem ersten akademischen Grad und Forschungsarbeit am Dublin Institute for Advanced Studies ging sie für ihre Doktorarbeit über Sonnenflares an die Universität von Michigan. Während des USA-Aufenthalts hielt sie vor NASA-Astronauten Vorträge über die Gefahren für Weltraumreisende, die von den energiereichen Teilchen aus diesen Explosionen auf der Sonne ausgehen. Ihre Beziehung zur NASA bestand auch nach ihrer Rückkehr nach

Irland fort, durch Beiträge zu Raumfahrtmissionen zum Studium der Aktivität auf der Sonne.

McKenna-Lawlor verstand also genug von den technischen Aspekten der Raumfahrt, um ein Experiment für Giotto von irischer Seite als sehr schwierig zu beurteilen. In ihrem Land gab es keine staubfreien Räume, keine Weltraumtestkammern, keine Teilchenbeschleuniger, um Detektoren zu eichen, selbst das für den Bau eines weltraumqualifizierten Instruments nötige Werkzeug fehlte. Doch sie fühlte sich herausgefordert, um Reinhard zu antworten: „Warum nicht?"

„Kommen Sie am besten zum MPI für Aeronomie", meinte der. „Dort planen sie mehrere Experimente für Giotto und würden Ihnen wohl mit den technischen Einrichtungen aushelfen. Sprechen Sie mit dem Direktor, Ian Axford. Aber beeilen Sie sich: bis Mitte Oktober brauchen wir einen detaillierten Vorschlag."

In Katlenburg-Lindau diskutierten Axford und McKenna-Lawlor ihre Vorstellungen von einem Teilchenteleskop mit Halbleiterdetektoren zur Aufzeichnung energiereicher Teilchen von der Sonne auf Giottos Weg zum Kometen. Dort angekommen würde es andere solche Teilchen nachweisen können, die lokal beschleunigt wurden. Axford bot die Benutzung eines staubfreien Raumes und von Testanlagen an, bis sie eigene Einrichtungen in Irland bekommen würde. Erhard Kirsch von dem deutschen Institut würde ihr Team als Co-Investigator verstärken und für die technische Unterstützung sorgen.

„Sie brauchen einen Namen für das Experiment, der Irland repräsentiert", forderte Axford.

McKenna-Lawlor grübelte: „EPONA, das ist es. Energetic Particles Onset ... was noch? ... Admonitor." Sie erläuterte, daß Epona auch die schöne und geheimnisvolle keltische Göttin genannt wird, die mit dem Sonnenjahr in Verbindung gebracht wird.

Sie beeilte sich, nach Irland zurückzukehren, um Mitstreiter vom Dubliner Institute for Advanced Studies zu gewinnen und Regierungsgelder zu erhalten. Sie selbst war am St. Patrick's College, einer berühmten Bildungseinrichtung neben den Ruinen einer Burg aus dem 12. Jahrhundert in der kleinen Stadt Maynooth. Dort überraschte McKenna-Lawlor ihre Kollegen mit der Neuigkeit, man werde nun in der Weltraumforschung aktiv.

Die Energien ihrer Teilchen waren in der „Modellnutzlast" nicht vorgesehen, die Giotto von der International Comet Mission geerbt hatte. Das stellte McKenna-Lawlors Experimentvorschlag automatisch in die dritte und letzte Kategorie: nicht erbeten und mit nur geringer Chance auf eine tatsächliche Fluggelegenheit. Eine Achterbahnfahrt der Hoffnungen und Enttäuschungen nahm ihren Lauf.

Zuerst hatte McKenna-Lawlor noch kaum eine Vorstellung von dem Tauziehen zwischen den größeren Weltraumlaboratorien Europas, die alle einen Platz auf Giotto ergattern wollten. Abgesehen von der umstrittenen Kamera hatten die Massenspektrometer zur Analyse der chemischen Zusammensetzung des Kometen Priorität. Die Deutschen kämpften untereinander um diese Kategorie-1-Instrumente, während die Schweizer beim Ionenmassenspektrometer für geladene Atome und Moleküle die Nase vorn hatten.

Gewitzte Experimentatoren in Frankreich, Italien und Großbritannien setzten ihre Hoffnung auf die zweite Kategorie, zu der z. B. Staubeinschlagsmesser und Ultraviolettanalysatoren für das Kometengas zählten, Magnetfeldsensoren und Meßgeräte für subatomare Teilchen, die den Zusammenstoß zwischen dem Kometen und dem Sonnenwind erforschen würden. Um die Chancen für die Aufnahme in die endgültige Nutzlast zu erhöhen, wurden oft internationale Allianzen gebildet, was die Zahl der Vorschläge auf weniger und vielversprechendere verringerte.

Alan Johnstone hatte schon mehrere Jahre über Halley nachgedacht. Er war ein Physiker mit schwarzem Bart am Mullard Space Science Laboratory, einem Ableger der Londoner Universität in Holmbury St. Mary, in den bewaldeten Hügeln von Surrey. Johnstone hatte sich schon 1978 mit Kollegen in Texas auf einen gemeinsamen Experimentvorschlag für eine Kometenmission geeinigt, ob sie nun von den USA oder der ESA realisiert wurde. Das Instrument sollte subatomare Teilchen im Sonnenwind nachweisen und die Veränderungen ihrer Anzahl und Richtung, wenn Teilchen des Kometen dazukommen.

Da er annahm, daß deutsche Gruppen in München und Katlenburg-Lindau etwas ähnliches vorschlagen würden, sah sich Johnstone nach mehr europäischen Partnern um. Er verstärkte sein Team mit einer starken italienischen Gruppe aus Frascati, nahm Kontakt mit schwedischen Freunden am Geophysikalischen Institut in Kiruna auf und fand auch in Großbritannien Co-Investigatoren. Und zu Johnstones Überraschung wollten auch die Deutschen mitmachen. Noch war offen, wer der Principal Investigator, der hauptverantwortliche Wissenschaftler des Experiments, werden sollte, aber Johnstone ließ sich von den Italienern überzeugen, die Rolle selbst zu übernehmen. So leitete er schließlich eine Allianz aus fünf Nationen, mit Co-Investigatoren aus Deutschland, Italien, Schweden, dem Vereinigten Königreich und den USA.

Alles, was für die Mission zu tun war, erforderte Teamarbeit. Würde der Autor all die Hunderte von Personen und Dutzende von Organisationen auflisten, die in Wissenschaft, Technik und Betrieb von Giotto eine Rolle spielten, dieses Buch würde sich wie ein Telefonverzeichnis lesen.

Der Leser möge bitte immer bedenken, daß jeder genannte Teil eines viel größeren Teams war.

Die PIs mußten vor, während und nach der Mission eine Führungsrolle übernehmen und ihre Teams bei allen Angelegenheiten mit der Projekt- und der Missionsleitung vertreten. So war es nicht unfair, daß das multinationale Projekt zur Messung der subatomaren Teilchen der „Johnstone Plasma Analyzer" getauft wurde. „Tadel und Lob bitte an mich adressieren", sagte Johnstone.

Uwe Keller und Jacques Blamont, die Bewerber um die Kamera, gaben sich als stürmische Kämpfer, als die ESA-Arbeitsgruppe Sonnensystem die Instrumentierung festlegte, andere Wissenschaftler benahmen sich mehr wie Bewerber um einen Job. Während sich der Prozeß über zwei Tage hinzog, konnten sie ihre möglichen Begleiter auf der Mission taxieren.

Alan Johnstone traf eine Abmachung mit Henry Rème, einem hochgewachsenen Franzosen aus Toulouse, der einen anderen Detektor für Subatomares vorgeschlagen hatte und dabei von einer kalifornischen Universität unterstützt wurde. Unter den anderen Begleitern Blamonts, die auch gerne PIs werden wollten, traf Susan McKenna-Lawlor den feschen Jean-Loup Bertaux und eine kluge Pariserin, Annie Chantal Levasseur-Regourd. „Nenn mich Chantal", sagte sie.

Genau wie McKenna-Lawlor wollte Levasseur-Regourd ein kleines leichtes Instrument auf Giotto unterbringen, das in der Modellnutzlast nicht vorgesehen war. Sie nannte es HOPE, Halley Optical Probe Experiment: ein optisches Teleskop, das nach hinten schauen sollte, während Giotto durch den Kometen flog. Filter würden das Sonnenlicht isolieren, das der Kometenstaub in drei verschiedenen Wellenlängen streute, und die charakteristische Strahlung von vier Sorten von Molekülfragmenten. Die Zunahme der Helligkeit, während die Sonde immer tiefer vordrang, würde die Staubdichte und die Häufigkeit der Moleküle unabhängig von den direkt messenden Massenspektrometern verraten.

Hans Balsiger aus Bern, adrett und mit seiner Brille einem Schweizer Bankchef nicht unähnlich, war zu jedermann freundlich. Er kam aus dem Labor von Johannes Geiss, wo er lange für die Kometenmission gekämpft hatte, und Balsiger wußte, daß sein Ionenmassenspektrometer nicht verlieren konnte. ähnlich zuversichtlich, aber zurückhaltender damit, war Jochen Kissel aus Heidelberg, der wie ein amerikanischer Footballspieler gebaut war. Sein Staubmassenspektrometer war nicht nur für Giotto, sondern auch für die beiden sowjetischen Halleysonden vorgesehen.

So viel Zeit und Emotionen nahm der Streit über die Kamera in Anspruch, daß die Arbeitsgruppe Sonnensystem mit der Auswahl der anderen Instrumente nicht fertigwurde. Das ESTEC sowie unabhängige Gutachter hatten sie alle auf Herz und Nieren geprüft. Die Genehmigung von Experimenten aus der Modellnutzlast, für die es nur einen Bewerber gab, waren praktisch Formsache. Neben Balsigers und Kissels Spektrometer akzeptierte das Gremium ebenfalls schnell ein System aus Staubeinschlagszählern von Tony McDonnell der Universität von Kent im englischen Canterburg und Magnetfeldmesser von Fitz Neubauer aus Köln. Sowohl Johnstones als auch Rèmes Teilchendetektoren kamen auf die Sonde, weil sie sich die erlaubte Masse teilten, und Rèmes Instrument erhielt sogar noch eine Zusatzkomponente von Axel Korth aus Katlenburg-Lindau.

Die schwierigen Entscheidungen begannen mit den Teams von Dieter Krankowski aus Heidelberg und Erhardt Keppler aus Katlenburg-Lindau. Beide wollten mit Neutralmassenspektrometern die Massen ungeladener Atome und Moleküle in Halleys Atmosphäre messen. Krankowskis Instrument war bei weitem schwerer und benutzte so starke Magneten, daß es Neubauers Magnetometer störte. Aber es wurde dennoch gewählt, weil man sich von ihm die besseren Ergebnisse erhoffte.

Keiner der beiden Vorschläge für einen UV-Sensor entsprach den Spezifikationen der Modellnutzlast. Einer kam vom Rutherford-Appleton-Labor in England, der andere von Bertaux in Verrières-le-Buisson. Die Gruppe erwog Levasseur-Regourds optisches Instrument gemeinsam mit diesen – und setzte ausgerechnet den Vorschlag von Bertaux ganz unten auf die Liste. Damit war ein Wissenschaftler von Giotto ausgeschlossen, der 1978 für die Kometenmission gekämpft und an der alten Halleysonde gearbeitet hatte, um dann von Kellers Kamerateam zu Blamonts zu wechseln. Die Hoffnungen von Bertaux lagen nun, ebenso wie Blamonts, ganz bei den sowjetischen Vega-Missionen.

Die Zeit wurde allmählich knapp. Ohne Probleme konnte die Jury Experimente aus der sogenannten Radio Science akzeptieren. Sie benötigten keinerlei zusätzliche Gerätschaften an Bord, sondern nur die ohnehin vorhandenen Radiosender, weil sie all ihre Informationen aus Veränderungen der Funkwellen beziehen. Abgelehnt wurde dagegen ein Plasmawelleninstrument, das vom ESTEC vorgeschlagen worden war und die Wechselwirkungen von Komet und Sonnenwind in großem Detail untersuchen sollte: Es hätte von der Sonde abstehende lange Antennen erfordert. Damit blieb Susan McKenna-Lawlors Experiment für energiereiche Teilchen übrig, und die Arbeitsgruppe Sonnensystem nahm es, wenn auch mit geringer Priorität, in die Liste auf.

Das Treffen endete mit erhitzten Gemütern und einer Gesamtmasse der akzeptierten Instrumente, die immer noch 12 kg über den maximal erlaubten 53 kg lag. Somit oblag es dem Science Advisory Committee, die Nutzlast noch weiter zu kürzen. Es verwarf gleich beide UV-Instrumente, unter anderem, weil die japanische Halleysonde Suisei den Kometen im Ultravioletten beobachten würde. Levasseur-Regourds Instrument blieb, Neubauers Magnetometer und McKenna-Lawlors Teilchendetektor schieden aus.

„Gib nicht auf, Susan", riet ihr Reinhard, als die schlechte Nachricht bekannt wurde. Er erklärte ihr, daß Veränderungen an der Sonde, die bereits in der Diskussion waren, wieder Raum für Neubauer und sie schaffen könnten – und im Frühjahr 1981 durften das Magnetometer und das Instrument für energiereiche Teilchen tatsächlich zu den anderen Experimenten auf Giotto zurückkehren. In der ESA wurde es mit allgemeiner Freude aufgenommen, daß neben vier Instrumenten aus Deutschland, je zweien aus Frankreich und Großbritannien und einem aus der Schweiz auch ein irisches zum Halleyschen Kometen fliegen würde.

Giottos Instrumente waren ein seltsamer Haufen von Kisten und Röhren. McKenna-Lawlors EPONA war das kleinste, Kellers HMC das größte. Als die Sondeningenieure damit begannen, ihnen die Plätze zuzuweisen, verschwanden die meisten in einer eigenen Instrumentenebene hinter dem Staubschild. Nur ihre eigentlichen Detektorsysteme würden am Schild vorbei vorsichtig nach vorne lugen, so daß die Fläche, die sie Halleys Staub aussetzten, so klein wie möglich blieb. Die Energieversorgung und Steuerung sowie auch der Datenfluß von den Instrumenten mußten ebenfalls festgelegt werden – und wehe, ein Wissenschaftler wollte später noch etwas daran ändern.

Zuerst mochten die Experimentatoren noch froh sein, daß man ihnen so viel Aufmerksamkeit entgegenbrachte, nicht nur von seiten Reinhards, sondern auch des Projektleiters David Dale und seiner Ingenieure, aber allmählich dämmerte ihnen, daß der Große Bruder allzeit wachsam war. Das sollte auch so sein: Dale wollte eine kreative Spannung zwischen seinem Team und den Wissenschaftlern. Er mußte dafür sorgen, daß sie ihre Instrumente pünktlich bauten, testeten und auslieferten, aber er hatte keine direkte Autorität über sie – abgesehen von der äußersten Maßnahme, ein Experiment zu guter Letzt von der Sonde zu kippen.

Die besondere Art der ESA, ihre Wissenschaftsmissionen zu finanzieren, machte Dale Schwierigkeiten. Im Gegensatz zur NASA, die auch für die Nutzlast bezahlte, stellte die ESA nur die Sonde, und die Wissenschaftler mußten sich aus nationalen Geldquellen bedienen. Dales Position ihnen gegenüber war damit geschwächt, aber das letztendliche finanzielle Risiko lag dennoch bei ihm. Denn die ESA lieferte die fertigen Instrumente an den Industriekontraktor, der die Sonde zusammenbauen sollte, und wenn es dabei Probleme gab, Experimente hinter dem Zeitplan herhinkten, nicht zu den anderen oder der Sonde selbst paßten oder schlicht nicht funktionierten, dann mußte die ESA die Extrakosten tragen. Dale vergaß nie, daß Giotto als besonders preiswerte Mission angepriesen wurde und jeder Pfennig zählte.

Genauso wie jedes Gramm. Aus Dales Sichtweise war es die erste Pflicht jedes Experimentators, in dem ihm zugewiesenen Massenrahmen zu bleiben. Dales Knauserigkeit in dieser Hinsicht wurde bald legendär, als ein Fehler in einem Dokument einem Experiment weniger Masse zubilligte als eigentlich geplant. Die Wissenschaftler beklagten sich natürlich, daß sie ein so leichtes Gerät unmöglich liefern könnten, aber Dale bestand auf der offiziellen Zahl. Die Diskrepanz betrug 250 Gramm, ein Viertausendstel der Gesamtmasse Giottos, aber es entwickelte sich ein größerer Disput darum. Die Wissenschaftler riefen schließlich die ESA in Paris zu Hilfe und Dale verlor natürlich. Das war ihm schon vorher klar, aber so hatte er allen zu erkennen gegeben, wie peinlich genau er auf die Gewichtsfrage achten würde.

Die englische Stadt Bristol war der Sitz des führenden Luft- und Raumfahrtkonzerns British Aerospace, der sich trotz des Desinteresses in London mit dem Bau von Satelliten einen Namen gemacht hatte. Die neueste Aufgabe war nun, die bereits entwickelte Geos-Sonde in Giotto zu verwandeln. David Link war ein hagerer, freundlicher Projektleiter in Bristol, ursprünglich Elektronikingenieur. Andere in seinem Team waren Physiker: Zu Beginn des Weltraumzeitalters gab es kaum eine formale Ausbildung zum Weltrauingenieur. Man lernte, indem man in dem Bereich arbeitete, so wie Link.

Er teilte Dales Einstellung, daß der Flug zu Komet Halley eine einmalige Chance bot. Finanziell würde Giotto für die Firma wenig bringen, aber gewiß ein paar Schlagzeilen, und die technische Herausforderung war faszinierend.

Von der Studienphase bis zum endgültigen Beschluß im Juli 1980 zugunsten der Mission waren Link und seine Mitarbeiter immer von der Geos-Sonde als Grundlage ausgegangen. Der Original-Geos war ein tonnenförmiger Satellit, rund um das Raketentriebwerk gebaut. Sonnenzellen umgaben die gesamte „Tonne", die das auftreffende Sonnenlicht in Strom umwandelten. Der Satellit und sein Motor drehten sich um ihre gemeinsame Achse, was das ganze Raumschiff zu einem Kreisel machte und so stabilisierte. Ausleger trugen einige der Instrumente. Wie würde sich Geos verändern müssen, um Giotto zu werden?

Entscheidend waren die besonderen Erfordernisse der Mission, und das hieß vor allem anderen dem Encounter mit Halley. Unabänderliche astronomische Bedingungen legten das Szenario für die wenigen entscheidenden Stunden fest. Die Bahn des Kometen war gegen die der Erde geneigt, und ein Abfangen beim Kreuzen des Kometen durch die Erdbahn erforderte den geringsten Energieaufwand. Sechs Jahre vor dem Ereignis im März 1986 berechneten die Flugdynamiker der ESA Giottos Richtung und Geschwindigkeit bei der Annäherung an den Kometen und wo zu dem Zeitpunkt die Sonne und die Erde stehen würden.

Die größte Sorge bereitete Halleys Staub. Mit 68,4 Kilometern jede Sekunde würde Giottos Geschwindigkeit relativ zum Kometen noch schneller sein als bei der einst geplanten Halleysonde, und Staubeinschläge konnten ein ungeschütztes Raumschiff zerstören. Ein unmittelbarer Schritt war daher, Geos' Ausleger wegzunehmen, denn Treffer auf sie hätten Giotto nachhaltig destabilisieren können. Außerdem mußte die Düse des dann nicht mehr benötigten Raketenmotors mit einem Deckel geschützt werden, da Giotto genau in ihrer Richtung in den Kometen hineinfliegen würde. Ein anderer Schild sollte wie ein Ring um den Motor die Instrumente und den Rest der Sonde schützen; sein Durchmesser war deutlich größer als der der Tonne.

Der doppelte Staubschild, den Fred Whipple erdacht und Rüdeger Reinhard für die alte Halleysonde angepaßt hatte, wurde für Giotto übernommen. Mit Veränderungen allerdings: Die Lücke zwischen dem dünnen, vorderen und dem dicken, hinteren Schild wurde etwas verkleinert, und als Material für den zweiten sollte Kevlar dienen. Dieses synthetische Textil aus Paraaramidfasern findet sonst in kugelsicheren Westen Verwendung, in Verbindung mit einem Epoxitkunststoff würde es besondere Härte zeigen. Diese Idee war von Robert Lainé gekommen, einem französischen Ingenieur in Dales Team, der großen Einfluß auf die Entwicklung Giottos nahm. Seiner Ansicht nach überwog der erhöhte Schutz die von Reinhard befürchtete Verschmutzung der Sondenumgebung durch die organischen Substanzen.

Am anderen Ende der Tonne und damit dem Kometen am wenigsten ausgesetzt saß die Radioparabolantenne, Giottos wichtigste Verbindung mit der Erde. Während des Encounters konnte die Sonde keine Rücksicht auf die Position der Erde nehmen, was eine besondere Konstruktion erforderte: Giottos Antenne mußte permanent um 44,2 Grad zur Seite schielen, wenn er mit dem Schutzschild voran auf den Kometen zustürzte. Da er aber ständig rotierte, mußte die Antenne mit einem speziellen Entdrallmotor genau in die entgegengesetzte Richtung bewegt werden, um die Erde im Sichtfeld des schmalen Antennenstrahls zu halten.

Ein Mast in der Mitte des „sicheren" Endes der Tonne trug die Hauptsender, ein Paar von Mikrowellenverstärkern, die Wanderfeldröhren genannt werden. Sie standen im ortsfesten Brennpunkt der Parabolantenne, ähnlich wie die Glühbirne im Reflektor eines Autoscheinwerfers. Auf dem Mast saß außerdem eine zweite Antenne, die in alle Richtungen gleich wirksam war und nur dann verwendet werden sollte, wenn die Hauptantenne einmal nicht zur Erde zeigte. Alle hofften, daß dies nur in Situationen der Fall sein würde, die eingeplant waren.

Zeichnungen eines in dieser Weise veränderten Geos waren in den Dokumenten enthalten, aufgrund derer das Science Programme Committee in Paris die Mission genehmigt hatte. Für Link und seine Mitarbeiter war das der natürliche Anfang, und sie hatten gute Gründe, dabei zu bleiben: Die Idee, aus Geos eine betont preiswerte Kometenmission zu entwickeln, war die eigentliche Geburt von Giotto gewesen. British Aerospace, Giuseppe Colombo und Ernst Trendelenburg beanspruchten alle, der Vater zu sein. Trendelenburg, der behauptete, die Idee sei ihm in der Badewanne gekommen, sagte immer: „Es gibt keinen Grund, das Rad neu zu erfinden." Die Auswahl von British Aerospace als Hauptauftragnehmer ging nur auf seine Verbindungen zu dem früheren Projekt zurück, und ein Giotto, der nicht wie Geos aussah, hätte Stirnrunzeln auslösen können. Und schließlich sprachen auch die geringeren Kosten und der Termindruck für die Benutzung eines erprobten Konzepts.

Aber als die Ingenieure von British Aerospace die genauere Anpassung von Geos an die Kometenaufgabe in Angriff nahmen, stießen sie auf ein erstes Problem: die Stromversorgung. Die Größe der Geos-Tonne bestimmte automatisch die Fläche der Sonnenzellen, und sie würden bei Halley nur 141 Watt Elektrizität liefern, während alle Instrumente und der Sender zusammen 189 W brauchten. Eine Batterie war die Antwort, die für die Stunden des Encounters genug Energie liefern würde, sogar wenn der Staub die Solarzellen beschädigte. Die Temperaturregelung im Inneren der Sonde war ein anderes Problem: Die Sonneneinstrahlung würde während der Reise zu Halley in ihrer Intensität um den Faktor 2 schwanken und je nach dessen Orientierung unterschiedliche Teile der Sonde bevorzugen. Bei British Aerospace dachte man bereits über phasenveränderliche Materialien nach, welche die Hitze je nach Bedarf absorbieren und wieder freilassen konnten.

In Arbeitswochen von 100 Stunden kümmerten sich die Ingenieure um hunderte von Detailproblemen, von elektronischen Kontrollelementen bis zur Mechanik des Entdrallmotors für die Antenne. Sie sondierten die Möglichkeit, Arbeit an Subkontraktoren zu vergeben, und holten Angebote ein. Den Kostenrahmen einzuhalten und gleichzeitig die Masse der Sonde 840 kg nicht übersteigen zu lassen, war beinahe ein Ding der Unmöglichkeit. Doch im März 1981, nach acht Monaten Arbeit, konnte British Aerospace das Konzept für Giotto offiziell bei der ESA einreichen.

Dale und Lainé vom Projektbüro, andere Ingenieure der Behörde und viele von außerhalb untersuchten jeden Aspekt des technischen Entwurfs und der Vorschläge für das Management. Sie vergaben Punkte und reichten ihre Beurteilung an das ESA-Komitee für Industriepolitik ein, das wie das wissenschaftliche Programmkomitee aus Delegierten der Mitgliedstaaten bestand. Und die befanden, die Summe der Punkte sei zu niedrig: Das Angebot aus Bristol wurde abgelehnt.

British Aerospace verlangte eine Erklärung, und David Link und sein Team kamen zu einer harten Sitzung nach Noordwijk: Sie mußten sich von den unabhängigen Experten bescheinigen lassen, daß weder die Stromversorgung noch die Temperaturkontrolle in der Sonde für die Mission ausreichend waren. Besondere Probleme seien zu erwarten, wenn Teile der Sonde ihren Schatten auf die Solarzellen werfen. Beschwerden über zuviel Verwandtschaft mit den Geos-Prinzip hinterließen bei dem Team aus Bristol den Eindruck, die ESA habe plötzlich die Spielregeln geändert. Link verdächtigte Dale, hinter der plötzlichen Aversion gegen Geos zu stecken.

Nach der Sitzung ging Link zu ihm und fragte, was nun wäre. „Warum kommst Du nicht mit zu mir, und wir trinken ein Bier", schlug Dale vor.

Giotto steckte in einer Krise, und British Aerospace drohte der Verlust des Auftrages. Angesichts des Zeitverlusts konnte die ESA möglicherweise den Starttermin nicht mehr halten. Die Projektleiter, deren Karriere in Gefahr war, saßen in Dales Wintergarten in Voorschoten, einem Vorort von Den Haag. Bis ein Uhr morgens rissen die beiden Davids Witze über die Unwägbarkeiten und Fehlschläge der Raumfahrt. Als Dale zu Bett ging, war er überzeugt, daß er Link als Manager vertrauen konnte und daß dessen Hingabe an das Projekt total war. Obwohl sich beide offiziell in den Haaren lagen, mochte die persönliche Verbindung zwischen beiden die nächsten, sehr schweren Wochen überstehen.

Während David Link nach Bristol zurückkehrte, um seinem eigenen Management die betrübliche Lage zu schildern, machten David Dale und sein Team bei ESTEC Bestandsaufnahme. Link hatte recht gehabt. Schon vor Monaten hatten sie sich von Geos distanziert. Robert Lainé hatte unabhängig ein eigenes Konzept für Giotto entworfen, das erheblich von dem von British Aerospace abwich. Auch er hatte sich über die elektrische Leistung und die Temperaturkontrolle Gedanken gemacht und festgestellt, daß die Tonne Giottos insgesamt größer als die von Geos sein müßte. Lainé hatte Dale überzeugt, daß eine einfache Erweiterung von Geos mit zu vielen Risiken verbunden wäre.

Auch der finanzielle Bonus von Geos war nur eine Illusion, schloß Dale. Denn er hatte erfahren, daß viele der Komponenten schon gar nicht mehr hergestellt wurden und der Bau einer neuen Geos-Sonde teurer als der Entwurf eines neuen Typs ausfallen würde. Andere Sonden, die die ESA gerade entwickelte, schienen attraktivere Vorbilder: Ulysses etwa, für eine weite Reise durch das Sonnensystem und zur Sonne vorgesehen, stellte ähnliche Anforderungen an die Kommunikation. Die Mikrowellensender und -empfänger von Ulysses würden auch für Giotto reichen, kurz: Anstelle darauf zu bestehen, Geos zu Giotto zu erweitern, sollte man lieber maximalen Gebrauch von aktuellen Technologien machen.

Aber die Verbindung des Projekts mit Geos war noch vor einem Jahr eine vernünftige Entscheidung gewesen. Sie hatte British Aerospace einen raschen Beginn der Arbeit ermöglicht, die Ausschreibung des Projekts erspart und es vielleicht überhaupt erst möglich gemacht. Denn wenn Giotto mit einem leeren Blatt Papier begonnen hätte, wäre der Entwurf am Ende vielleicht so exotisch ausgefallen, daß er innerhalb der Zeit- und vor allem Kostengrenzen niemals zu realisieren gewesen wäre. Das existierende Konzept hatte Mängel, konnte aber wenigstens gebaut werden. Es ging auf die richtigen Fragen ein, und Dale entschied, daß der einzige vernünftige Weg voran die Verbesserung der Antworten wäre.

Aber wer sollte dafür sorgen? Dale mußte nach dem Fehlschlag des British Aerospace-Entwurfs offizielle Empfehlungen aussprechen. Eine war, daß ESTEC die Sonde selbst – mit Hilfe von Subkontraktoren – bauen sollte, und Dale nahm auch Verhandlungen mit einer italienischen Firma als möglichem, neuem Hauptauftragnehmer auf. Aber Dale war ganz froh, als die ESA diese Optionen verwarf. Unter dem Druck der britischen Delegation und mit einem Auge auf die stetig tickende Uhr schickte das Komitee für Industriepolitik Dale erneut nach Bristol: British Aerospace sollte Hauptkontraktor bleiben.

Für nahezu sechs Monate arbeiteten die Projektingenieure bei ESTEC und in Bristol nun parallel; erst allmählich ging die Führung von den Europäern zu den Briten über. Dale und Link hatten sich auf strenge Regeln verständigt: Waren sich zwei Ingenieure auf den beiden Seiten uneins, wurden beide ersetzt. Das gleiche Schicksal erwartete jeden, der bei den Meinungsverschiedenheiten in der Begutachtung des ursprünglichen British-Aerospace-Angebots hängenblieb.

Das Konzept für Giotto, das jetzt entstand, unterschied sich stark von der Geos-Adaption. Der zentrale Mast mit den Radiosendern wurde durch ein Dreibein ersetzt. Noch bedeutender war, daß die Tonne jetzt größer und schwerer sein durfte, dank eines veränderten Startszenarios und eines stärkeren Raketenmotors aus Frankreich. Da die Tonne jetzt fast so breit wurde wie der Schutzschirm, war die Verkleidung der wissenschaftlichen Instrumente nicht mehr Teil eines Kegels: Giotto sah auf den ersten Blick wie ein echter Zylinder aus. Die Gesamthöhe der Sonde betrug nun 2,85 m, der Durchmesser am Schutzschirm 1,87 m.

Die Sonnenzellen rund um die größere Tonne würden jetzt während des Encounters 190 W oder mehr liefern anstatt 141 W. Vier Batterien mit 56 Silber-Cadmium-Zellen sollten die Leistung für diese Stunden noch erhöhen. Auch die Frage der Temperaturregelung wurde neu angegangen: Thermalmatten sollten Giottos Elektronik und Instrumente schützen, während Radiatoren und Reflektoren mit verstellbaren Blenden für die Kühlung sorgten. Ausgewählte Systeme konnten überdies elektrisch beheizt werden.

Alle Gedanken waren auf die Funktion der Sonde in den kritischen Stunden im Kopf des Halleyschen Kometen fixiert. Da allgemein angezweifelt wurde, daß ihn Giotto funktionsfähig wieder verlassen würde, sollte auf eine Datenaufzeichnung an Bord mit späterer Übertragung komplett verzichtet werden. Alles sollte „live" zur Erde gefunkt werden, Gewicht und Leistungsforderungen eines Bandrekorders, wie er sonst in Raumsonden üblich ist, fielen weg. Die maximale Datenrate von 46 000 Bit pro Sekunde (von denen 6000 Bit/s für Daten über den Zustand der Sonde reserviert waren) beschränkte dann allerdings die Datenaufnahme der Kamera und der anderen Instrumente.

Und die Liveübertragung barg ein anderes Risiko, das bewußt eingegangen werden mußte: Während der letzten Minute vor der größten Annäherung an den Kometenkern, warnte Lainé, würde wahrscheinlich so viel Staub auf die Sonde prasseln, daß die Antenne um mehr als ein Grad aus ihrer Erdausrichtung geworfen würde. Und das bedeutete den Abriß des Datenstroms, denn bei nur 30 W Sendeleistung entsprach der Empfang des schwachen Funks durch die australische Antenne selbst im optimalen Fall der Beobachtung eines Autoscheinwerfers in der Entfernung der Sonne.

Selbst ein Verlust der Kommunikation 30 s vor dem Kern bedeutete aber, daß es aus den innersten 2000 km keine Daten und auch keine wirklich scharfen Bilder des Kerns geben würde, denn die automatische Dämpfung der Torkelbewegungen nach einem schweren Staubtreffer würde Stunden brauchen. Doch die Ingenieure konnten nur hoffen.

Die Neukonzeption erhöhte die vermutliche Gesamtmasse Giottos von 840 auf 950 kg. Einen Teil des Massenzuwachses reservierte Lainé für 69 kg Hydrazin-Treibstoff für sechs kleine Düsen, die Giottos Lage und Kurs korrigieren konnten. Das schien viel mehr als eigentlich nötig, aber er mißtraute den Fähigkeiten der Astronomen, Halleys Bahn genau genug vorauszusagen. Was, wenn eine größere Kursänderung nötig würde, um den Kometen zu treffen? Niemand ahnte damals, was dieser Treibstoffvorrat einmal bedeuten würde. Stattdessen erregte es Aufsehen, daß mehr Masse an Treibstoff an Bord sein würde, als alle wissenschaftlichen Instrumente zusammen hatten.

Kaum daß dies ruchbar geworden war, konnte sich Dale vor seinen Wissenschaftlern kaum noch retten. Sie hatten eine Goldmine für Extramasse entdeckt. Widerstrebend gestand ihnen der Geizhals insgesamt 3 kg mehr zu, was die Rangelei eher noch verstärkte. Ein Gewinner war Susan McKenna-Lawlor, die jetzt drei statt nur ein Teilchenteleskop bauen konnte. Aber die „Meuterei" unter den PIs, wie Lainé sich ausdrückte, war der Harmonie zwischen den Teams nicht gerade zuträglich gewesen.

British Aerospace wurde nun offiziell als Hauptauftragnehmer für Giotto bestätigt. ESTEC lauschte zwar weiter auf die Vorgänge bei British Aerospace, und Dale bestand immer noch darauf, daß jede Änderung im Sondenkonzept binnen eines Monats geklärt werden mußte oder einfach nicht stattfand, aber Link war wieder Herr in seinem eigenen Haus. Alles, was er jetzt tun mußte, war, eine Sonde zu bauen.

Ob ein Paket Schrauben aus Belgien oder der Schweiz kam, war für die ESA eine hochpolitische Angelegenheit. In einem technischen und budgetadäquaten Balanceakt mußte British Aerospace Aufträge an Subkontraktoren in allen Teilen Europas vergeben. In der Regel sollte die Industrie in jedem Mitgliedsstaat Aufträge proportional zum Beitrag des Landes zum ESA-Budget erhalten. So sollte sichergestellt werden, daß die kleineren Länder nicht einfach das Geld ihrer Steuerzahler an die größten Aerospace-Konzerne Europas abführen mußten. Aber Giotto mit Komponenten aus zehn verschiedenen Ländern zusammenzusetzen, war ein kompliziertes Spiel mit Ketten von Auftrags- und Unterauftragsnehmern.

Die Quellen einiger großer Bestandteile lagen auf der Hand. Im französischen Bordeaux baute die Société Européenne de Propulsion (SEP) Raketenmotoren von genau der richtigen Art, um Giotto aus einer Erdumlaufbahn zum Kometen zu schicken. Die ganze Sonde wurde rund um einen der SEP-Motoren namens Mage gebaut. Ein anderes Zweigwerk der SEP in Vernon lieferte den elektrischen Entdrallmotor, der die Parabolantenne in Richtung Erde halten würde. Alcatel-Thompson, ebenfalls in Frankreich, stattete Giotto mit der Fähigkeit aus, über Telemetrie- und Kommandosysteme mit der Erde zu sprechen.

Form anzunehmen begann Giotto aber bei Dornier am Bodensee, wo der Rahmen der Sonde samt ihrem Schutzschild gebaut wurde. Als einer der wichtigeren Auftragnehmer war Dornier auch für die Radioantennen und die Lageregelung der Sonde im Raum zuständig, wenn auch etliche der Komponenten von anderen Firmen geliefert wurden. Während Ericson in Schweden die kohlefaserbeschichtete Radioschüssel baute, lieferte Contraves in der Schweiz die Plattform, auf der die Instrumente befestigt wurden, und andere Teile der Sondenstruktur.

MBB-ERNO in Deutschland sorgte für die Elektronik der Lageregelung. Um überhaupt Informationen über die aktuelle räumliche Orientierung zu erhalten, benötigte Giotto Sensoren für die Sonne, die Erde und helle Sterne. Galileo in Italien lieferte Erd- und Sonnensensoren, TNO in den Niederlanden einen Sternsensor, der auch die ferne Erde als Fixpunkt für die Ausrichtung der Antenne anpeilen konnte. Eine weitere Firma aus Holland, Fokker, sorgte für die mechanischen Nutationsdämpfer, die den Torkelbewegungen Giottos nach Staubtreffern so weit wie möglich entgegenwirken sollten.

Fokker trat auch als Kontraktor für die Temperaturkontrolle der Sonde auf, wobei Electronikcentralen aus Dänemark entscheidende Elektronikkomponenten beisteuerte. Die 5032 Sonnenzellen rund um die Tonnenstruktur lieferte AEG Telefunken, ein Stück mehr aus deutschen Landen für Giotto. FIAR in Italien entwickelte die Stromversorgung inklusive Batterien. Auch die kleinen Länder hatten unverzichtbare Aufgaben. In Belgien stellte Bell Telephone Manufacturing die Elektronik für die Kontrolle der Sprengladungen her, die die Radioantenne aus ihrer Arretierung beim Start befreien und die Schutzkappen von einigen Instrumenten absprengen sollten. Etudes Techniques et Constructions Aérospatiales (ebenfalls in Belgien) und die Österreichische Raumfahrt und Systemtechnik arbeiteten an Ausrüstungsteilen für die Bodenkontrolle.

Giottos Gehirn kam im wesentlichen aus Italien in Gestalt elektronischer „Black Boxes" von Laben in Mailand. Dort arbeiten dreißig Personen drei Jahre lang an der Perfektionierung von Giottos Bordelektronik: Kommandos von der Erde mußten verstanden und an die richtigen Adressaten auf der Sonde weitergeleitet, Daten der zehn wissenschaftlichen Instrumente aufbereitet und gesendet werden. Und Giotto mußte in hohem Maße autonom, also wie ein Roboter, handeln können.

Denn im Falle einer Unterbrechung des Funkverkehrs mit der Erde mußte die Sonde selbständig eine Lage im Raum einnehmen, in der sie weder zu heiß noch zu kalt werden und die Solarzellen genug Sonnenlicht erhalten würden. Gleichzeitig mußte sie die Suche nach der Erde aufnehmen. Und während der hektischen Stunden des Kometenencounters mußte Giotto sowieso autonom handeln, da die Funkstrecke zur Erde viel zu groß sein würde.

Viele andere Systeme auf Giotto erforderten komplizierte Hard- und Software für ihre Kontrolle. In Bristol wurde deren Funktion eingehend getestet, dann kam die Software in einem Simulator am ESTEC auf den Prüfstand. Jedesmal, wenn ein Programmfehler entdeckt wurde, stellten die Ingenieure einen Sektkorken ins Regal, als Symbol für einen Fehler, der Giotto lahmgelegt haben könnte, aber rechtzeitig entdeckt wurde.

Die Dokumentation, die die Sonde und alle ihre Subsysteme beschrieb, füllte 500 Aktenordner mit Details von materialwissenschaftlichen Erkenntnissen bis hin zu Computerprogrammen. David Link und sein Team bei British Aerospace mußten genug von diesen technischen Aspekten verstehen, um den Zusammenbau einer voll funktionsfähigen Sonde zu koordinieren, alle ihre Eigentümlichkeiten zu kennen und den Flugkontrolleuren auch noch beizubringen, wie sie zu bedienen war.

Sie bauten verschiedene Versionen von Giotto. Ein 1:1-Modell half beweisen, daß alle Teile tatsächlich zusammenpaßten, und lehrte, wie die Montage am besten ablaufen sollte. Eine Version der Sonde von Dornier wurde schweren Belastungen unterworfen, um die Haltbarkeit der mechanischen Struktur zu prüfen. Eine weitere würde die elektrischen Funktionen der Raumsonde in Bristol verifizieren. Und es gab auch einen Satz Ersatzteile.

Der „richtige" Giotto war das Flugmodell, das mit Ehrfurcht behandelt wurde und tatsächlich zu Halley fliegen sollte. Auch es mußte sich eingehenden Tests in anderen europäischen Zentren unterziehen. Das Team in Bristol entwickelte eigens Karren, Verpackungen und andere Ausrüstungen, um Giotto ein sicheres Reisen auf der Erde zu ermöglichen, bevor er zur Startrampe kam.

Kapitel 4

Die Jagd auf den Kometen

Das letzte Mal war der Halleysche Komet 14 Monate nach seinem letzten Perihel, dem sonnennächsten Punkt im Jahre 1910, photographiert worden: Das war im Juni 1911. Diesmal hofften die Astronomen, den Kometen schon in viel größerem Sonnenabstand wiederzufinden, wenn er sich dem nächsten Perihel im Februar 1986 nähern sollte. Die traditionellen Fotoplatten wurden in der modernen Astronomie zunehmend von elektronischen Bilddetektoren abgelöst, vor allem den Charge-Coupled Devices oder CCDs. Aber die besten Instrumente waren nutzlos, wenn man nicht genau wußte, wohin man sie richten sollte.

Für die Bahnrechnung im Rahmen der International Halley Watch war Donald Yeomans vom JPL zuständig. Er hatte Tausende von Halley-Positionen vergangener Erscheinungen bis in die Antike zurück gesichtet und dabei nicht nur die Bahn des Kometenkerns unter dem Einfluß der Schwerkraft der Sonne und der Planeten beschrieben, sondern auch den Wirkungen seiner eigenen, nichtgravitativen Kräfte: Die ausströmenden Gase wirken wie Raketendüsen und können gerade bei derart aktiven Kometen erhebliche Abweichungen verursachen. Man durfte daher hoffen, Halleys Bewegungen diesmal besser im Griff zu haben als 1910, als der Komet den Voraussagen volle zehn Tage hinterherhinkte.

Der entschlossenste Halleyjäger war Mike Belton aus Tucson, Arizona. Gelegentlich hatte er schon mit einem großen Teleskop auf dem Kitt Peak nach ihm Ausschau gehalten, als er noch im amerikanisch-europäischen Team die International Comet Mission vorbereitete. Damals, Ende der 70er Jahre, war der Komet noch weiter von der Sonne entfernt als der Planet Uranus. Anfang der 80er Jahre stiegen Beltons Hoffnungen: Irgendwo zwischen Uranus und Saturn sollte die Helligkeit eines kalten Kometen, der von der Sonne lediglich beleuchtet wird, mit seinem Teleskop eben nachweisbar werden. Mitte Oktober unterbrach Belton seine Suche für eine Weile. Er wußte, daß sich der Komet am Himmel einem hellen Stern näherte, der seinen Detektor geblendet hätte.

Ein weiteres großes Auge auf der Erde, das 5-m-Teleskop auf dem Palomar-Berg in Kalifornien, war durchweg mit „echter" Astronomie befaßt, der Suche nach schwachen Galaxien. Aber David Jewitt und Edward Danielson gelang es, pro Nacht ein oder zwei Stunden Beobachtungszeit zu ergattern und auch den Zugang zur hochempfindlichen CCD-Kamera der Galaxienforscher. Da sie weniger systematisch als Belton auf Halleyjagd gegangen waren, überraschte sie der helle Stern im Bildfeld, aber Abhilfe konnte geschaffen werden: Mit einer Maske aus Rasierklingen konnten sie ihn erfolgreich abdecken.

Am 16. Oktober 1982 belichteten Jewitt und Danielson den Detektor mitsamt einer verbesserten Maske und ließen dabei das riesige Teleskop nicht nur die Drehung der Erde, sondern auch die vorausgesagte Bewegung des Kometen am Himmel ausgleichen. In den elektronischen Daten zeichneten sich die Sterne daher als lange Strichspuren ab. Aber mittendrin saß ein praktisch punktförmiges Objekt, das die richtige Bewegung gehabt haben mußte: Halley war zurück, aufgespürt über mehr als 1,5 Milliarden Kilometer hinweg. Belton war knapp geschlagen, und Yeomans Rechnungen bestätigt: „Wenn man eine Kometenbahn für 1986 ebenso gut voraussagen kann wie für 164 v. Chr.", freute sich der, „dann muß man wohl etwas richtig machen."

Yeomans Rolle begann aber erst, richtig ernst zu werden. In den 41 Monaten, die es bis zum Eintreffen der internationalen Flotte am Kometen dauern würde, waren noch viele Positionsmessungen zu machen, um die Bahn auch für diese Aufgabe ausreichend genau beschreiben zu können.

Die Nachricht von der Rückkehr des Kometen elektrisierte das Giotto-Team. Bis zu diesem Zeitpunkt hatte die ganze Mission von mathematischen Berechnungen abgehangen, und Scherzbolde konnten fragen: „Was macht Ihr mit all eurer Technik, wenn der Komet nicht wiederkommt, wenn er da draußen in ein Schwarzes Loch gefallen ist?" Jetzt aber hatte die Projektleitung einen Slogan: „Komet Halley ist pünktlich. Sorgen wir dafür, daß es Giotto auch sein wird."

Ein großes Diagramm im Büro des Zeitplan-Kontrolleurs bestimmte das Leben aller Beteiligten: In allen Einzelheiten und oft überlappend zeigte es genau, was wann fertig zu sein hatte. Jedes Rutschen des Großen Plans konnte bedeuten, daß der Starttermin verpaßt und das Ziel um ein Dreivierteljahrhundert verfehlt werden könnte.

Aber David Dale und das Management konnten den unabänderlichen Zeitplan der Natur auch zu ihrem Vorteil nutzen. Normalerweise kommt es bei Raumsondenprojekten leicht zu Verspätungen um Monate oder sogar Jahre. Die hohen Kosten und Risiken animieren die vielen hochkarätigen Spezialisten geradezu, alles laufend in Frage zu stellen und verändern zu wollen – für Dale die reinsten „Debattierklubs". Jetzt aber brauchte er nur auf den festen Starttermin zu pochen, womit er jede Diskussion

– nachdem er sich die Argumente zuerst geduldig angehört hatte – rasch beenden konnte. Eine Entscheidung mußte sofort gefällt werden, und sichere, praktikable Lösungen zog er exotischen Ideen immer vor.

Die Experimentatoren von Giotto mit ihren liebenswürdig-anarchistischen Veranlagungen waren am schwierigsten zu bändigen. Für sie war der einzige Zweck der Sonde, ihre Instrumente, die ihre Regierungen bezahlt hatten, zu Halley zu befördern. Rüdeger Reinhard verstand die Wissenschaftler besser als jeder andere auf der Managementebene, und er war der stetige Mittler. Sein Wissen und seine Findigkeit sagten ihm, wann er die Wissenschaftler unterstützen und wann die Peitsche des Managers schwingen mußte.

Reinhard rief die PIs zu zahlreichen Treffen zusammen: Das hielt alle bei der Stange und schuf einen Gemeinschaftsgeist, der die Gruppe fast zu einer Bedrohung für Dales Autorität machte – ein „Debattierklub" war dieses Science Working Team gewiß nicht. Mit einer Wandkarte des Sonnensystems und der jeweils aktuellen Position Halleys machte Reinhard allen deutlich, daß keine Zeit zu verlieren war.

Dale verlangte monatliche Berichte über die Masse, die Leistungsaufnahme und den Entwicklungsstand der Experimente. Da niemand nicht doch noch von der Sonde gestoßen werden wollte, konnte Dale mit den Wissenschaftlern einzeln leichter umgehen: „Ja, ich bestehe darauf: 20 g müssen weg." „Nein. Susan, Du kannst kein Staubexperiment aus Chicago mitnehmen." Wenn Reinhard einmal zu sanftmütig erschien, konnte John Credland mit seinem Yorkshire-Akzent jederzeit den strengen Gegenpart übernehmen. Als führendes Mitglied einer Gruppe von 17 Ingenieuren, die für Dale arbeiteten, war Credland für die Integration der Experimente in die Sonde verantwortlich. Aber wer in letzter Instanz für den Zustand von Giottos Instrumenten zuständig war, lag nicht genau fest – ein potentiell gefährlicher Zustand.

Dann war da Fritz Neubauer, der die Instrumente seiner Kollegen mindestens so mißtrauisch betrachtete wie die ESA-Ingenieure. Der brillentragende Physiker aus Köln mit gepflegtem schwarzem Bart war für Giottos Magnetometer zuständig. Co-Investigatoren vom Goddard Space Flight Center der NASA hatten die Sensoren bereitgestellt, kleine Hochfrequenztransformatoren, deren Ausgangsfrequenzen sich bei der Anwesenheit äußerer Magnetfelder veränderten. Neubauers Hoffnungen, das sehr schwache Magnetfeld des Sonnenwindes und seine Veränderungen durch Halley zu messen, waren aber durch Störungen der anderen Instrumente, der Stromversorgung und elektrischen Motoren gefährdet.

Bei den meisten Sonden werden die Magnetometer an die Enden langer Ausleger gesetzt, um eben diesen Magnetfeldern der Sonde selbst zu entgehen. Aber Giotto durfte wegen des Staubrisikos keine Ausleger haben. Der beste Platz war auf dem Dreibein, das über der Parabolantenne stand. Dale hatte es Neubauer überlassen, dafür zu sorgen, daß die Sonde für die Messungen magnetisch „sauber" genug war.

Für Neubauer bedeutete das, erst alle Experimentatoren und Ingenieure zu beraten und dann die fertigen Komponenten Stück für Stück zu vermessen. Neubauers Team benutzte dazu eine Magnetspulenvorrichtung an der TU Braunschweig, und wenn es erforderlich war, konnten sie auch mit einem mobilen System nach Bristol fahren. Sie wollten Giotto überall hin folgen, während Tests nach Frankreich und noch an die Startrampe. Neubauer ließ das fertige Flugmodell sogar eigens nach Deutschland bringen, um es in einem Stück bei der Industrieanlagen-Betriebsgesellschaft (IABG) magnetisch ausmessen zu lassen.

Er wußte, daß perfekte Feldfreiheit niemals zu erreichen war, aber wenigstens Fluktuationen des Magnetismus in den verschiedenen Komponenten konnten minimiert werden. Am Ende waren für die meisten Bestandteile der Sonde die Meßwerte so gut, als ob das Magnetometer auf einem Ausleger weit von ihr entfernt wäre. Nur zwei Motoren ließen sich nicht entstören: der Entdrallmotor der Antennenschüssel und der Motor, der Kellers Kamera ausrichtete. Von beiden gingen stark schwankende Felder aus, aber wenigstens waren sie voraussagbar, und Neubauer konnte hoffen, daß sie sich später aus den Daten herausrechnen lassen würden. Zwei Magnetometer an verschiedenen Stellen des Dreibeins würden dabei helfen.

Projektgruppen, die an anderen, teilweise komplexeren und teureren Missionen als der Kometensonde arbeiteten, beneideten die Priorität, die die ESA Dale und seinen Anliegen gab. Der Name Giotto war so etwas wie ein Stempel geworden: „Wichtig – eilt!". Und so kam es, daß Giotto sogar eine Rakete ganz für sich allein bekam, als sich die Entwicklung der nächsten und stärkeren Ariane-Generation verzögerte.

Von Anfang an, als Giotto noch einen Zwillingsbruder, Geos 3, haben sollte, war aus Kostengründen ein Start auf derselben Rakete vorgesehen gewesen. Dann galt als ausgemacht, daß „ein Satellit von jemand anderem" zusammen mit Giotto auf einer Ariane 2 starten würde. Alles in allem lief das Ariane-Programm gut, aber Pannen gab es doch, und die Ingenieure wie die Kunden mußten manchmal Monate auf die Lösung von Problemen warten.

Als sich die Ariane 2 immer wieder verspätete und bereits verstärkt an der Version 3 gearbeitet wurde, sollte auch Giotto auf den neuen Typ umziehen. Doch für die Firma Arianespace, die die Starts vermarktete, stellte es ein Problem dar, für Giotto einen Partner zu finden: Sein enges

Startfenster an nur wenigen möglichen Tagen im Juli 1985 wollte sich niemand mit einem teuren kommerziellen Satelliten aufzwingen lassen.

Die Lösung fand sich ganz woanders: Überraschend war eine Ariane 1 übriggeblieben, als eine amerikanische Rakete im Mai 1983 den europäischen Röntgensatelliten Exosat mitnahm. Die kleine Ariane war für den Fall eines Fehlstarts reserviert worden, um einen Ersatzsatelliten in den Orbit zu bringen, aber es war alles gutgegangen: Nun konnte Giotto sie haben. „Wird mich das mehr kosten?" war Dales erste Frage. „Nein", sagte Arianespace, „Sie können sie zum vereinbarten Preis bekommen."

Für Giotto war die Rakete eigentlich viel zu stark. Sie hätte die Sonde sogar ohne deren eigenen Motor gleich bis zu Halley schießen können. Ob man dann den Motor nicht einsparen könnte? Dale verhinderte sofort eine Diskussion dieser Möglichkeit. Er war immer auf Nummer Sicher gegangen und deswegen entschieden gegen eine so drastische Änderung des Plans bei schon halbfertiger Sonde. „Jetzt den Motor herauszunehmen, würde die gesamte Sondenstruktur verändern, den Staubschild, die Nutzlastebene usw.", sagte er. Außerdem würde eine leere Motorhülle die Balance der Sonde beim Start gefährden, und jede Menge Treibstoff „nur so" zu Halley mitzunehmen, kam auch nicht in Frage.

Aber selbst für einen Giotto mit Motor war die Ariane 1 noch zu stark: Die Sonde war einfach zu leicht. Arianespace dachte sich daraufhin ein Manöver aus, bei dem die Rakete für eine Weile während des Aufstiegs wieder Richtung Erde sank, um Energie loszuwerden, bevor sie wieder nach oben flog. Aber selbst dann mußte Giotto noch 10 kg schwerer gemacht werden, von 950 auf 960 kg – und sei es mit Bleigewichten. Den Wissenschaftlern, die unter großen Mühen ein paar Gramm hatten einsparen müssen, kam das grotesk vor.

Aber Dale bereute nichts und geizte weiter mit den Massenzuteilungen: Er brauchte eine Reserve, falls es bei den kritischen Untersystemen Temperaturkontrolle und Entdrallmotor zu Problemen kommen würde. Und für Wissenschaftler wie Keller mit seiner Kamera, die wirklichen Bedarf an Extramasse nachweisen konnten, mußte er auch noch ein paar Teelöffel übrigbehalten. Zwei Jahre vor dem Start war die Gesamtmasse Giottos bei 930 kg angekommen, und wer wußte, was noch passieren konnte? Gegen Bleigewichte an den richtigen Stellen war eigentlich nichts einzuwenden. Sie konnten die Sonde noch besser ausbalancieren und eine saubere Rotation ohne Torkeln sicherstellen. Und daß sich die Wissenschaftler beschweren würden, war ohnehin so sicher wie der nächste Sonnenaufgang.

Auf den Hügeln, wo sich die Aare durch Bern schlängelte, war Hans Balsiger eifrig mit Giottos Ionenmassenspektrometer beschäftigt. Die Bundeshauptstadt der Schweiz mochte für ihr Bier und ihre Schokolade berühmt sein, aber unter Wissenschaftlern kannte man vor allem die Tradition ihrer Universität beim Messen kleiner Elementspuren in Materialien. Dazu diente eine Reihe von Massenspektrometern, die selbst noch einzelne Atome zählen konnten. Das Physikalische Institut, in dem Balsiger arbeitete, hatte diese Geräte für Studien von Klimaveränderungen der Erde bis hin zur Zusammensetzung der Apollo-Mondproben verwendet. Hier hatte auch Johannes Geiss die schweren Atome im Sonnenwind analysiert, die seine „Schweizer Flagge" auf dem Mond aufgefangen hatte.

Balsiger hatte seine eigene Forschungskarriere in Bern mit Titan- und Lithiumkonzentrationsmessungen in Meteoriten begonnen. In der Weltraumforschung im engeren Sinne war er seit den frühen 70er Jahren aktiv, seit er ein Massenspektrometer von Raketen in die obere Atmosphäre tragen ließ. Die Suche galt außerirdischen Stoffen, die Meteoriten und kosmischer Staub dort zurückließen. Mitte der 70er Jahre hatte Balsiger dann ein Ionenmassenspektrometer für die Geos-Mission der ESA gebaut. Zum ersten Mal standen er und seine Mitarbeiter vor der Aufgabe, ein leichtes Sondeninstrument zu bauen, das trotzdem dem Startschock standhielt und auch dem Vakuum des Weltraums trotzte. In Bern konstruierten sie eine große Vakuumkammer, einmalig in Europa, in der Instrumente mit geladenen Teilchen beschossen werden konnten: eine Simulation der Bedingungen, die sie im Weltraum antreffen würden.

In einem Massenspektrometer werden magnetische und elektrische Felder benutzt, um elektrisch geladene Atome oder Moleküle nach ihren Massen zu sortieren: Giotto sollte eine ganze Reihe solcher Geräte tragen, die Material verschiedenen Ursprungs untersuchen würden. Neutralen Atomen und Molekülen von Halley galt das Interesse der Gruppe um Dieter Krankowsky aus Heidelberg, der Peter Eberhardt aus Bern einen substantiellen Hardwarebeitrag geliefert hatte. Um die Bestandteile von Staubteilchen kümmerte sich Jochen Kissel, ebenfalls aus Heidelberg.

Balsiger ging es um die Ionen, also Atome und Moleküle, die die Sonde bereits mit einer elektrischen Ladung erreichten. Das kleine Zusatzinstrument von Axel Korth aus Katlenburg-Lindau, das Henri Rèmes Plasmaanalysator hinzugefügt worden war, sollte die schweren Ionen von dem Kometen messen. Balsigers Ionenmassenspektrometer würde sich um den Massenbereich vom leichtesten, dem Wasserstoff, bis hin zu Eisenionen kümmern, und es bestand aus zwei verschiedenen Sensoren, die HERS und HIS genannt wurden. Die Namen waren wie so viele in der Raumfahrt Abkürzungen, hatten aber auch eine tiefere Bedeutung: HERS = Englisch für „ihres" wurde von einer Frau, HIS = „sein" von einem Mann betreut.

HERS stammte von Marcia Neugebauer vom Jet Propulsion Laboratory der NASA. Es war ein Massenspektrometer speziell für die äußeren

Bereiche des Kometenkopfes, wo sich die „heißen" Ionen des Sonnenwindes mit denen des Kometen mischen. Für die „kühlen" Ionen kometarischen Ursprungs, die vor allem in der Nähe seines Kerns erwartet wurden, war HIS von Helmut Rosenbauer aus Katlenburg-Lindau zuständig. Anfangs saßen beide Instrumente in demselben Gehäuse, später wurden sie getrennt untergebracht.

Balsiger selbst entwickelte die Magneten für das Instrument, aber als PI mußte er auch die ganze Arbeit an beiden Sensoren und ihre Eichung und Erprobung koordinieren – ein Alptraum. Um sich auf die besonderen Bedingungen in Halley einzustellen, mußten Experimente von einer Art gebaut werden, wie sie noch nie zuvor im Weltraum eingesetzt waren: Selbst ohne den gnadenlosen Zeitdruck der Giottomission wäre das aufreibend gewesen. Und als Verzögerungen bei wesentlichen Komponenten das ganze Experiment im Zeitplan zurückwarfen, nahm das Balsiger so mit, daß seine Gesundheit Schaden nahm. Geiss übernahm das Management des Experiments für drei Wochen, um ihm etwas Erholung von Giotto zu gönnen.

Ein Außenstehender mag sich vorstellen, daß die alltäglichen technischen Schwierigkeiten mit Giottos Instrumenten die großen Ziele der Mission aus den Köpfen der Wissenschaftler verdrängten. Aber das Gegenteil war der Fall. Gerade die Überzeugung, daß hervorragende Experimente große Entdeckungen in der Kosmochemie und über die Natur und die Rolle der Kometen im Sonnensystem ermöglichen würden, motivierte sie, bis an die eigenen Grenzen zu gehen.

Im westlichsten Stützpunkt der Giottomission, in der irischen Stadt Maynooth, arbeitete Susan McKenna-Lawlor begeistert an ihrem Lebenswerk: Um ihren Energetic-Particles Analyzer zu bauen, schuf sie Irlands Raumforschung und -technologie aus dem Nichts. Ihr Experiment war das kleinste, aber sie wußte aus ihren Erfahrungen mit der NASA wohl, welch besondere Einrichtungen und Fähigkeiten man brauchte, um weltraumqualifizierte Technik zu bauen.

Dank ihrer Verbindungen zum MPI in Katlenburg-Lindau war McKenna-Lawlor erheblich beim Zusammenbau einer ersten Ingenieurversion des Instruments geholfen worden. Durch die Unterstützung der irischen Forschungsförderung konnte sie in Maynooth ihren eigenen staubfreien Raum und Testeinrichtungen aufbauen, und allmählich entstand auch ein einheimisches Team von Entwicklungsingenieuren. Das Flugmodell wurde pünktlich fertig, zwei Jahre vor dem Start, die von British Aerospace für die Integration in die Sonde und folgende Tests benötigt wurden. Nicht alle waren so pünktlich gewesen. Aber noch lehnte sich McKenna-Lawlor nicht zurück: Sie fühlte sich persönlich für Irlands erstes Weltraumexperiment verantwortlich. Bei allen Tests wollte sie unbedingt selbst dabei sein, auch wenn das durchwachte Nächte bedeutete.

Die Jagd nach dem Kometen verstärkte Uwe Kellers Angewohnheit noch, zu schnell zu fahren. Nach einem Besuch in Liège, wo seine belgischen Co-Investigatoren die Giottokamera und ihre Komponenten in einer simulierten Weltraumumgebung getestet hatten, näherte er sich Köln mit den gewohnten 200 km/h. Ein LKW scherte vor ihm aus, und Sekunden später schoß Kellers Porsche rückwärts eine mit Bäumen bestandene Böschung hinab. Das Auto bahnte sich seinen Weg durch die Bäume, blieb liegen und fing Feuer. Keller kroch heraus – unverletzt –, aber nicht, bevor er die Testergebnisse der Kamera aus dem brennenden Wagen geborgen hatte. Seine Reaktion auf den Unfall war die Überlegung, daß er mit etwas mehr Beschleunigung der Gefahr entkommen wäre: Er kaufte sich einen schnelleren Wagen.

In seinem Labor in Katlenburg-Lindau rang Keller mit Problemen, die einen weniger hartnäckigen Wissenschaftler zur Aufgabe getrieben hätten, und ganz besonders einen, der eigentlich gar nicht der PI für Giottos Kamera werden wollte. Das Geschäft war riskant: Keller benutzte CCDs, die damals so neu waren, daß es sie in Europa noch gar nicht gab und er sie bei Texas Instruments kaufen mußte. Mechanische, optische und elektronische Systeme mußten zu einer Fernsehkamera zusammengefügt werden, wie es sie noch nie gegeben hatte. Und intelligent mußte der Kasten auch noch sein.

Keller malte sich genau aus, wie Giotto in rascher Rotation in den staubigen Kopf von Halley und dann mit 68,4 km/s an seinem Kern vorbeischießen würde. Mit dieser Geschwindigkeit gelangte man in anderthalb Stunden von der Erde zum Mond. Früher hatte er die Aufgabe mit der Betrachtung eines Sterns durch ein Fernrohr von einem fahrenden Karussell aus verglichen, aber das war erheblich untertrieben. Als ihn ein Reporter fragte, warum denn die Kamera ebenso viel Rechnerkapazität wie der gesamte Rest von Giotto brauchte, ließ er sich einen anderen Vergleich einfallen: „Ein Flugzeug fliegt mit Überschall an Ihnen vorbei, und Sie wollen von dem Piloten im Cockpit eine Reihe von Aufnahmen machen. Und wenn Sie ihn ein einziges Mal aus den Augen verlieren, finden Sie ihn nie wieder."

Die Kamera mußte alles selber können. Nach dem Einschalten, noch 1 Mio. km vom Kometen entfernt, mußte sie zunächst nach dem Ziel suchen und es festhalten. Mit Hilfe eines verstellbaren Spiegels würde sie den Himmel nach dem Kometenkern, irgendwo vor der Sonne, abtasten. Die Anweisung lautete, nach dem hellsten Punkt zu suchen, eine Entscheidung, die nicht leicht gewesen war.

4. Die Jagd auf den Kometen

Keller fragte in seinem Team reihum, wie der Kern wohl aussehen mochte. Eine Gefahr war, daß die Staubwolke im Herzen des Kometen heller als der Kern selbst sein konnte. Aber ein komplizierteres Kriterium wie: „Suche nach dem Ort mit dem größten Kontrast", wäre sehr riskant. Abgesehen davon, daß so etwas schwieriger zu definieren und programmieren war, lag ihm eine Vorstellung über das Aussehen des Kerns zugrunde, die sich auch als völlig falsch herausstellen konnte.

Nachdem die Kamera den angenommenen Kern gefunden hatte, sollte sie mit der Aufnahme von Bildern beginnen, indem sie immer genau in der richtigen Phase der Sondenrotation den CCD-Chip belichtete. Um Verwischungen zu verhindern, sollte die Belichtungszeit im Moment der größten Annäherung nur 14 µs (1/70 000 Sekunde) betragen. Aber die Kamera würde den Kern aus den Augen verlieren, wenn sie sich nicht von Aufnahme zu Aufnahme neu ausrichtete. Die elektronische Kontrolle mußte die relative Bewegung des Kerns ausgleichen und mit einem Motor die Kamera mit der richtigen Geschwindigkeit drehen. Und letztere wiederum mußte aus der geschätzten Entfernung zum Kern und der Zeit bis zur Ankunft berechnet werden.

Die eigene Rotation Giottos veränderte die Lage des Kometen im Blickfeld der Kamera freilich viel schneller als Giottos Bahnbewegung. Und jede noch so kleine Unwucht der Sonde würde das Rechenproblem weiter verkomplizieren. Trotz der Bleimassen konnten die Ingenieure keine ganz taumelfreie Sonde versprechen. „Es könnten bis zu 4/10 eines Grad sein", teilten sie Keller mit. Das war bereits das ganze Gesichtsfeld der Kamera und konnte den Kern geradewegs aus dem Bild werfen. Zusätzliche Software mußte entwickelt werden, um leichtes Taumeln entdecken und berücksichtigen zu können. Und bevor sie in die PROM-Speicherchips eingebrannt werden durfte, mußte sie rigoros getestet werden.

Keller dachte, daß er eigentlich genug Sorgen hatte, auch ohne endlose Beschwerden der Projektleitung. Während eines Besuchs in Katlenburg-Lindau beklagte sich David Dale, daß die Masse der Kamera und ihres Kontrollsystems deutlich über der ursprünglichen Grenze lag.

„Du wirst Schrauben aus Titan nehmen müssen", sagte Dale. „Das wird 50 Gramm einsparen."

„Die würden 50 000 Mark kosten", protestierte Keller. Dale war unbeeindruckt, aber er schwieg, als Keller ihm sagte, die Herstellung der Titan-Schrauben würde sechs Monate dauern. Den Streit deutete Keller so, daß Dale bislang nicht genug Rücksicht auf die Wichtigkeit der Kamera und ihre außerordentliche Komplexität nahm. Anstatt im Geiste von Teamwork dabei zu helfen, daß jeder die Termine einhalten konnte, vergrößerte das Management seine Probleme noch: Immer bestand es darauf, daß die

Kamera nur eines von zehn Experimenten war, und daß „alle PIs gleich" waren.

Hätte Keller Gedanken lesen können, wäre ihm aber klargeworden, daß die Kamera sehr wohl „gleicher als die anderen" war. Das Geplänkel um Schrauben und ein paar Gramm war für Dale die einzige Möglichkeit, Keller anzutreiben, und er wollte nicht verantwortlich sein, wenn er einen blinden Giotto zu Halley schicken mußte.

Dale achtete Keller als Wissenschaftler. Er hatte kluge Köpfe kennengelernt, die am Innenleben der Kamera arbeiteten, und ihre Komplexität hatte ihn beeindruckt. Aber in dem Institut in Katlenburg-Lindau gab es keine der sorgfältig aufgestellten Zeitpläne, die sein eigenes Büro in Noordwijk schmückten. Für zwei Jahre erschien Dale das Kamerateam wie ein Debattierclub, der nie mit etwas fertig wurde und auch keine der dringend nötigen Grundsatzentscheidungen traf.

„Wo ist Dein Plan?", wollte Dale wissen. – „Alles wird richtig sein." – „Und wo sind die Beweise?" – „Dale, Du machst Dir zu viele Sorgen."

Aber das sagte Keller nur, um ihn loszuwerden. Als PI hatte er selbst mehr Grund als jeder andere, um sich über die langsamen Fortschritte mit der Kamera Sorgen zu machen. Seine Ingenieure arbeiteten hart und effektiv, aber sie waren einfach nicht genug.

Das Aeronomie-Labor in Katlenburg-Lindau hätte man glatt „Max-Planck-Institut für den Halleyschen Kometen" nennen können, denn es war unterschiedlich stark an nicht weniger als neun Experimenten für Halley beteiligt, fünf auf Giotto und vier auf den sowjetischen Vega-Sonden. Und jede Gruppe wollte die volle Unterstützung durch vorhandene Techniker, Einrichtungen und natürlich Finanzmittel. Keller bekam von seinem eigenen Institut weniger Hilfe, als er es sich am Anfang vorgestellt hatte.

Und dann war plötzlich keine Zeit mehr. Im Juli 1983, als eigentlich alle Giotto-Experimente fertig sein sollten, waren zwar die Einzelteile der Kamera da, aber noch lange kein funktionierendes System. Später in demselben Jahr waren Dale und seine Leute bereits überzeugt, daß die Kamera noch nicht einmal im Juli 1984, ja nicht einmal zum Starttermin ein Jahr darauf fertig sein würde. Hatte Jacques Blamont die ganze Zeit recht gehabt mit seiner Bemerkung, die „Amateure" aus Europa könnten keine Kamera bauen?

Jemand mußte etwas Drastisches unternehmen, was die Unterstützung für Keller und auch seine finanziellen Mittel betraf, denn jeder langsame Schritt nach vorn addierte sich zu der Rechnung, die vor allem Deutschland bezahlen mußte.

„Wir müssen die Aufmerksamkeit der Deutschen auf Keller lenken", sagte Dale zu Roger Bonnet, der Trendelenburg im Mai 1983 als ESA-

Wissenschaftsdirektor abgelöst hatte und nun sein Boß war. Seine Haare waren bereits weiß geworden.

Bonnet selbst war ein Co-Investigator von Keller, und sein früheres Institut in Verrières-le-Buisson hatte die Optik der Kamera bereitgestellt. Als Forscher und Verwaltungschef in derselben Angelegenheit kam er sich vor wie zwischen Hammer und Amboß, als er an einem Treffen mit Keller und allen anderen Co-Investigatoren in Schloß Ringberg bei München im November 1983 teilnahm.

Keller hatte sogar unter seinen Freunden einen schweren Stand, die um die Engpässe in seinem Institut wußten. Er suchte schon selbst nach Auswegen, als er einen nächtlichen Spaziergang im Schnee mit Alan Delamere unternahm, der die Kamera erfunden hatte und aus den USA gekommen war. Keller fragte ihn, ob er nach Deutschland kommen und bei der Fertigstellung helfen wolle, und Delamere sagte ja, das Einverständnis seiner Firma Ball Aerospace vorausgesetzt.

Was Bonnet auf Schloß Ringberg hörte, bestätigte die Befürchtungen, die Dale umtrieben, und er griff zum letzten Mittel: dem Telefonhörer. Am anderen Ende meldete sich Reimar Lüst, der Direktor der Max-Planck-Gesellschaft und bald Generaldirektor der ESA. „Sollten Sie nicht diese Krise mit Giottos Kamera beheben, bevor Sie nach Paris kommen?", legte ihm Bonnet nahe.

Offiziell bestand Lüst darauf, daß jedes Max-Planck-Institut seine eigenen Angelegenheiten regeln müsse, aber hinter den Kulissen wurde er sehr wohl aktiv. Das deutsche Ansehen in der Hochtechnologie stehe auf dem Spiel, warnte er Bonn, und in Katlenburg-Lindau schaute er persönlich nach dem rechten. Ein Direktorenwechsel stand am 1.1.1984 bevor, was Änderungen der Politik einfacher machte. Nun erhielt die Giotto-Kamera Priorität über alle anderen Tätigkeiten des Instituts. Geldmangel, sagte man Keller, dürfte die Arbeit nun nicht mehr aufhalten. Sondermittel der MPG erlaubten es Delamere, nach Deutschland zu kommen und die Fertigstellung der Kamera zu leiten.

Mit Aussicht auf diese Neuerungen konnten sich Bonnet, Keller, Dale und Reinhard alle frohen Mutes nach Japan begeben, wo kurz vor Weihnachten 1983 eine wichtige Konferenz stattfinden sollte.

Daß der Halleysche Komet die beiden verfeindeten Supermächte im Geiste friedlicher, wissenschaftlicher Kooperation zusammenführen würde, war Ende 1983 keineswegs sicher gewesen. Die Erde war in einem noch schlimmeren Zustand als sonst, mit Kriegen zwischen Irak und Iran, im Libanon, Afghanistan, dem Abschuß des koreanischen Passagierflugzeugs durch die sowjetische Luftwaffe und dem Ost-West-Verhältnis in der schlechtesten Verfassung der letzten zehn Jahre. Doch gerade jetzt, bei einem Treffen auf dem japanischen Weltraumbahnhof Kagoshima am 18. und 19. Dezember, beschlossen die führenden Weltraumagenturen der Welt eine höchst pragmatische Kooperation.

Es ging vor allem darum, den europäischen Giotto so genau wie möglich an sein Ziel zu leiten. Die Idee dieses Pathfinder-(Pfadfinder-) Konzepts hatte die ESA bereits 1981 beim ersten Treffen einer neuartigen Inter-Agency Consultative Group (IACG) im italienischen Padua vorgestellt. Die ESA, die NASA, INTERKOSMOS der osteuropäischen Staaten unter sowjetischer Führung und die japanische ISAS, das Institut für Weltraumforschung und Astronautik, waren die Mitglieder dieses beratenden Gremiums. Da die Vega-Sonden Halley ein paar Tage vor Giotto erreichen würden, könnten sie seinen Ort im Raum genauer bestimmen und so Giotto eine letzte Kursverbesserung erlauben. Amerikanische Unterstützung wäre unabdingbar. Nach zwei Jahren technischen Studien und Diplomatie entschied das dritte Treffen aller Agenturen jetzt, daß Pathfinder Wirklichkeit werden sollte.

Ein ungarischer Wissenschaftler von der INTERKOSMOS-Delegation meinte dazu: „Das ist gegenwärtig die einzige größere wissenschaftliche Zusammenarbeit im Weltraum. Wir gehen in diesen schwierigen Zeiten mit gutem Beispiel voran."

Was Außenstehenden wie ein politisches Wunder erscheinen mußte, war auf der Ebene einzelner Funktionäre, Wissenschaftler und Ingenieure ziemlich leicht zu erreichen gewesen. Man kannte sich bereits. Selbst in den eisigsten Phasen des Kalten Krieges waren sich die Weltraumforscher oft auf internationalen Tagungen begegnet, und bei großen wie kleinen Projekten hatten die Weltraumbehörden schon zusammengearbeitet. Das gemeinsame Interesse an Halley und dem, was er über die Anfänge der Welt enthüllen mochte, war von keiner Ideologie getrübt.

Giottos Projektwissenschaftler Rüdeger Reinhard, gleichzeitig Sekretär der IACG, leitete die Arbeitsgruppe über die „Umwelt" im Inneren Halleys, wo alle Erkenntnisse über die Staubgefahren ausgetauscht wurden. In einer anderen kamen diejenigen Wissenschaftler zusammen, die den Sonnenwind in Halleys Nähe untersuchen und ihre Beobachtungen koordinieren wollten. Und in einer dritten Arbeitsgruppe für Navigation und Missionsoptimierung nahm Pathfinder Gestalt an. Der Leiter vom Deep Space Network der NASA versprach, mit Hilfe der Kommunikationsantennen und der radioastronomischen Methode der VLBI äußerst genaue Positionen der Vega-Sonden zu bestimmen. Die Kameras und andere Instrumente der Sonden würden den Kern aus etwa 10 000 km Entfernung wahrnehmen und seine Lage bestimmen. Roald Sagdeev, der umgängliche Direktor der sowjetischen Weltraumforscher, versprach, daß INTERKOSMOS diese Informationen rasch genug für Giotto weitergeben würde. Nur mit Hilfe der Astronomen auf der Erde hätte Giotto lediglich mit einigen 100 km Unsicherheit navigiert werden können. Dank der amerikanischen und russischen Pathfinder-Daten würden es jetzt nur noch einige 10 km sein.

David Dale fand sich in der diplomatischen Rolle des Vorsitzenden vom Pathfinder-Ausschuß wieder. Trotz Sagdeevs Enthusiasmus blieb die sowjetische Bürokratie langsam wie immer, und der formale Vertrag über die Datennutzung durch die ESA sollte erst weniger als zwei Wochen vor der Ankunft der Sonden am Ziel zustande kommen. Doch die Bahnexperten des ESOC hatten bis dahin längst mit ihren Kollegen von NASA und INTERKOSMOS die technischen Einzelheiten festgelegt.

Nun bestand dank Pathfinder erstmals die Möglichkeit, Giotto in einem genau aber beliebig festzulegenden Abstand an Halleys Kern vorbeizuschicken. Reinhard bat seine Experimentatoren um ihre Lieblingsdistanzen. Bislang war 500 km immer der Anhaltspunkt gewesen, und Keller bestand darauf, daß bei einer noch größeren Annäherung die Kamera nicht mehr auf den Kern nachgeführt werden könne. Ihm wären 1000 km sogar lieber gewesen. Sämtlichen anderen Wissenschaftlern konnte es dagegen gar nicht nahe genug an den Kern herangehen: Die Gas- (und Staub-) Dichte nahm nach innen hin immer stärker zu, und das bedeutete mehr und bessere Daten. Einigkeit wurde keine hergestellt und die Entscheidung bis zur letzten Minute vertagt, wenn die tatsächliche Genauigkeit der Pathfinder-Technik bekannt sein würde. Manche der Wissenschaftler hätten es gern gesehen, wenn Giotto die größte Kernannäherung überstehen würde, anderen war es recht, wenn er im Staubhagel unterging.

Am 22. Dezember 1983 kurvte die fünf Jahre alte Raumsonde ISEE-3 um den Mond und änderte ihren Namen in ICE, International Cometary Explorer. Mit diesem Trick war die NASA nach dem Fiasko mit der Halley-Planung wieder im Kometenrennen. Das Ziel war allerdings der Komet Giacobini-Zinner, den ICE sechs Monate vor der Ankunft der internationalen Flotte an Halley erreichen sollte. Über 18 Monate hinweg war ISEE-3 mit fünf Vorbeiflugmanövern an Erde und Mond – erdacht von Robert Farquhar vom Goddard Space Flight Center – auf den neuen Kurs gebracht worden. Und später würde ICE sogar noch eine sehr ferne Begegnung mit Halley erleben, in 28 Mio. km Distanz.

In Bristol wie in Noordwijk verschaffte das Rennen mit Halley Giotto einen besonderen Status. David Link führte ein Team absoluter Enthusiasten bei British Aerospace an. Sie wollten ein Gefährt für ein großes Abenteuer des menschlichen Geistes schaffen. Es sollte tiefer in die Staubwolken des Kometen eindringen, als die Sowjets es wagten, und kein Ingenieur konnte sich eine größere Herausforderung vorstellen, kein Handwerker ein besseres Ziel für seine Arbeit. Hard- wie Software mußten ohne Fehler sein.

Zu dem multikulturellen, europäischen Unterfangen steuerten die Briten ihren Humor und ihre Lyrik bei. Eine Zeitschrift namens GOB wurde das inoffizielle Sprachrohr des Giottoprojekts bei British Aerospace. An das Satiremagazin *Private Eye* angelehnt, war es voller Zoten über die Manager und andere Mißgeschicke. Rod Jenkins war für den schöngeistigen Teil zuständig. Er vertiefte sich in seiner geringen Freizeit in die Geschichte und Geschichtchen des Halleyschen Kometen, machte sich mit Newton und Halley vertraut und entdeckte auf einem nahen Kirchturm ein Windfähnchen, das nach Halley bei seiner ersten vorausgesagten Rückkehr modelliert war. Dazu paßte ein zeitgenössischer Bericht aus einer Bristoler Zeitung von 1759: „Der erwartete Komet ist an jedem klaren Abend bis 10 oder 11 Uhr westlich vom Südpunkt im Sternbild Hydra zu sehen."

Jenkins fand Worte, um das auszudrücken, was viele seiner Kollegen überall in Europa empfanden, aber nicht auszusprechen wagten. Berufsehre oder die Furcht vor heftigen Vorwürfen im Falle eines Fehlschlags allein konnten den Eifer nicht erklären, mit dem so viele Menschen so viele Überstunden investierten, um Giotto zum Erfolg zu führen. „Es ist eine Gelegenheit für gewöhnliche Sterbliche, mit den Göttern und Giganten der Vergangenheit in Kontakt zu treten", schrieb Jenkins. Solch eine Überzeugung war auch in reichlichem Maße vonnöten, wenn das Projekt in eine seiner unvermeidlichen Schwierigkeiten geriet.

Die Farbe der Sonde z. B. machte den Ingenieuren für mehr als zwei Jahre Kopfzerbrechen. Schutzschild und andere Teile Giottos sollten weiß angestrichen werden, um die Hitze der Sonne abzuhalten. Aber die weiße Farbe sollte auch elektrisch leitend sein. Das sollte verhindern, daß sich gefährliche Spannungen auf der Sonde aufbauten, während sie sich im ionisierten Kometengas befand. Diese Kombination von Eigenschaften war schwer zu erreichen, und außerdem waren bestimmte Bestandteile unzulässig, weil sie die chemischen Instrumente Giottos verschmutzt hätten.

Nachdem ein britisches Labor bis Anfang 1983 vergeblich versucht hatte, eine entsprechende Farbe herzustellen, bot die französische Weltraumagentur CNES eine selbstentwickelte Farbe an. In Frankreich und Noordwijk war sie bereits ausgiebig getestet worden, aber als British Aerospace sie ausprobierte, blätterte sie einfach ab. Das Problem konnte nur durch genaueste Kontrolle ihrer Zusammensetzung und präzise Handbewegungen des Malers gelöst werden, der sie auftrug.

Während die Kamera die größten Kopfschmerzen auf der wissenschaftlichen Seite des Projekts bereitete, so galt dies bei der Sonde für den Entdrallmotor. Die ganze Mission drehte sich buchstäblich um diesen Motor unterhalb der Radioschüssel. Wenn sie nicht exakt auf die Erde ausgerichtet blieb, während sich die Sonde unter ihr wegdrehte, würde Giotto keinerlei Daten von Halley nach Hause schicken können. Die Firma SEP im französischen Vernon war der mutige Auftragnehmer für den Entdrallmechanismus, den es so noch nie gegeben hatte.

Gewöhnliche Schmiermittel sind im Vakuum des Weltraums nicht zu gebrauchen, und das trockene Lager für die Radioantenne mußte sich den härtesten Tests in einem Speziallabor für Reibungsfragen in England unterziehen. Aber als das erste Strukturmodell Giottos in Deutschland einem simulierten Start mit Vibrationen, intensivem Lärm und Beschleunigung unterworfen wurde, erwies sich der Entdrallmechanismus als verletzlich. Der Mechanismus, der die Lager während des Starts schützte, mußte überarbeitet werden. Der größere Schreck kam für Bristol aber Ende 1983 mit der Version von Giotto für elektrische Tests. Der Entdrallmotor blieb immer wieder stecken, und British Aerospace, ESTEC und SEP mußten sich dringend um eine Lösung bemühen.

Und dann, viel früher als irgendjemand erwartet hatte, fand sich Giotto in Frankreich wieder. Das fertige Flugmodell hatte Bristol im Sommer 1984 für eine lange Serie von Abschlußtests in Frankreich und Deutschland verlassen. Aber zu Beginn des Jahres machte sich Link zunehmend Sorgen: Gewerkschaften und Management von British Aerospace lagen sich zunehmend in den Haaren, selbst seine entschlossenen Mitarbeiter wurden abgelenkt, und ein Streik könnte den termingebundenen Giotto tödlich treffen.

Obwohl er wußte, daß es mit vielerlei Problemen verbunden sein würde, entschied sich Link, das Flugmodell ein halbes Jahr früher als geplant aus Bristol fortzuschaffen – was keinen Tag zu früh war, denn kaum war Giotto im Testgelände von Intespace im französischen Weltraumkomplex bei Toulouse angekommen, führte der Streik zur Schließung der Fabrik in Bristol.

Giottos Handwerker waren ebenfalls aus Bristol nach Toulouse mitgekommen, denn der Komet konnte nicht auf das Ende des Streiks warten. Die Gewerkschaften, die ihn organisierten, forderten ihre Mitglieder auf zurückzukehren – oder ihre Gehälter an wohltätige Stiftungen zu geben. Es spricht für die Hingabe an das einmalige Projekt, daß sich fast alle für die zweite Möglichkeit entschieden und der Bau der Sonde weitergehen konnte.

Dies waren nervöse Tage für Terry Harris, der nicht nur die British-Aerospace-Truppe zusammenhalten mußte, sondern auch die Familien aus Bristol, die mitgekommen waren. Alle, die an Giotto mitarbeiteten, brauchten die moralische Unterstützung ihrer Angehörigen, wenn sie zu unmöglichen Zeiten arbeiteten, lange im Ausland verschwanden und auf

Urlaub verzichteten. Aber unter den Frauen der Bristoler Arbeiter war die Begeisterung geteilt, und manche forderten ihre Männer auf, sich dem Streik anzuschließen.

In einer beispiellosen Aktion wurden jetzt die Familien eingeladen, sich das Flugmodell bei Intespace anzusehen. Kleine Kinder, die in den viel zu großen Laborkitteln, Mützen und Überschuhen für die staubfreien Räume fast verschwanden, durften ins Allerheiligste eintreten und den berühmten Giotto in all seiner strahlenden Komplexität bewundern. Dieser Familientag half, die Atmosphäre zu bereinigen. In England war der Streik nach acht Wochen vorüber, aber das Exil des British-Aerospace-Teams in Toulouse sollte noch ein weiteres Jahr der Sondenintegration und ihrer Tests dauern.

Eine Thermalmatte von der Isolation der Sonde fehlte, gerade als die thermischen Tests beginnen sollten: Wie würde Giotto mit den Extremen von Hitze und Kälte im Weltraum klarkommen? John Credland, der ESTECs Projektleitung bei Intespace vertrat, fand heraus, daß das Material noch in den Niederlanden war. Eine Sekretärin war bereit, es mit dem Flugzeug nach Toulouse zu bringen, aber die teure Metallfolie durch den französischen Zoll zu schaffen, könnte Tage dauern. Mit der Phantasie einer typischen Giottonin tarnte sie sich als Künstlerin und würde bei einer Kontrolle sagen, daß sie das Material für eine Collage brauchte. Weit von der Wahrheit war das nicht, denn bald war sie um drei Uhr morgens damit beschäftigt, die Folie rechtzeitig für den Testbeginn zuzuschneiden.

Ein Brand in Noordwijk im November 1984 unterbrach die Arbeit für David Dales Team. Die Giotto-Projektbüros lagen ein Stockwerk über der akustischen Testkammer, und bei Schweißarbeiten hatte Material in deren Wänden Feuer gefangen. Der Brand konnte erst gelöscht werden, als schon sechs Büros schwer in Mitleidenschaft gezogen waren. Verbrannte Papiere und geröstete Computerterminals ließen auf einen Blick erkennen, daß viel Arbeit in Rauch aufgegangen war. Und der Wegweiser des ganzen Projekts, Dales großer detaillierter Zeitplan, war völlig schwarz. Niemand hatte eine Kopie, aber das Original konnte gerade noch gelesen werden, wenn man es gegen das Licht hielt. Mit größter Mühe wurde der Plan auf eine Wandtafel übertragen.

Im Hauptquartier der ESA in Paris warb Roger Bonnet für ein Langzeitprogramm in der Weltraumforschung, das verstärkt Mittel der Mitgliedsstaaten anlocken sollte. „Horizont 2000" beruhte auf Ideen aus allen Teilen Europas. Bei einem Treffen in Venedig wurden vier große Projekte als „Eckpfeiler" des Programms ausgewählt: zwei astronomische Missionen (XMM für den Röntgen- und FIRST für den Submillimeterradiobereich), die Doppelmission Soho/Cluster für die Erforschung der Sonne und des Sonnenwindes, und ein gewaltiges neues Projekt in der Kometenforschung.

Diese Comet Nucleus Sample Return Mission, später mit dem eingängigeren Namen Rosetta versehen, sollte Proben vom Kern eines Kometen entnehmen und zur Erde schaffen. Den Fragen nach den kosmischen Ursprüngen, die Giotto gewiß nur vorläufig beantworten würde, könnte man dann mit allen Mitteln irdischer Labors auf den Grund gehen. Noch immer hatte die ESA die Hoffnung nicht aufgegeben, gemeinsam mit Amerika eine aufwendige Mission im Sonnensystem zu realisieren, und die NASA sollte und wollte mit ihren Mondlandeerfahrungen eine Schlüsselrolle spielen. Europas Kometenforscher konnten jedenfalls hoffen, daß die ESA auch in der Ära nach dem Halley-Vorbeiflug noch Interesse an der Kometenforschung haben würde.

Kapitel 5

Die Reise beginnt

Im Winter 1984/85 begann für die ersten drei Sonden der internationalen Flotte die Reise zum Halleyschen Kometen. Am 15. Dezember schickte eine Protonrakete Vega-1 vom kasachischen Weltraumbahnhof auf den Weg, erst zur Venus und dann weiter zum Kometen. Der Name Vega setzte sich aus den russischen Wörtern Venera (Venus) und Gallei (Halley) zusammen. Sechs Tage später folgte Vega-2.

Die Vegamissionen waren komplizierter als Giottos und die Sonden mit je 4,5 Tonnen auch fünfmal so schwer. An der Venus sollten ein Ballon mit Instrumenten und eine Landekapsel abgesetzt werden, was die Masse auf 2,5 Tonnen verringern würde, dann würde die Schwerkraft des Planeten die Kursänderung Richtung Halley bewirken. Die Sonden sahen völlig anders aus als Giotto. Weil man nicht näher als 10 000 km an den Kometenkern heran wollte, ging man von einer erheblich geringeren Staubgefahr aus. Die Sonnenzellen wurden auf die von Erdsatelliten bekannten Flügel gesetzt, Ausleger, Masten und vorstehende Instrumente waren kein Problem. Auch waren die Vegasonden nicht drall-, sondern vollständig dreiachsstabilisiert, was die Ausrichtung der Kameraplattform sehr erleichterte.

Die Missionen waren international, mit einem starken französischen Anteil. So steuerten französische Sternwarten Infrarotteleskope bei, die es auf Giotto nicht gab, es gab Beiträge aus Ungarn, Österreich, den USA usw. Einige westliche Instrumente, die auf Giotto keinen Platz gefunden hatten, fanden sich auf den Vegasonden wieder, darunter ein Neutralmassenspektrometer aus Katlenburg-Lindau und ein Plasmawelleninstrument vom ESTEC. Am meisten konnte Jochen Kissel aus Heidelberg zufrieden sein: Mit drei nahezu identischen Staubmassenspektrometern auf Giotto und – schwerer ausgelegt – auf Vega-1 und Vega-2 schickte er insgesamt 48 kg Instrumente zu Halley.

Die westlichen Wissenschaftler bewunderten ihre sowjetischen Freunde, aber ihre pragmatische Denkweise, was Konstruktion und Bau der Sonden anging, stimmte sie nachdenklich. Seinen Platz auf der riesigen Sonde suchte man sich selbst, da, wo gerade Platz war, 1:1-Modelle der geplanten Instrumente waren keine Pflicht. Wenn dann das Flugmodell fertig war, wurde es einfach angeschraubt und verkabelt. Die unkomplizierte Herangehensweise der Sowjets war oft schneller und flexibler als das haarkleine Vorausplanen in der amerikanischen und westeuropäischen Raumfahrt, Experimente konnten noch in letzter Minute hinzugefügt oder entfernt werden. Dank ihrer starken Raketen konnten die Sowjets in der Massenfrage leger bleiben, was sie allerdings auch in Sachen Sauberkeit waren.

Achtzehn Tage nach dem Start von Vega-2 – vielleicht mit Fingerabdrücken, aber sonst in Ordnung – folgte eine Sonde aus Japan: Sakigake. Japan war das erste Land gewesen, das sich fest für einen Halley-Vorbeiflug entschieden hatte, schon 1979, noch bevor es die erforderliche Feststoffrakete und eine Bodenstation überhaupt gab. Seine zwei Sonden waren kleiner als Giotto und ihre Ziele entsprechend bescheiden. Sakigake („Vorläufer") sollte Halley in 7 Mio. km Entfernung passieren und sich in erster Linie des Sonnenwindes annehmen. Suisei („Komet") dagegen würde bis auf 200 000 km herankommen und als Hauptinstrument ein Ultraviolett-Teleskop tragen. Im Gegensatz zu den Sowjets und Europäern, die sich auf die Stunden vor der größten Kernnähe konzentrierten, wollten die Japaner Halley mehrere Monate lang aus größerer Distanz beobachten.

Und einen künstlichen Kometen gab es auch noch. Er erschien zu Weihnachten 1984 hoch über dem Pazifik. Im Rahmen des amerikanisch-deutsch-britischen AMPTE-Projekts war ein Kanister mit Barium- und Kupferoxidpulver geöffnet worden, das verdampfte und mit dem Sonnenwind wechselwirkte. Ein gelb-blauer Blitz färbte sich rasch violett, und binnen weniger Minuten hatte der Sonnenwind das Material erfaßt und zu einer Art Plasmaschweif von 15 000 km auseinandergezogen. Er zeigte Wellen und Zacken, ähnlich einem echten Kometenschweif.

Die Probleme mit dem alles entscheidenden Entdrallmotor von Giottos Antennenschüssel zu beheben, dauerte ein ganzes quälendes Jahr. Seine Neigung steckenzubleiben, die bei den elektrischen Tests in Bristol entdeckt worden war, schien auf die Kombination eines fehlerhaften elektronischen Kontrollsystems und leichter Fertigungsfehler zurückzugehen. Sie wurden behoben, und der Entdrallmechanismus konnte nach erneuten Tests an einem Ersatzmodell von Giotto in dem britischen Reibungslabor endlich abgenommen werden. Er wackelte etwas, wenn er sich drehte, was neue Befürchtungen auslöste, aber eine sorgfältige Analyse zeigte dann, daß die Mission nicht darunter leiden würde.

Freude und Panik wechselten sich ab bei denen, die überall in Europa lange Stunden an der Sonde arbeiteten, um sie startklar zu machen. Bei allem, worauf es wirklich ankam, hatte Giotto immer wieder Glück, aber eine Kette von schweren Zwischenfällen hielt das Projekt in Atem.

Im März 1985 fing Intespace Feuer – und Giotto mittendrin. Das Licht ging aus, und die Pumpen fielen aus, die in seinem Bereich mit etwas Überdruck das Eindringen von Staub verhindern sollten. Terry Harris von British Aerospace leitete die Rettungsarbeiten: Im Licht von Taschenlampen dichtete er die Zone ab, so gut es ging. Wie es der Zufall wollte, stand Giotto gerade eine Reise auf der Straße bevor, und der Spezialbehälter war schon bereit. Rasch wurde die Sonde hineingeschoben und Richtung Ausgang gefahren. Wenn das Feuer weiter um sich gegriffen hätte, wäre Giotto notfalls ins Freie gerollt worden.

Besagter „Ausflug" Giottos ging zur IABG nach Deutschland, für die abschließenden Tests seines magnetischen Verhaltens. Die Reise wurde prompt zur Odyssee, als Straßenbauarbeiten den Tieflader auf Umwege zwangen. Eine kurze Verfolgungsjagd durch die Polizei, die argwöhnte, Giotto sei entführt worden, folgte, dann mußte ein Schneepflug den Transport aus einem Schneesturm in den Alpen befreien. Auf der Rückreise nach Frankreich brach der LKW zusammen, und Giotto landete auf einem Feld. Die französische Armee brachte schließlich die Rettung, hob den Sondencontainer auf einen Transporter für Panzer und lieferte ihn wieder in Toulouse ab.

Die Endabnahme Giottos durch British Aerospace erfolgte schließlich am 22. April 1985, aber damit war der Beitrag der Firma zu der Mission noch lange nicht beendet: Die genauen Kenntnisse der Ingenieure über die ungewöhnliche Raumsonde würden noch bei mancher kritischen Gelegenheit gebraucht werden. Eine Woche später brachte ein Boeing-747-Frachtflugzeug die Sonde und zahlreiche technische Anlagen nach Südamerika. In Kourou in Französisch-Guayana sollte die zweimonatige Startkampagne beginnen.

Mit seinem dampfenden Tropenklima und dem ehemaligen Gefängnis auf der Teufelsinsel als einziger Touristenattraktion unterschied sich Kourou erheblich von Europa. Europas Weltraumbahnhof lag so nahe am Äquator, damit die Gratisbeschleunigung durch die Erddrehung so groß wie möglich ausfiel, und Kourou bot eine Flugbahn nach Osten über das Meer. Herabfallende Raketenstufen (oder -trümmer) gefährdeten niemand. Die Teams von ESTEC und British Aerospace und die Vertreter aller Instrumente Giottos mußten sich schnell an das Leben im Regenwald und den französisch-kolonialen Lebensstil anpassen.

David Dale verlangte ein neues Hotel, als er eine Tarantel im Speisesaal entdeckte, auch wenn sich seine Kollegen fragten, warum es woanders nicht ebenfalls giftige Spinnen geben sollte. Gewehre gab es auch in großer Zahl, aber die liebenswerten Leute des Giottoprojekts freundeten sich rasch mit den Einheimischen wie den Fremdenlegionären an, die die Startanlagen bewachten. Die Vorstellung der hier lebenden Franzosen von der „richtigen" Portion Rum im Punsch war tatsächlich das größte Gesundheitsrisiko.

Wie immer fehlte Uwe Kellers Kamera auf der Sonde. Für die magnetischen Tests in München war ihr Flugmodell zwar eingebaut worden, aber dann hatte das Kamerateam das Gerät für Eicharbeiten in Belgien zurückgeholt. Und dabei fuhr sich der bewegliche Spiegel fest. Es blieb nichts anderes übrig, als die Kamera in Katlenburg-Lindau wieder auseinanderzunehmen.

Kellers Leute arbeiteten Tag und Nacht, um den Fehler zu finden – vergeblich. Sie schickten die Ausrüstung in ein Speziallabor in England, wo führende Experten für klemmende Maschinen genauso ratlos waren. Nach sechs Wochen wachsender Verzweiflung griffen die Ingenieure zu einer altbewährten Lösung: Sie machten einfach die Achse des Spiegels leichtgängiger, indem sie etwas abhobelten. Die wertvolle Kamera erhielt einen Passagierplatz in einem Linienflugzeug nach Kourou und konnte am 17. Mai wieder in Giotto integriert werden. Aber selbst dann gab es noch ein Problem mit einem Mikroschalter, das im staubfreien Raum behoben werden mußte.

Ebenfalls spät in Kourou traf Hans Balsigers Ionenmassenspektrometer ein. Bis zum letzten Augenblick hatte man in Bern immer wieder Komponenten von Flug- und Ersatzmodell ausgetauscht, um die bestmögliche Kombination zu finden. Und dann, während eines späten Tests in Kourou, sprang eine Hälfte des Experiments nicht mehr an.

Die beiden Ingenieure Balsigers waren höchst erregt und wollten die defekte Komponente sofort aus der Sonde ausbauen und reparieren. Aber nicht mit Dale. Er war strikt gegen überstürzte Maßnahmen und forderte immer eine Abwägung, ob man nicht möglicherweise mehr Schaden als Nutzen anrichten würde. Es war Freitagnachmittag, und es sollte gerade ein längeres Wochenende für die Teams in Kourou beginnen, die bis zu 15 Stunden am Tag gearbeitet hatten.

Dale sagte Nein zu John Credland, und Credland gab das Nein an die beiden Schweizer weiter. Am Telefon unterrichtete er Balsiger in Bern, daß er sich des Problems erst nächste Woche annehmen wolle, und ob Balsiger nicht schon eine Idee habe, was schiefgelaufen sein könnte. „Wie können wir das einfach drei Tage auf sich beruhen lassen?" fragte ein anderer Experimentator. „Es wird schon werden", antwortete Dale. „Warten Sie's nur ab."

Freizeit in Kourou, das bedeutete z. B. Touren in den Dschungel, alberne Spiele oder unbegrenzte Mengen des niedrigprozentigsten Rumpunsches in der Geschichte Französisch-Guayanas. Die einzige Frage war, was größeren Unterhaltungswert hatte, der Untergang von Credlands Jetski oder die Begegnung im Urwald zwischen einer tödlichen Schlange und einer Physikprofessorin aus Irland.

An der Universität Bern freilich, 7000 km entfernt, verbrachten Balsiger und sein Team ein elendes Wochenende mit dem Simulator ihres Experiments und den Ersatzteilen. Und wie Dale erwartet hatte, fanden sie den wahrscheinlichen Fehler: Mit ein bischen Löten würde wahrscheinlich schon alles repariert sein.

Balsiger argwöhnte, daß Credland die Arbeit so lange aufhalten würde, bis es zu spät war: Dann würde das Instrument zu Halley fliegen und vielleicht bei der Ankunft ausfallen. Er war drauf und dran, sich bei Roger Bonnet in Paris zu beschweren und, wenn es sein mußte, bei der Schweizer ESA-Delegation. Am Dienstag, als die Arbeit in Kourou wieder aufgenommen wurde, rief er unverzüglich Dale an: „Wenn ich nicht binnen zwei Stunden positiven Bescheid bekomme ...", fing er an.

„Natürlich können Sie Ihr Experiment reparieren", sagte Dale. Balsiger würde ihn immer für den einsichtigen Manager halten, der seine Leute endlich an das Experiment heranließ, und Credland für den Bösewicht. Aber in Wirklichkeit wußten Credland und Dale zusammen genau, was sie taten. Sie führten aber ein hartes Regime, und Balsigers Ingenieure wurden beide krank, als sie aus Kourou nach Europa zurückkamen ...

Die Ariane kam auf die Startrampe, für sorgfältige Überprüfungen. Da Dale jeden Ärger während des eigentlichen Countdowns vermeiden wollte, bestand er auf einer kompletten Übung des oft problematischen Betankens der dritten Stufe mit flüssigem Wasserstoff und Sauerstoff. Das konnte aus Zeitgründen nur an einem Wochenende gemacht werden, und das Startteam stellte die Bedingung, daß auch Dale dabei sein sollte. Da der Treibstoff und sein Oxidator potentiell hochexplosiv waren, wurde die Startrampe abgesperrt, und alle Beteiligten zogen sich in den Bunker der Startkontrollen zurück.

Die automatische Sequenz für die Betankung fiel aus, und der leitende Franzose gab eine Reihe von Anweisungen an seine Mannschaft, um die Prozedur manuell durchzuführen. Dale war zufrieden: Selbst wenn der Computer nicht mehr rechtzeitig repariert wäre, würde das den Start nicht aufhalten. Dann wurden die Ventile geöffnet, und Wasserstoff und Sauerstoff konnten verdampfen. Die ganze Operation hatte bald zwanzig Stunden gedauert, statt der eigentlich geplanten sieben bis acht. Die Startmannschaft lehnte sich in ihren Sitzen zurück und gähnte.

„Was passiert jetzt?" fragte Dale den Arianespace-Manager, der für Giottos sicheren Start verantwortlich war. „Warum gehen wir nicht alle nach Hause?" „Wir müssen noch sechs Stunden warten. Es ist draußen noch gefährlich, bis sich das Gas verflüchtigt hat."

Zu Dales Überraschung öffneten sich dann die massiven feuersicheren Tore des Bunkers, und er erspähte ein Feuerwehrfahrzeug, das rückwärts herangefahren war. Die *pompiers* (Feuerwehrleute) luden Hühner und Wein für eine Party im Bunker ab. „Ich dachte, der Zugang zum Startgelände sei beschränkt", wunderte er sich. „Ah, aber nicht für die *pompiers*."

Aus Moskau kam die Nachricht, daß die Vegasonden ihre Ballons und Landegeräte auf der Venus abgesetzt und erfolgreich ihren Kurs Richtung Halley geändert hatten. Bei zwei identischen Sonden konnten es sich die Sowjets im Prinzip leisten, eine zu verlieren. Aber es gab nur einen Giotto, und mit entsprechendem Nachdruck wurde der Kampf gegen alle denkbaren Fehlermöglichkeiten bei der Sonde oder aber der Rakete geführt. Auch wenn es keiner offen aussprach: Die Möglichkeit, daß die Arbeit von Jahren als Schrotthaufen auf dem Grunde des Atlantik enden könnte, war durchaus real.

Das Füllen von Giottos Tanks, damit die Düsen Kurskorrekturen auf dem Weg zu Halley ausführen konnten, war eine der letzten Aufgaben in Kourou. Der Hydrazin-Treibstoff war ebenso giftig wie explosiv, und die Techniker, die ihn in die rundlichen Tanks füllten, waren wie für einen Gaskrieg gerüstet. Vier Paare von Düsen waren gleichmäßig rund um die Sonde verteilt, jede eine Miniaturrakete, in der ein Katalysator das Hydrazin zerlegen würde. Dabei entstand ein Düsenstrahl in die gewünschte Richtung.

Als Giotto schon oben auf der Rakete saß, gab es noch einmal Ärger, diesmal von ziemlich unvorhersehbarer Seite. Japanische Besucher, die man kurz vor dem Start bis auf das umgebende Gerüst vorgelassen hatte, begannen, Giotto mit Blitzgeräten zu photographieren. Für einen solchen „Photonensturm" waren seine empfindlichen Sonnenzellen nicht ausgelegt, und die Europäer waren außer sich, als sie davon erfuhren. Dale drohte gar, die Mission abzusagen und die Rechnung an die Firma zu schicken, die die Gäste betreut hatte.

Um seine Verabredung mit Halley einzuhalten, konnte Giotto Kourou frühestens am 2. Juli 1985 um 11:13 Uhr Weltzeit verlassen; aus historischen Gründen wird diese Zeit (MEZ minus eine Stunde) überall im Sonnensystem verwendet. Das Startfenster dauerte 22 Tage, und der Countdown wurde am 30. Juni begonnen. Entweder klappte es mit dem Start am ersten möglichen Tag, oder es gab soviel Zeit für eine Fehlersuche wie möglich.

5. Die Reise beginnt

Der Startkontrolleur wartete auf die Meldungen der verschiedenen Teams: Waren alle, die Rakete, die Raumsonde, das Startgelände in Kourou und die Missonskontrolle in Darmstadt bereit? David Dale saß an einem Ende einer Reihe von Konsolen im Bunker. Er hatte eine Standleitung zum Darmstädter European Space Operations Centre, das Giotto kurz nach dem Start übernehmen sollte. Das ESOC wiederum überwachte sein eigenes Missionskontrollzentrum und die Bodenstationen rund um die Welt, die Giotto bald verfolgen würden.

Eine andere Leitung verband Dale mit seinem Projektteam, das in einem anderen Raum die Telemetrie von Giotto an der Spitze der Ariane überwachte. Und gegen Ende des Countdowns kam von dort eine Krisenmeldung: „Die Temperatur der Sonde fällt wie ein Stein. Die scheinen die Isolation vergessen zu haben."

Dale stellte sich vor, wie es in der Nutzlastverkleidung oben auf der Ariane aussah. Giotto saß auf einem Adapter, der ihn mit der Rakete verband - genau oberhalb vom eiskalten Flüssigwasserstoff der dritten Stufe. Wenn die schützende Lage dazwischen fehlte, dann war es kein Wunder, daß die Sonde fror.

Dale mußte Schaden für Giotto verhindern. Am meisten bedroht war der Mechanismus, der das große Mage-Triebwerk nach seiner Zündung zudecken sollte. Aber den Start jetzt abzubrechen und die Isolation anzubringen, schätzte er, würde zwei der drei Wochen des Startfensters in Anspruch nehmen.

„Wie weit können wir nach unten gehen?" fragte er seine Ingenieure. – „Minus 25." – „Und wo sind wir jetzt?" – „Minus 20." – „Eine halbe Stunde brauchen wir noch. Sagt mir Bescheid, wenn wir bei minus 30 sind."

Dale war froh, daß diese Meldung nie kam, obwohl der Countdown bei t–6 Minuten einmal kurz angehalten werden mußte. Dann wurden die Arme, mit denen die dritte Stufe betankt worden war, zurückgezogen. Die erste Stufe zündete, und mit gewaltigem Lärm erhoben sich die letzte Ariane 1 und Giotto in die tropische Luft, nur zehn Minuten nach dem ersten erlaubten Startzeitpunkt.

Die Anspannung hielt an – die Raketeningenieure hatten schon manchen Fehlschlag miterleben müssen. Die Giotto-Teams wagten für eine Viertelstunde kaum zu atmen, als eine Stufe nach der anderen zündete. Das Sondermanöver, um überschüssige Energie loszuwerden, fand statt. Und dann trennte sich Giotto von der Rakete: Sein Glück war ihm treu geblieben. Was aber die wenigsten wußten, war: Die Telemetrie hatte den Beginn einer Störung in der dritten Stufe angezeigt. Wegen genau dieses Fehlers scheiterte der nächste Arianestart zwei Monate später spektakulär, vor den Augen des französischen Präsidenten.

Als sich Giotto von der dritten Stufe getrennt hatte, fünfzehn Minuten nach dem Start, passierte er gerade die Insel Ascension mitten im Atlantik. Danach standen einige automatische Operationen auf dem Programm, um die Sonde zu aktivieren. Zum ersten Mal sollte sie sich bei der Bodenstation in Kenia melden. Alle warteten furchtsam, bis Dales Telefon aus Darmstadt klingelte. „Wir haben Telemetrie, Dave!" Giotto sendete.

In Kourou konnte jetzt gefeiert werden, mit der gewohnten Versorgung durch die *pompiers*. Den Wissenschaftlern stand eine achtmonatige Mission bevor, aber für die meisten im ESTEC endete mit Giottos Start die arbeitsreichste Zeit ihres Lebens. Was die Reise zu Halley die Menschen gekostet hatte, sollte sich bei manchen erst jetzt in Krankheit und Nervenzusammenbrüchen zeigen.

Der Tag von Giottos Start sollte sich im nachhinein auch als einer der helleren in der Weltgeschichte erweisen. Es war an genau diesem 2. Juli 1985, als der neue sowjetische Generalsekretär, Michael Gorbatschow, den langjährigen Außenminister Andrei Gromyko durch den liberalen Eduard Schewardnadse ersetzte. Das war das erste Signal für das Ende des Kalten Krieges, der nuklearen Bedrohung zwischen den zwei Supermächten und der Auflösung des Ostblocks.

Zwischen Rhein und Odenwald, etwas südlich von Frankfurt, war die kleine und freundliche Stadt Darmstadt einer der Orte, wo sich die deutsche chemische Industrie niedergelassen hatte. Als Standort des Europäischen Weltraum-Operationszentrums (ESOC) und seiner Kontrollräume, Computer und Büros am Stadtrand war sie Europas Verbindung zum Weltraum geworden. Von hier werden die Satelliten der ESA gesteuert.

Flugoperationsdirektor von Giotto war ein stämmiger Waliser, David Wilkins, der auf Erfahrungen bei der NASA und den bemannten Gemini-Raumschiffen der 60er Jahre zurückgreifen konnte. Wie der Dirigent eines Orchesters war Wilkins im Halbkreis von Spezialisten an ihren Konsolen umgeben. Einige waren für die Flugdynamik zuständig, die Bodenstationen oder all die Hard- und Software, die für die Unterstützung der Mission erforderlich war. Andere nannten sich Operationsingenieure und gaben der Sonde Kommandos oder überwachten ihren Gesundheitszustand. Andrew Parkes war als Sondenoperationsmanager gewissermaßen der Pilot von Giotto, der die Hauptverantwortung für die täglichen Entscheidungen trug.

Nach amerikanischem Standard war das Team klein: Die NASA konnte für eine ähnliche Aufgabe leicht zehnmal soviel Personal einsetzen. Solange alles glatt verlief, zahlte sich der europäische Weg aus, indem er die laufenden Kosten gering hielt. Wenn aber Schwierigkeiten mit der Sonde auftraten oder Pläne geändert wurden, dann stand das kleine Team plötzlich unter enormem Druck und mußte Tag und Nacht arbeiten. „Eines Tages werden wir einmal einen sehr kostspieligen Fehler machen", pflegte Wilkins zu sagen, dem die Sparsamkeit der ESA manchmal zu weit ging.

Das ESOC war mit Giotto von Beginn an verbunden gewesen. Im Winter 1979/80 waren hier die himmelsmechanischen Grundlagen des europäischen Kometenvorbeiflugs von einem flinken Schweizer, Walter Flury von der Arbeitsgruppe für künftige Missionen, gelegt worden. Sie begannen mit den Bahnen von Komet und Erde um die Sonne und setzten das Startfenster, die interplanetare Reiseroute, den Zeitpunkt des Zusammentreffens von Sonde und Komet und seine geometrischen Bedingungen fest. Die Masse der Sonde im Verhältnis zur Startenergie, die Relativgeschwindigkeit der kometarischen Staubpartikel, der Neigungswinkel von Giottos Radioschüssel und die Auswahl des australischen Parkes als Hauptempfangsstation während des Encounters. All das war bereits bei den allerersten Analysen in Darmstadt bestimmt worden.

Ein Flugdynamikteam übernahm dann, lange vor dem Start, und kümmerte sich um Details der Bahn von Halley, die Kommunikationsmöglichkeiten von verschiedenen Orten der Erdoberfläche aus und die korrekte Lage Giottos, also seine räumliche Ausrichtung zu jedem Punkt zwischen Start und Ankunft. Während die Flugdynamiker die Mathematik beisteuerten, bestand das Sondenoperationsteam aus Ingenieuren. Wie man eine Sonde steuerte, konnte man wie Autofahren durch Übung lernen, aber der Sondenkontrolleur mußte auch wissen, was unter der Motorhaube vorging. Als der junge Engländer Howard Nye mehr als zwei Jahre vor dem Start ins Flugoperationsteam berufen wurde, fand er sich in Bristol wieder, wo er als Sondeningenieur gearbeitet hatte. Zusammen mit British Aerospace ging er in allen Einzelheiten die Lageregelungs- und Bahnkorrektursysteme durch und die Fragen der Stromversorgung und Temperatur, die ständig überwacht werden mußten. „Man muß genau wissen, was die Sonde alles leisten soll", würde Nye jedem antworten, der den Vergleich mit dem Autofahren übertrieb. „Und man muß alle Möglichkeiten dafür nutzen oder sogar neue finden, damit sie es auch wirklich tun kann."

Schon lange vor dem Start begann das Flugkontrollteam mit dem Training an einem Simulator in Darmstadt. Ein Phantom-Giotto erhielt Kommandos, änderte sein Verhalten auf seiner Phantombahn und schickte die richtige Telemetrie mit einem hohen Grad an Realität zurück. Wie bei den Flugsimulatoren in der Luftfahrt konnten auch Notfälle geübt werden, wenn rote Lichter Abweichungen von der Norm anzeigten.

Und dann wurde aus den Übungen Ernst. Mit der Trennung Giottos von der Rakete lag die Verantwortung in den Händen Darmstadts. Für die ersten anderthalb Tage bewegte sich die Sonde auf der vorgesehenen, hochelliptischen Bahn um die Erde. Um in den interplanetaren Raum vorzudringen, mußte Giotto seinen Mage-Motor im erdnächsten Punkt zünden. Die wichtigste Bodenstation für den Uplink, die Kommandos an Giotto, war in Carnarvon in Westaustralien, aber Giotto würde so schnell an der Erde vorbeihuschen, daß die Antenne gar nicht folgen konnte: Die Zündung wurde vorprogrammiert.

Genau im richtigen Moment begann der Motor seinen festen Treibstoff zu verbrennen, binnen weniger als einer Minute war Giotto um 374 kg leichter und auf dem Weg hinein ins Sonnensystem. Den ersten Hinweis darauf lieferte eine leichte Abnahme von Giottos Funkfrequenz durch den Dopplereffekt, als Geschwindigkeit relativ zur Erde aufgenommen wurde. Der Weg zum Kometen sah auf den ersten Blick fast so aus wie die Erdbahn, führte aber näher an die Sonne heran. Dadurch würde Giotto etwas schneller um die Sonne herumkommen und den Kometen zwar nahe der Erdbahn, aber weit vor der Erde treffen. Aufgrund eines himmelsmechanischen Paradoxons blieb Giotto zunächst für ein paar Monate in der Nähe der Erde und fiel sogar etwas zurück.

Nach einigen Tagen der Bahnverfolgung wußten die Flugkontrolleure, daß ihre Berechnungen und die Mage-Zündung so präzise gewesen waren, daß in den acht Monaten bis zu Halley keine größere Kurskorrektur nötig werden würde. Und kleinere Korrekturen mußten warten, bis die Astronomen die Bahn des Kometen genauer im Griff hatten. Der Großteil des Hydrazins an Bord schien überflüssig zu sein.

Aber bevor alle aufatmen konnten, war noch ein Schritt notwendig. Bislang war alle Kommunikation über Giottos kleine Omnidirektionalantenne gelaufen. Jetzt mußte die Radioschüssel auf die Erde ausgerichtet und aktiviert werden. Ohne sie war keine Steuerung der Sonde über große Entfernungen und vor allem keine Übertragung von Daten möglich. Würde der störanfällige Entdrallmotor funktionieren? Er tat es, und so blieb es während der gesamten Mission. Leichte Schwankungen in der Ausrichtung der Antenne durch elektrische Störungen im Starmapper für die Orientierung Giottos am Sternenhimmel waren kein gravierendes Problem, da es auch andere Möglichkeiten gab, die Erde zu finden.

Die Flugdynamiker blieben während der Reisephase beschäftigt: Gelegentlich waren leichte Kursänderungen nötig, häufig aber Änderungen der Lage. Die kleinen Düsen führten die Manöver durch: Zwei feuerten nach vorne, zwei nach hinten, zwei zur Seite, und ein viertes Paar, das tangential zum Sondenkörper angebracht war, änderte die Rotationsrate. Die Änderungen von Rotation, Lage und Geschwindigkeit hingen über die oft der Intuition zu widersprechen scheinenden Kreiselgesetze miteinander zusammen, und die Flugkontrolleure griffen gerne zu ihrem Simulator, um sicherzugehen. Immer wenn die Befehle dann „upgelinkt", nach oben gesandt, wurden, tat die Sonde genau das, was sie sollte. Das war durchaus nicht bei allen Raumsonden so, aber bei Giotto überraschte es eigentlich niemand: Nichts war dem Zufall überlassen worden, und sogar das Benutzerhandbuch galt als beispielhaft.

Giotto war keine Raumsonde, die man losschießen und dann sich selbst überlassen konnte. Die Ausrichtung seiner Rotationsachse relativ zur Sonne mußte laufend optimiert werden, damit einerseits die Solarzellen genügend Licht abbekamen und andererseits kein Bereich der Sonde zu heiß oder zu kalt wurde. Und dabei mußte die Radioschüssel, deren Neigung zur Achse festlag, auch noch permanent zur Erde zeigen. Der Bereich der erlaubten Orientierungen war damit stark eingeschränkt und änderte sich von Woche zu Woche. Die Sonde driftete immer wieder von der Bestlage fort und mußte nachgeregelt werden, und gleichzeitig mußte auch das automatische System wieder auf den neuesten Stand gebracht werden: Es würde den Flug übernehmen müssen, falls der Kontakt zur Erde einmal abreißen sollte.

Während der langen Reisephase war das Kontrollteam stark reduziert, und auch auf der Managementebene wandte man sich anderen Dingen zu. Dale und seine Leute widmeten sich jetzt den Soho- und Cluster-Sonden für die Sonnen- und Sonnenwindforschung, was das Team aber zusammenhielt. Und wenn Giotto wieder Aufmerksamkeit erfordern würde, sei es für Entscheidungen oder für formale Tests oder Trainingssitzungen, waren sie jederzeit bereit. In Darmstadt hielt derweil Rüdeger Reinhard die Stellung und vertrat die Interessen des Projekts. Auch die Giotto-Wissenschaftler verlagerten jetzt ihre Aktivitäten hierher und belegten zunehmend größere Bereiche des ESOC für ihre Ausrüstung, die sie während des Encounters benötigten. Und sie begannen die Gutmütigkeit der Missionskontrolleure für mehr und mehr wissenschaftliche Versuche schon lange vor der Ankunft auszunutzen.

Die Japaner starteten ihre Suisei-Sonde am 18. August 1985, sieben Wochen nach Giotto. Durch noch näheres Herangehen an die Sonne würde sie aber dennoch fünf Tage vor dem Europäer am Ziel sein, sogar noch vor Sakigake, der im Januar auf eine weiter ausholende Bahn gestartet war. Die internationale Flotte war jetzt komplett, mit zwei japanischen, zwei sowjetischen und der europäischen Sonde, die alle binnen weniger Tage Anfang März 1986 am Ziel sein sollten.

Ihnen allen zuvor kam freilich der International Comet Explorer der NASA, der am 11. September 1985 durch den Kometen Giacobini-Zinner flog. Vertreter aller Halleysondenprojekte waren zum Goddard Space Flight Center gekommen, um beim Eintreffen der ersten Daten direkt aus einem Kometen dabei zu sein. „Erstmal hinzukommen war schon der halbe Spaß", sagte Robert Farquhar, der sich die außergewöhnliche Serie von fünf Mondvorbeiflügen ausgedacht hatte, die den alten ISEE-3 umgeleitet hatten. Selbst beim letzten Manöver war das Ziel noch nicht in Sicht gewesen, doch der Komet tauchte planmäßig auf seiner 6.5-Jahresbahn auf und war auf Kurs.

Zwar war die Mission eine amerikanische, aber das „International" im Namen trug sie doch zu recht: Von den sieben Hauptexperimenten an Bord, die während des Kometenbesuchs aktiv waren, hatten drei europäische PIs, in München, Paris und London. Giacobini-Zinner war wesentlich weniger aktiv als Halley, auch wenn er am Nachthimmel schon mit geringer optischer Hilfe zu sehen gewesen war. ICE flog durch seinen Schweif, 7800 km hinter der vermuteten Position des Kerns. Das war ein markanter Unterschied zu den Halleysonden, die allesamt vor dem Kern durch den Kometenkopf, die Koma, fliegen sollten. ICE hatte natürlich keinen Staubschild, und man befürchtete schon das Schlimmste, aber er nahm keinerlei Schaden.

Eine Kamera trug die Sonde nicht, aber sie war ideal für das Studium der Teilchen und Magnetfelder im Sonnenwind und besaß begrenzte Möglichkeiten für chemische Analysen. Hinweise auf Staubeinschläge mußten indirekt Effekten auf andere Instrumente entnommen werden. Aber die improvisierte ICE-Mission führte zu wichtigen Entdeckungen. Erstmals konnte der „Kampf" zwischen der Atmosphäre eines Kometen und dem Sonnenwind direkt vor Ort beobachtet werden. „Vielleicht sollten wir unsere Instrumente früher einschalten als wir geplant hatten", meinte Rüdeger Reinhard. Ihm war aufgefallen, daß die Einflüsse des Kometen viel weiter nach draußen reichten, als die bisherigen Modelle annahmen. Andererseits schien Giacobini-Zinner keinen klaren Bugschock zu haben, wo die Geschwindigkeit des Sonnenwindes am Rand der kometarischen Einflußzone abrupt zurückgehen sollte.

Das Encounter bestätigte dagegen eine fundamentale Theorie der Kometenforschung. Das Magnetfeld im Sonnenwind änderte seine Richtung, als ICE genau die Mitte des Kometenschweifs passiert hatte – so wie es der schwedische Astrophysiker Hannes Alfvén 18 Jahre früher vorausgesagt hatte. Der Sonnenwind legte sich gewissermaßen wie ein wallender Schleier um den Kometenkopf, ein Phänomen, das man bis dahin nur indirekt aus den zeitlichen Veränderungen an Plasmaschweifen schließen konnte. Außerdem gelang einem chemischen ICE-Instrument der Nachweis von Wasser im Schweif des Kometen: Der Kern schien tatsächlich ein Körper aus Eis zu sein.

„Das war eine dieser Erstleistungen, die dieses Land so gerne vollbringt", bemerkte der NASA-Direktor angesichts des Giacobini-Zinner-Encounters, und die amerikanische Post feierte das Ereignis mit Sondermarken. ICE setzte seine interplanetare Reise fort, einer allerdings sehr fernen Begegnung mit Halley entgegen. Und ICE war nicht der einzige NASA-Beitrag zur Giacobini-Zinner-Forschung. Aus der Umlaufbahn um die Venus heraus richtete der Pioneer Venus Orbiter sein Ultraviolett-Teleskop auf den Kometen und sichtete eine mindestens 10 Mio. km große Koma aus Wasserstoff; später würden diese Beobachtungen an Halley wiederholt werden. Außerdem plante die NASA Messungen an Halley von die Erde umkreisenden Observatorien wie dem IUE und dem Sonnensatelliten SMM aus und bereitete spezielle Halleyteleskope für Space-Shuttle-Missionen Anfang 1986 vor.

Professionelle sowie Amateurastronomen in aller Welt beobachteten den Kometen vom Erdboden aus. Seit der Wiederentdeckung drei Jahre zuvor war er der Sonne wie der Erde wesentlich näher gekommen, und seine Gas- und Staubproduktion stieg beständig. Zwar waren die geometrischen Bedingungen dieses Mal nicht so, daß der Komet eine strahlende Erscheinung für das bloße Auge und den Beobachter auf der Nordhalbkugel werden konnte, aber Halley als diffuse und von Tag zu Tag heller werdende Wolke in den Wintersternbildern zu finden, war ab November 1985 schon mit kleinsten Feldstechern – und von dunklen Plätzen aus sogar mit dem bloßen Auge – kein Problem mehr. Amateurastronomen fertigten in diesen Wochen Tausende von Messungen, Photos und Zeichnungen an, die Aufnahme in das Archiv der International Halley Watch finden sollten. Und sie planten Reisen in südlichere Gefilde, um den Kometen im kommenden Frühjahr in größtem Glanz erleben zu können.

Auch in der breiteren Öffentlichkeit war der Enthusiasmus für Halley beständig gewachsen – allen Warnungen vor einer für die meisten enttäuschenden Erscheinung zum Trotz –, und viele Astronomen, Verleger, Redakteure, aber auch Hersteller von Souvenirs und gelegentlich auch manch merkwürdiger Kauz trugen ihren Teil dazu bei. So verkaufte eine Firma names General Comet Industries Inc. in New York Halleyaktien, Kometenpillen kamen wieder auf den Markt, diesmal als Erinnerung an die Quacksalber von 1910 und als Witz gemeint, aber manche religiöse Sekte sah auch diesmal wieder den Halleyschen Kometen als Vorboten des Weltunterganges – und den Bringer der AIDS-Seuche.

Im Lande seines Entdeckers blieb man eher nüchtern. Eine Halley's Comet Society ließ eine Gedenktafel für Halley und die Giottomission in der Westminster Abbey in London anbringen, und eine National Astronomy Week wurde in der Zeit der besten Halleysichtbarkeit für die Nordhemisphäre, Mitte November, abgehalten. Clevere Reiseveranstalter machten sich derweil das Verschwinden des Kometen in seiner besten Zeit unter den Horizont Nordamerikas, Europas und Japans zunutze, um Reisen auf die Südhemisphäre anzupreisen. Südamerika und vor allem Südafrika und Australien sowie manche Insel im Ozean fand sich als Gastgeber von Scharen kometensüchtiger Touristen wieder. Manches bis dahin fast unbekannte Reiseland sollte davon noch lange zehren: Namibia z. B. ist seit Halley *das* Fernziel deutscher Amateurastrophotographen.

Kapitel 6

Die ersten Bilder

Uwe Keller fiel bald auf, daß Giotto so gut wie überhaupt nicht taumelte, mit nur einem Hundertstel des erlaubten Wertes. Die fünf Kilogramm Hardware und unzähligen Arbeitsstunden Programmierarbeit, die im Computer der Kamera steckten, waren eigentlich viel zu aufwendig ausgefallen. Aber David Dale wollte nicht darüber sprechen, was gewesen wäre, wenn. Eine Raumsonde, die die Spezifikationen übertrifft, war ein Grund für Gratulationen und nicht Beschwerden.

Am 13. September 1985, als Giotto zehn Wochen im Weltraum war, wurde die Kamera für einen Test ihrer Optik auf den hellen Stern Vega ausgerichtet. Keller war nervös. Wegen des Problems mit dem klemmenden Spiegel in letzter Minute hatte die Kamera am Boden nie vollständig getestet werden können, nie hatte sie richtige Bilder von echten Objekten erzeugt. Ein unbemerkter Konstruktionsfehler hätte sie nutzlos machen können.

Die scharfen Bilder des Sterns, die Giotto schickte, brachten Erleichterung, und zwei Wochen später gelangen auch Aufnahmen des Planeten Jupiter. Aber ein Lichtsensor, der die Kamera bei einer bestimmten Betriebsart auslösen sollte, funktionierte nicht. Waren Vega und Jupiter zu schwach? Der einzige Weg, das zu prüfen, war, ein helleres Objekt anzuschauen – und da kam nur die Erde in Frage.

Keller hatte sowieso vorgehabt, Aufnahmen von der Erde zu machen, solange Giotto ihr noch nahe war: Sie stellte ein ideales Testobjekt dar. Denn aus 20 Mio. km Entfernung erschien sie ungefähr so groß wie Halleys Kern aus 20 000 km, fünf Minuten vor der größten Annäherung. Doch Dale, der Vorsichtige, war dagegen: Die Lageregelungsexperten in Darmstadt hatten bemerkt, daß das vorstehende Rohr der Kamera einen Schatten auf die Sonnenzellen Giottos werfen würde, wenn es Richtung Erde zeigte – und was, wenn es *dann* klemmte? Giotto würde eine permanente Energieinbuße hinnehmen müssen, die Leistungsfähigkeit während des Encounters wäre gefährdet.

Jahrelang hatte Rüdeger Reinhard versucht, den Frieden zwischen seinen Freunden, dem Projektmanager und dem Kamera-PI, zu wahren, jetzt sah er neuen Streit voraus. Dale spottete, daß eine der vom Kamerateam vorgeschlagenen Operationen die HMC geradewegs auf die Sonne ausgerichtet und damit zerstört haben würde. Natürlich ließ sie sich auch andersherum zur Erde drehen, aber Dale bestand auf einem Schiedsspruch des ESA-Wissenschaftsdirektors. „Wenn ich das zulassen soll", sagte er zu Roger Bonnet, „dann müssen Sie mir den Befehl dazu geben."

Und Bonnet gab die Anweisung. Nach weiteren Tests der Hard- und Software der Kamera durfte Keller schließlich am 18. und 23. Oktober Aufnahmen der Erde machen. Zwar überspannte ihr Durchmesser nur 27 Pixel der CCD, aber große Wolkenfelder über Australien, Zentralasien und der Antarktis waren klar zu erkennen (und wurden von einem japanischen Wettersatelliten bestätigt). Die Kamera machte keine Schwierigkeiten, wohl aber das Computersystem im ESOC, das während der Operation abstürzte. Eine hektische Viertelstunde lang mußten die Steuerkommandos telefonisch zur Bodenstation Carnarvon in Australien durchgegeben werden.

Auch wenn die Beziehungen zwischen dem Kamerateam und dem Projektmanagement gespannt blieben, so gab es mit der Missionskontrolle für den Rest der Reise keine Schwierigkeiten. Das galt auch für die anderen Instrumente. Eigentlich sollten sie vor der Ankunft nur für ein paar Tests und Probeläufe eingeschaltet werden, aber dann begannen die Ausnahmen. Zuerst kamen Fritz Neubauers Magnetometer und Susan McKenna-Lawlors Teleskope für energiereiche Teilchen: Weil ihre Datenraten so gering waren, konnten die Messungen zwischengespeichert und nebenher zur Erde übertragen werden, wenn gerade Kontakt bestand.

Dann hatten die Kameraleute immer mehr Ideen, und andere Experimentatoren konnten sich auch nicht mehr zurückhalten: Da war eine funktionsfähige Sonde unterwegs durch den Sonnenwind – warum sollte man ihn nicht messen? Dale ließ sich erweichen und arrangierte mit der Empfangsstation in Parkes und dem Deep Space Network der NASA zwei- oder dreimal die Woche Möglichkeiten der Datenübertragung. Die Besatzung der Missionskontrolle freilich konnte er dafür nicht erhöhen, und Howard Nye, der im Operationsteam speziell für die Experimente zuständig war, mußte schließlich statt einiger weniger bis zu vierzehn Stunden am Tag arbeiten. Und das nicht nur dann und wann, sondern routinemäßig während der gesamten Reisephase.

Der Arbeitsrhythmus in Darmstadt richtete sich nach den Stunden, da die Sende- und Empfangsstationen in Australien den fernen Giotto erfassen konnten. Im nie endenden Sonnenschein des interplanetaren Raums kannte die Sonde weder Tag noch Nacht. Ende Dezember war sie der Erde auf dem Weg um die Sonne schon weit vorausgeeilt: Der Abstand betrug bereits 75 Mio. km und stieg täglich um mehr als eine weitere Million.

Die Geometrie des Sonnensystems verlegte dabei die Giottokontaktzeiten auf den frühen Morgen in Australien und den Abend in Darmstadt.

Immer wenn die Wissenschaftler etwas von Giotto wollten, mußte Nye die Kommandos schreiben und sorgfältig überprüfen. Die Kamera war dazu noch eigensinnig: Sobald sie eingeschaltet war, begann sie automatisch, nach einem Kometen zu suchen. Um einen Stern oder Planeten anzupeilen, mußte dieser „Instinkt" mit ziemlich komplizierten Befehlssequenzen erst einmal außer Kraft gesetzt werden. Die Kamera hatte ihren eigenen, elektronischen Simulator, um die Kommandos auf mögliche Fehler zu testen. Nye mußte sie dann Zeile für Zeile durchgehen und mögliche Auswirkungen auf die Gesundheit der Kamera oder der ganzen Sonde im Auge behalten. Und das hieß oft, die ganze Nacht durchzuarbeiten.

Als Projektwissenschaftler stand Reinhard dieser sogenannten Cruise Science allerdings ziemlich skeptisch gegenüber. Giotto konnte doch bloß den gewöhnlichen Sonnenwind beobachten – wofür es andere, besser ausgestattete Raumsonden gab – oder mit der Kamera ferne Objekte ablichten, die jedes Teleskop auf der Erde schärfer sah. Kein Resultat könnte den Aufwand rechtfertigen, dachte er, aber das behielt er für sich. Wenn Nye und die anderen in Darmstadt verrückt genug waren, den Marotten seiner Wissenschaftler nachzugeben, dann wollte er den Enthusiasmus nicht dämpfen. Und eine Art Übung für die wenigen wertvollen Stunden an und in Halley wäre es allemal.

Januar 1986. Wenige Wochen vor Giottos großer Stunde flog die NASA-Sonde Voyager 2 am Planeten Uranus vorbei. Das Deep Space Network mußte bis nahe an seine Grenzen gehen, um all die Bilder und Daten des Planeten und seiner Monde über fast 3 Mrd. km hinweg zur Erde zu schaffen. Dank der engen Zusammenarbeit, die zwischen dem Giottoprojekt und dem DSN entstanden war, konnte das bereits für den Giotto-Empfang ausgerüstete Radioteleskop im australischen Parkes auch den Empfang von Voyager unterstützen.

David Dale, Giottos Projektmanager, und David Wilkins, der Flugoperationsdirektor, besuchten zu dieser Zeit beide das JPL. Es war drei Uhr morgens, als ein Telefonanruf Dale in seinem Hotel in Pasadena aufweckte: „Wir haben Giotto verloren." – „Redet keinen Quatsch, Ihr wißt, wo er ist", sagte Dale und ging wieder schlafen. Aber zehn Minuten später klingelte das Telefon erneut.

„Wir haben Giottos Signal verloren." Der Missionskontrolle war die Zeit davongelaufen, während eine Kommandofolge zu Giotto gesandt worden war. Jeden Tag hatte die Sonde genaue Anweisungen für Notfälle übermittelt bekommen, aber diesmal hatte sich die Übertragung verzögert. Bevor alles angekommen war, war die Sonde bereits in eine Lage gedriftet, die nach den vorhergehenden Anweisungen nicht zulässig war.

Automatisch hatte Giotto daraufhin die sicherste Orientierung im Raum eingenommen, als ob er sich gedacht hätte: „Bis Ihr wißt, was Ihr wollt, kümmere ich mich um mich selber!" Er sorgte dafür, daß die Solarzellen genügend Licht abbekamen und daß die Temperaturkontrolle optimiert war. Doch das hieß auch, daß die große Radioschüssel nicht mehr zur Erde zeigte und der normale Kontakt abgerissen war. Nach ein oder zwei Tagen sollte Giotto dann automatisch auf die Suche nach der Erde gehen, die Antenne wieder ausrichten und auf neue Anweisungen lauschen. Das war natürlich noch nie ausprobiert worden, und wer wußte, welche Verwirrung die nur unvollständig empfangenen Kommandos im Bordrechner ausgelöst hatten?

Dale witterte Gefahr. Er rief Wilkins an, der in einem anderen Hotel übernachtete. Mitten in der Nacht trafen sie sich zu einer Krisenbesprechung. Die einzige sichere Prozedur war, Giotto direkt anzuweisen, seine Lage zu korrigieren, doch die europäische Uplinkstation in Carnarvon war nicht stark genug, um über die große Entfernung Giottos kleine Omnidirektionalantenne zu erreichen. „Wir müssen das DSN um Hilfe bitten", schloß Wilkins.

Ausgerechnet jetzt Hilfe vom DSN zu erbitten, während es voll von Voyager 2 gefordert war, glich der Unterbrechung einer Herzoperation, aber Dale und Wilkins bissen die Zähne zusammen und wagten es. Die Amerikaner waren sehr entgegenkommend: Ihre Findigkeit war gefordert. Das Problem war nur, daß Giotto und Voyager auf derselben Seite der Erde am Himmel standen, Voyager allerdings weiter westlich. Die große DSN-Schüssel im kalifornischen Goldstone, die Giotto helfen sollte, wurde also gleichzeitig auch für Voyager benötigt. Sobald dieser jedoch von der Station Canberra übernommen werden konnte, war Goldstone frei. Die Darmstädter Kommandos gingen mit lauter Stimme via Kalifornien ins All – und Giotto gehorchte und kehrte in den Normalzustand zurück.

Die Voyager-2-Bilder aus dem Uranussystem waren für die Kometenforscher von besonderem Interesse, nahm man doch an, daß die Kometen in demselben Teil des Sonnensystems entstanden waren. Vor allem die Bilder der kleinen Uranusmonde gaben Uwe Keller zu denken: Sie waren so dunkel wie Ruß. Wenn Halleys Kern auch so finster wäre, würde ihn Giottos Kamera im Feuerwerk der inneren Kometenkoma überhaupt finden können?

Die Explosion der Raumfähre Challenger am frostigen Vormittag des 28. Januar 1986 über Florida, die sieben Astronauten tötete, sandte eine Welle des Schreckens und Kummers durch die Weltraumagenturen der

Welt. Auch mehrere Mitarbeiter des Giottoprojekts hatten mit dem bemannten amerikanischen Programm zu tun gehabt und wußten, wie ihre Freunde litten. Die ESA war vor allem durch das Raumlabor Spacelab mit dem Shuttle verbunden, aber auch durch mehrere gemeinsame amerikanisch-europäische Sondenprojekte, die mit dem Shuttle starten sollten.

Die Auswirkungen auf die amerikanische Halleyforschung waren ganz direkt. Die Challengerastronauten hatten unter anderem ein freifliegendes Observatorium, SPARTAN-Halley, aussetzen sollen, das den Kometen nahe dem sonnennächsten Punkt seiner Bahn in ultraviolettem und sichtbarem Licht beobachten und mit einer speziellen Kamera filmen sollte. Diesen Bahnpunkt, das Perihel, sollte Halley am 9. Februar erreichen, zu einer Zeit, in der er für alle Astronomen auf der Erde für ungefähr drei Wochen im Glanz der vor ihm stehenden Sonne verschwand. Weitere Ultraviolettinstrumente hatten auf dem nächsten Shuttle im Rahmen der Astronomiemission Astro-1 folgen sollen. Daß Leute, die den Kometen beobachten wollten, mit Challenger ums Leben gekommen waren, warf einen Schatten auf die International Halley Watch.

Und ein bedenklicher Tag für die Weltraumforschung generell war der 28. Januar sowieso. Die NASA hatte das wiederverwendbare Raumfahrzeug einst als einen preiswerten Weg angepriesen, um Nutzlasten in den Weltraum zu bringen, aber die steigenden Kosten des Programms hatten über die Jahre immer wieder zu Kürzungen gerade bei der Weltraumforschung geführt; auch die Streichung der International Comet Mission darf dazu gezählt werden. Selbst vor dem Challengerunglück waren mehrere große Wissenschaftsprojekte von den ständigen Verzögerungen betroffen gewesen, darunter das Hubble Space Telescope, die Ulysses-Sonde der ESA, die NASA-Jupitersonde Galileo oder der rückführbare ESA-Satellit EURECA. Das Startverbot der Raumfähren, während das Problem mit den Boosterraketen gesucht und behoben wurde, verschob all diese Projekte und mehr auf unbestimmte Zeit. Nur kleinere Satelliten wie der Kosmologiesatellit COBE oder der deutsche ROSAT konnten zu vertretbaren Kosten auf unbemannte Raketen „umziehen".

Am 8. Februar registrierte Giotto einen Schock von der Sonne. Das war das bemerkenswerteste Ereignis in all den Monaten der Cruise Science und umso überraschender, als der Zyklus der Sonnenaktivität gerade nahe dem Minimum war. Aber Anfang Februar hatte die Zahl der Sonnenflecken plötzlich zugenommen, zwei neue, aktive Regionen waren entstanden, und Beobachter auf der Erde sahen mehrere Flares, elektromagnetische Explosionen in der unteren Sonnenatmosphäre. Ein besonders großer Flare ereignete sich am 6. Februar.

Ein Schwall energiereicher Teilchen raste von der Sonne weg und überholte die langsameren des normalen Sonnenwindes in einer Schockwelle. Als sie den magnetischen Schild der Erde am 8. Februar traf, verursachten diese Teilchen den gewaltigsten magnetischen Sturm, der bis dahin gemessen worden war. Observatorien in den USA sahen die Raumrichtung des Magnetfeldes um bis zu 18 Grad schwanken. In England, den Niederlanden und Deutschland wurden ungewöhnliche Nordlichter gesichtet. Und Funkverbindungen wurden gestört, als die Elektronen in der Ionosphäre – dem natürlichen Kurzwellenreflektor in der oberen Atmosphäre – erst ihre Zahl verdoppelten und dann fast ganz verschwanden.

Plasmaanalysatoren auf einem erdnahen Satelliten maßen die Ankunft der energiereichen Teilchen, und weit weg im Sonnensystem ging es dem Johnstone Plasma Analyzer genauso, als der Schock um 2:36 Uhr Weltzeit Giotto traf. Schnelle Kerne von Wasserstoff und Helium hämmerten auf seine Detektoren, binnen nur einer Sekunde sprang ihre Geschwindigkeit von 370 auf 430 km/s. An den folgenden zwei Tagen zeigte der Sonnenwind weiteres erratisches Verhalten, darunter einen plötzlichen Anstieg des Heliumanteils. Einmal erreichten die Teilchen 900 km/s. Auch das irische EPONA-Instrument maß hohe Teilchenzählraten und Schocks auf jedem Kanal.

Wissenschaftler in Boulder, Colorado, simulierten das Ereignis später auf dem Computer. Die Schockwelle hatte sich durch das Sonnensystem in einem großen Bogen ausgebreitet, der die Erde und Giotto etwa zur selben Zeit traf. Die sowjetischen Vegasonden, ebenfalls auf dem Weg zu Halley, waren weiter von der Sonne entfernt und maßen den Schock entsprechend später.

Susan McKenna-Lawlor war bekanntlich auf dem Gebiet der Sonnenflares sehr bewandert, und sie machte sich nun Sorgen: Würde sich solch ein Ereignis kurz vor Giottos Kometenencounter wiederholen, konnten die Sonnenteilchen die subtileren Effekte des Kometen überdecken, die sie gerade nachweisen wollte. Doch zum Glück wurde die Sonne wieder so ruhig, wie es für ihre Phase des Aktivitätszyklus angemessen war.

Giottos Kamera machte ihren ersten Schnappschuß von Halley schon am 4. März. Noch war sie 59 Mio. km vom Ziel entfernt, und die Aufnahme war nicht schärfer als eine von der Erde. Aber jeden Tag schrumpfte der Abstand um 6 Mio. km, und ab und zu wurden weitere Bilder gemacht. Besonders beeindruckend waren sie allerdings nicht: Sie waren ziemlich verrauscht.

Als Anführer der Halleyflotte schoß am Vormittag des 6. März 1986, einem Donnerstag, Vega-1 durch die Koma, den Kopf des Halleyschen Kometen. Sie passierte den hellen Fleck im Zentrum, vermutlich der Kern,

6. Die ersten Bilder

in 8900 km Abstand, und am 9. März folgte Vega-2 mit 8000 km Distanz. Roald Sagdeev hatte alles unter Kontrolle, und die Organisation war exzellent. Die Missionskontrolle befand sich in der Raumsondenverfolgungsstation Evpatoria auf der Krim, und die Daten erschienen auf den Konsolen der Wissenschaftler aus vielen Ländern im Institut für Weltraumforschung (IKI) in Moskau. Die Besucher von der ESA bekamen einen Vorgeschmack, wie hektisch es bei Giottos Encounter zugehen würde.

Als erste Sonde am Ziel hatte Vega-1 eine gute Chance, etwas Neues zu entdecken. Sie fand einen Bugschock, 1 Mio. km vor dem Kern, wo Halleys Atmosphäre den Sonnenwind zu bremsen begann, aber das war erwartet worden. Überraschender waren da die vielen kleinen Staubteilchen, die reich an organischen, also kohlenstoffhaltigen, Molekülen waren: die erste große Entdeckung der internationalen Halleyflotte.

Jochen Kissels Staubanalysator auf Vega-1 entsprach praktisch denen auf Vega-2 und Giotto, aber seine Ergebnisse über die Zusammensetzung des Kometenstaubes sollten die besten werden. Das Instrument auf Vega-2 verlor leider an Empfindlichkeit, weil seine Stromversorgung durch ein Problem mit der Kameraplattform litt. Aber die Daten von Vega-1 und dann Giotto waren so gut, daß Kissel und ein deutscher Kollege später auf ihnen ein neues Modell über den Beginn des Lebens auf der Erde aufbauen konnten.

Außer denen, die eigene Instrumente auf den Vegasonden hatten, war sicher niemand so gespannt wie Uwe Keller. Als die ersten Bilder kamen, erst von der einen, dann von der anderen Sonde, fürchtete er zunächst, sie könnten schon so gut sein, daß für Giottos Kamera nichts Überraschendes mehr übrig bleiben würde. Jubelrufe der sowjetischen Zuschauer begrüßten die Bilder von Vega-1, aber Kellers Expertenauge erkannte rasch, daß sie eher dürftig waren. Selbst vom kleinsten Abstand aus zeigten sie nur einen hellen Klecks. Wenn überhaupt Details vorhanden waren, dann sah man sie auf Anhieb jedenfalls nicht. Eine Blitz-Deutung, die am IKI kursierte, war ein Kokon aus Staub, der den wahren Kern verhüllte. Selbst der bekannte US-Astronom und Fernsehstar Carl Sagan blieb zurückhaltend, als man von ihm eine Erklärung haben wollte.

Keller wartete auf Vega-2 – und nun waren die Bilder tatsächlich anders: Man sah *zwei* Kleckse. Das konnte mit der Rotation von Halleys Kern in den drei Tagen zwischen den Encountern zusammenhängen, und außerdem war jetzt weniger Staub im Weg. „Sieht man jetzt wirklich den Kern?" wollte ein Reporter von Sagdeev wissen. „Ich hoffe doch", war seine Antwort. „Er sieht nicht aus wie ein fester Felsen, eher wie eine komplizierte, vielleicht doppelte Struktur. Und die Ränder dieses Objekts sind nicht auszumachen, wahrscheinlich wegen einer Menge von Staubströmungen und Jets."

Keller wußte, daß eine sorgfältige Verarbeitung der verschwommenen Vegabilder sicherlich mehr Details ans Licht bringen würde, aber was ein Kometenkern denn nun war, das verrieten sie vorerst nicht. Es sollte sich dann herausstellen, daß die Kamera von Vega-1 nicht richtig fokussiert war, und die von Vega-2 hatte überbelichtet. Aber Keller lag Schadenfreude fern, als er das Flugzeug von Moskau nach Darmstadt betrat. Er teilte eher die Enttäuschung seiner Kollegen vom Vegakamerateam. Zwar glaubte er nach wie vor daran, daß seine eigenen Aufnahmen besser sein würden – schließlich sollte Giotto zehnmal näher an den Kern herankommen –, aber die Sorge war natürlich, daß es den Staubkokon wirklich gab. Dann würde auch Giotto nicht sehr viel zu sehen bekommen.

In Kellers Begleitung befand sich Fred Whipple, der amerikanische Schöpfer der Theorie vom schmutzigen Schneeball und ebenfalls Teil des Wanderzirkus, der nun von den Vegasonden zu Giotto umzog. Obwohl er schon fast 80 war, freute sich Whipple wie ein Schuljunge über die gewaltigen Anstrengungen der halben Welt, die vielleicht zur Bestätigung seines Modells von vor 36 Jahren führen würden. Er war geistig wach wie eh und je, und er rechnete während des Fluges nach, ob Halley wirklich zwei Kerne haben konnte, wie die Bilder von Vega-2 andeuteten. Zwei Kerne, von der Schwerkraft nur locker zusammengehalten? Die Zahlen sahen nicht gut aus.

Die erste japanische Sonde erreichte Halleys Nachbarschaft rund 53 Stunden nach Vega-1. Es war Suisei, die am 8. März 151 000 km am Kern vorbeiflog. Die letzten vier Monate hatte Suiseis Ultraviolett-Teleskop eine große Wasserstoffwolke um den Kometen beobachtet, die rund alle 53 Stunden besonders hell strahlte. Die japanischen Wissenschaftler interpretierten dieses „Wasserstoff-Atmen" als Folge der Kernrotation, die periodisch ein besonders aktives Gebiet der Sonne aussetzte – und hatte nicht auch kürzlich eine Analyse der Staubjets von Halleys 1910er Erscheinung auf fast genau dieselbe Rotationszeit geführt? Noch ahnte niemand, daß sich hier eines der größten Mysterien der Halleyforschung anbahnte.

Um die Zeit der größten Annäherung nahmen Suiseis Instrumente auch die Turbulenz im Sonnenwind war, die der Komet verursachte, und Fragmente von zerbrechenden Wassermolekülen. Treffer von zwei ziemlich großen Staubteilchen kippten Suiseis Achse etwas und veränderten die Rotationsrate, ohne daß dies ernsten Schaden hervorrief oder die Datenaufnahme störte. „Wir wissen nicht, ob wir das Glück oder Unglück nennen sollen", befanden die Japaner. Für die Europäer galt sicherlich das letztere. Denn spürbare Staubtreffer in einer solchen Distanz, 300mal so weit vom Kern entfernt, wie Giotto herankommen sollte, waren so unerwartet, daß dies schon eine Entdeckung war. Ein Fund freilich, auf den die Giottopiloten gerne verzichtet hätten: Suiseis Rotationsachse wurde immerhin um 0,72 Grad gekippt. Und ein Kippen um ein Grad würde Giottos Kontakt zur Erde unterbrechen.

Suisei sollte noch einen Monat weiter beobachten. Sakigake, die andere japanische Sonde, passierte Halley 40 Stunden nach Suisei in 7 Mio. km Entfernung, aber selbst hier waren noch Auswirkungen des Kometen zu spüren: Er rief magnetische Wellen im Sonnenwind hervor.

Am Abend von Sakigakes Vorbeiflugtag, am Montag, dem 10. März, fand für Giotto eine Generalprobe des Encounters drei Tage später statt. Alle, die eine Rolle spielen würden, nahmen im ESOC daran teil, die Missionskontrolleure, die Wissenschaftler, die Bodenstationen. Eigentlich ging alles glatt, aber wieder gab es einen der für das Projekt so typischen Zwischenfälle: Darmstadt verlor plötzlich den Kontakt zur Uplinkstation in Carnarvon. Binnen weniger Minuten war eine neue Verbindung hergestellt und die Übung ging weiter. Später fand man heraus, daß australische Bauarbeiter mit einem Bagger die Telefonleitung durchtrennt hatten ...

Nachdem Vega-2 am 9. März durch den Kopf des Kometen geflogen war, bemühten sich die internationalen Pathfinderteams um das Einsammeln der relevanten Sondendaten und der Messungen des Deep Space Network der NASA. So genau wie möglich mußten sie die Bahnen des einen oder der zwei hellen Kleckse beschreiben, hinter denen der Kern vermutet wurde, an dem Giotto vorbei zielen sollte. Zwei kleine Kurskorrekturen während der Reisephase, im vergangenen August und im Februar, waren bereits auf die verbesserte Bahnbestimmung Halleys von der Erde aus im Rahmen der International Halley Watch hin vorgenommen worden, aber noch war der Ort des Kerns im Raum nur auf einige hundert Kilometer genau bekannt.

Das Vegateam hatte die Ausrichtung beider Kameras an den Planeten Jupiter und Saturn vor den Encountern geeicht, so daß die relative Lage des Kerns zur Sonde angegeben werden konnte. Seine Ortsänderung im Blickfeld der Sondenkameras erlaubte auch die Berechnung seiner Entfernung. Und gleichzeitig maßen die DSN-Antennen paarweise die Ankunftszeit der Vegasondensignale mit Hilfe von Atomuhren. Da die Antennen auf verschiedenen Kontinenten stehen, ließen sich so die Positionen der Vegasonden auf etwa zwanzig Kilometer genau bestimmen – so als ob man Äpfel auf einem Baum in 500 km Entfernung unterscheiden könnte.

Nun waren die Pathfinderteams in der Lage, die sowjetischen und amerikanischen Daten zusammen in eine ziemlich kleine Fehlerellipse des Kernortes für den Zeitpunkt von Giottos Ankunft umzurechnen. Auf plus oder minus 50 Kilometer würde man die Vorbeiflugdistanz Giottos einstellen können. Darmstadt hatte ursprünglich sogar gehofft, gezielt besonders dichten Staubjets ausweichen zu können, aber dafür waren die Ausströmungen des Kometen, wie sie die Vegasonden abgebildet hatten, leider zu veränderlich und nicht scharf genug definiert.

Am Nachmittag des Dienstag, des 11. März, zwei Tage vor dem Encounter, mußte das Giotto Science Working Team die Entscheidung über die gewünschte Vorbeiflugdistanz fällen. Auf jedem Fall wollte man auf der sonnenzugewandten Seite sein, wo der Komet am produktivsten und der Kern am besten beleuchtet war. Die Pathfinderdaten zeigten, daß Giotto ohne weitere Korrektur etwa 700 km vor dem Kern ankommen würde. Wer wollte näher ran, wer weiter weg bleiben?

Die Vorlieben der einzelnen PIs hatten sich in der bereits ein Jahr andauernden Debatte nicht geändert, aber jetzt mußten sie unter einen Hut gebracht werden. Ob den endgültigen Beschluß die Gruppe allein oder die ESA treffen mußte, schien egal. Alle saßen schließlich im gleichen Boot.

Keller wollte natürlich näher an den Kern heran als die Vegasonden, aber 1000–2000 km schien ihm sinnvoller als jeder noch nähere Vorbeiflug. Denn so gab es mehr Hoffnung, daß Giotto die Kernpassage überstehen und den Kern insgesamt von drei Seiten aufnehmen konnte. Auch die Untersuchungen des Magnetfeldes und damit zusammenhängender geladener Teilchen würden von einem Überleben der Sonde profitieren, denn so würden sie dieselben Phänomene beim Weg hinaus wie beim Weg hinein messen können – oder aber markante Unterschiede.

Den für die chemischen Instrumente verantwortlichen Wissenschaftlern konnte es dagegen gar nicht nah genug sein. Manche Verbindungen würden so kurzlebig sein, daß sie weiter vom Kern entfernt schon zerfallen wären. Da konnte man den Verlust der Sonde schon riskieren. Keller wies darauf hin, daß die Kamera den Kern bei einer Distanz unter 500 km nicht mehr verfolgen konnte und ihn für immer verlieren würde. Angesichts der Unsicherheit von 40 km in der Kometenposition hieß das, auf 540 km Abstand zu zielen. Als sich dahingehend ein Konsens entwickelte – die Minimaldistanz der Kamera als Optimaldistanz für Giotto –, tat es Keller allerdings leid, so konkret gewesen zu sein.

Roger Bonnet war noch in Moskau nach den Vegaencountern, und es war an ihm, telefonisch mit Rüdeger Reinhard den Zielpunkt festzulegen. Diesmal kam Giottos Unheil in Gestalt eines sowjetischen Wachpostens mit ausdruckslosem Gesicht vor dem Haupteingang des INTERKOSMOS-Gebäudes: Er ließ Bonnet nicht ein, als er mit Darmstadt sprechen mußte.

6. Die ersten Bilder

Es dämmerte bereits an diesem Abend in Moskau, und die Vegateams hatten sich nach den anstrengenden Tagen mit Halley zum Feiern oder zur Ruhe begeben. Bonnet wußte, daß die Kommandos für Giottos letztes Manöver in dieser Nacht fällig waren: Schließlich mußten sie noch nachgerechnet und überprüft werden. Das sowjetische öffentliche Telefonsystem war bekannt für seine Verspätungen. Der auf der Straße gestrandete Franzose schaute mit wachsender Verzweiflung auf seine Uhr. Dann aber kam Sagdeevs Sekretärin auf dem Weg nach Hause aus der Tür, und sie konnte die Wache überzeugen, Bonnet hineinzulassen.

Am Telefon faßte Reinhard die Überlegungen des Science Working Teams zusammen und erzählte von dem Kompromiß, den man gefunden hatte. Bonnet hörte entschiedene Stimmen für einen näheren oder ferneren Vorbeiflug. Hans Balsiger sprach für Dieter Krankowskis Instrument, an dem seine Berner Kollegen stark beteiligt waren: „Wenn wir mit dem Neutralmassenspektrometer nicht nahe genug herangehen", warnte er Bonnet, „dann haben wir es umsonst an Bord."

So blieb der Zielpunkt also bei 540 km vom Kern. In der Hoffnung, so den stärksten Staubjets zu entrinnen, wurde die Bahn ein wenig unterhalb der direkten Linie Sonne – Komet verlegt. Zusammen mit der Pathfinderanalyse konnten die Flugdynamiker rasch die nötige kleine Bahnkorrektur berechnen. Da sie noch besser als die Wissenschaftler um die Restunsicherheiten sowohl der Pathfindertechnik als auch von Giottos eigener Position wußten, sorgten sie dafür, daß 540 km eine absolute Untergrenze sein würde. Wenn es zu Abweichungen käme, dann nur nach außen hin. Am frühen Morgen des 12. März zündeten bestimmte Düsen auf Giotto für 32 Minuten, und die Sonde war auf der Zielgeraden.

Roald Sagdeev und eine Gruppe seiner Wissenschaftler kamen für das Giottoencounter aus Moskau angereist, und Dale holte sie mit dem Wagen des ESOC-Direktors am Frankfurter Flughafen ab. Als ihn die Zollbeamten durchgewunken hatten, legte er überraschend seinen Arm um Dale und sagte im Vertrauen: „David, ich bin sehr abergläubisch."

„Das wußte ich nicht."

Sagdeev holte dann ein kleines Stück Holz hervor: „Das ist mein Glücksbringer. Immer wenn mit dem Vegaprojekt etwas schiefging, habe ich daran gerieben, und es hat mir immer Glück gebracht. Ich denke, das kann jetzt Giotto brauchen." Und Sagdeev schrieb die Worte „Viel Glück für Giotto" auf den Talisman und gab ihn Dale.

Das kosmische Ballet kam nun zu seinem Höhepunkt. Aus dem Blickwinkel des Choreographen, der Sonne, kam der Komet von links und bewegte sich abwärts durch die Ebene der Erdbahn. Staub und Gas schossen auf der sonnenzugewandten Seite heraus, um dann nach einer gewissen Distanz in einen gewaltigen Schweif von der Sonne weggerückt zu werden. Für Beobachter in den südlichen Ländern der Erde war der Komet jetzt am schönsten zu sehen. Giotto kam dagegen von rechts, um den Kometen in Kürze mitten auf der Bühne zu treffen. Nach einer vielleicht tödlichen Berührung durch den Kometen würde er sie nach links wieder verlassen, während der Komet weiter nach unten rechts stürzte. Der Schweif von Halley füllte die Bühne von vorne nach hinten.

Die Sonde, die nach dem ersten sorgfältigen Maler des Halleyschen Kometen benannt war, sah ihn bereits aus viel größerer Nähe als der echte Giotto im Jahre 1301. Der leuchtende Schweif war rund 20 Mio. km lang, und Giotto näherte sich von der Seite. Der stromlinienförmige Kopf des Kometen mochte für ihn wie eine gigantische Glühbirne aussehen. Hätte Giotto auf Giotto mitfliegen können, wäre die Erfahrung für ihn wohl ebenso überwältigend wie erschreckend gewesen, vielleicht wie der Flug in Rauch und Feuer eines ausbrechenden Vulkans. Aber selbst ihm als scharfem Beobachter wären viele Aspekte verborgen geblieben – Giotto, die Sonde, dagegen hatte sehr spezielle Sinnesorgane.

Bereits als die Sonde noch 8 Mio. km und 32 Stunden entfernt war – der Schweif füllte jetzt ein Fünftel des Himmels –, begann sie die Anwesenheit Halleys zu fühlen. Die raffinierten Meßgeräte aus England, der Schweiz und Irland spürten alle die subatomaren Vorreiter des Kometen, elektrisch geladene Wasserstoffatome mit mehr Energie als die typischen Teilchen von der Sonne im interplanetaren Raum. Ein französisches Experiment reagierte als nächstes. Es tauchten jetzt Elektronen auf, die „in der falschen Richtung" liefen, auf die Sonne zu.

Wie Vega-1 bereits eine Woche früher festgestellt hatte, besaß Halley einen Bugschock, mehr als 1 Mio. km vor seinem Kern. Als Giotto diese unsichtbare Zone durchstieß, wo der Komet erstmals den geordneten Strom der Teilchen im magnetischen Wind von der Sonne stört, meldeten die Sensoren einen regelrechten Schauer verstärkter subatomarer Aktivität. Gleichzeitig maß das Kölner Magnetometer einen Anstieg des Magnetfeldes. Für die Wissenschaftler, die sich mit der geladenene Materie beschäftigten, war diese Übereinstimmung in der Lokalisierung des Bugschocks ermutigend, ist Plasma doch der meistverbreitete Stoff im Universum.

Für seinen Flug in die Koma des Kometen hinein war Giotto ganz auf sich allein gestellt. Die achtmonatige Reise hatte ihn auf 144 Mio. km Entfernung, rund acht Lichtminuten, gebracht, zu weit für kurzfristige Kommandos. Außerdem hatte Giotto 250 000 km/h Geschwindigkeit relativ zum Kometen: In den 16 Minuten, die die Daten zur Erde und Kommandos wieder zurück brauchen würden, war er schon halb durch die

6. Die ersten Bilder

Koma hindurch. Die wichtigsten Einsichten über das Wesen des Halleyschen Kometen sollten in einem Vier-Minuten-Intervall gegen Mitternacht Weltzeit am 13./14.März 1986 hereinkommen.

Sechs Jahre Anstrengungen und Entbehrungen und unzählige Überstunden in Labors und Firmen überall in Europa endeten daher mit einem Schwall letzter Kommandos an Giotto von der Missionskontrolle in Darmstadt. Als Sondenoperationsmanager flog Andrew Parkes die Sonde in den Kometen. Nachdem er sich überzeugt hatte, daß Giotto genau richtig ausgerichtet war, den Staubschild nach vorn, unterbrach er die Treibstoffversorgung für die Düsen, um zu verhindern, daß Giotto durch irgendeine Störung mitten im Kometen plötzlich seine Lage zu ändern anfing. Der Sonde wurde erlaubt, automatisch vom Primär- auf den Sekundärsender umzuschalten, falls der erste ausfiel. Diverse Einstellungen der Bordsysteme und Datenverarbeitung wurden für den Encountermodus „konfiguriert". Wer seine Instrumente zu verschiedenen Zeitpunkten Verschiedenes ausführen lassen wollte, mußte jetzt sämtliche Kommandos, mit entsprechenden Zeitmarken versehen, abschicken.

Die Bodenstation von Carnarvon im Westaustralien schickte die letzten geplanten Kommandos in Richtung der Grenze von Schütze und Steinbock, wo Giotto unaufhaltsam auf den Kometen zuschoß. Das letzte ging mehr als drei Stunden vor dem Encounter in den Raum hinaus, als noch 750 000 km die Sonde vom Ziel trennten. Solange es keine Störungen gab, wären weitere Uplinks unnötig.

Sechs Bodenstationen waren jetzt bereit. Neben Carnarvon konnte die ESA die deutsche Station im bayerischen Weilheim ebenfalls für Uplinks verwenden. Das Radioteleskop von Parkes, die Downlinkstation in Australien, empfing bereits Giottos Signale. Das einzige, was sie außer Gefecht setzen konnte, war zu starker Wind. Zwar war die Wettervorhersage günstig, aber es war beruhigend, daß die DSN-Station von Canberra übernehmen konnte, falls Parkes stillgelegt und in die Sicherheitsposition gefahren werden müßte. Und für den Fall, daß Giotto das Encounter überleben sollte, waren auch die anderen beiden NASA-Stationen bei Madrid und Goldstone in Kalifornien bereit, Signale entgegenzunehmen.

Auf einem der heißesten Stühle im ESOC saß ein junger deutscher Physiker, Gerhard Schwehm. Als Rüdeger Reinhards Stellvertreter war er für die Verbindung zwischen den Giottoexperimentatoren und dem Flugkontrollteam zuständig. Er mußte die Wünsche nach neuen Kommandos zu den Instrumenten sammeln, Prioritäten vergeben und die Kommandos absegnen, bevor er sie an die Sondenkontrolleure weitergab.

Schwehm kannte sowohl Giotto als auch Halley in- und auswendig. In die Kometenforschung war er als Experte für interplanetare Staubteilchen eingestiegen, und seine erste Verbindung mit der Sonde war als Co-Investigator bei den beiden Hauptstaubinstrumenten, dem chemischen Analysator von Kissel und dem Einschlagszähler von McDonnell. Zum ESOC war er 1983 gekommen, um bei der Klärung der entscheidenden Frage zu helfen, ob der hellste Fleck in Halleys Koma genau den Kern bezeichnete oder etwa eine Konzentration hellerleuchteten Staubes in einigem Abstand davon. Schwehm arbeitete hier mit den Astronomen zusammen, die die Bahn des Kometen bestimmten, und er interpretierte Halleyphotos von 1910 neu.

Anfang 1985 war Schwehm dann nach Noordwijk zu ESTEC gewechselt, eigentlich als Planetenphysiker, aber zuerst sollte er dem überarbeiteten Reinhard helfen. Zuerst nahm seine Tätigkeit für Giotto nur ein paar Stunden in der Woche in Anspruch, aber nach dem Start wurden es rasch mehr. Schwehm nahm in Darmstadt an den langen nächtlichen Sitzungen mit Howard Nye teil, als die Wissenschaftler ihre Wünsche nach Cruise Science immer mehr ausdehnten.

Schwehm war froh, daß er seine Familie nicht in die Niederlande mitgenommen hatte. In der Encounterwoche schlief er, wie viele andere in Darmstadt, selten mehr als vier Stunden am Tag. Meist kam er nach Hause, als seine Kinder gerade zum Kindergarten aufbrachen, und wenn sie zum Mittagessen kamen, mußte er schon wieder zum ESOC. Der Abend des Encounters fiel genau auf Schwehms Geburtstag. Zur Feier des Tages tauchten fünf eßbare Giottos auf den Konsolen im ESOC auf, hergestellt von einem Darmstädter Konditor. Es hätten mehr sein müssen, hätte jemand die Zukunft voraussehen können. Denn bevor Schwehms Beziehung zu Giotto enden sollte, würde noch mindestens 6mal ein 13. März kommen.

Nachdem die letzten Kommandos an Giotto abgegangen waren, hatten die Wissenschaftler eigentlich nichts mehr zu tun, als auf die Daten ihrer Experimente zu warten. Natürlich war es wieder die Kamera, die Probleme machte. Als Leiter des Giottokamerateams hatte Uwe Keller schon manche schlechten Tage erlebt, aber der schlimmste kam, als die Sonde im Höhepunkt der Mission in Halley hineinschoß.

Die Kamera begann drei Stunden vor der größten Annäherung im vollen Encountermodus mit der Aufnahme von Bildern. Alle vier Sekunden, mit jeder Rotation der Sonde, kam ein neues Bild in Kellers Computer an. Die Kamera war programmiert, dem hellsten Punkt zu folgen, aber der schwenkbare Spiegel, der kurz vor dem Start Ärger gemacht hatte, zeigte eine leichte Störung: Er ließ ein paar Schritte in seiner Rotation aus. Das wiederum gaukelte dem Kamerasystem vor, daß sich die hellste Stelle an Giottos Himmel viel schneller bewegte als richtig war, was wiederum zu einer Überschätzung des Abstandes führte. Während des engsten Vorbeiflugs würde die Kamera in eine falsche Richtung schauen.

Im Wissenschaftlerbereich des ESOC hatte die Kameragruppe einen Raum für sich. Hier wurde das Problem analysiert, so schnell es ging, und ein Ausweg gesucht. Die Unsicherheit über die exakte Vorbeiflugsdistanz erschwerte eine Lösung, und die Minuten verstrichen. Einem Ingenieur des Teams ging das Problem so nahe, daß Keller den kreidebleichen Mann nach draußen bringen mußte. Nur eine Stunde vor der größten Kernnähe wurde eine Ergänzung der Kommandos an Giotto geschickt, die beim Wiederauffinden des Kerns nach dessen Verlust aus dem Bildfeld helfen sollte.

Nachdem das erledigt war, konnte sich Keller endlich den eigentlichen Bildern zuwenden. Alle Signale von Giottos Kamera wurden für die spätere Auswertung elektronisch aufgezeichnet, aber einige Bilder wurden, beinahe in Echtzeit, den Medien und geladenen Gästen der ESA vorgeführt. Es war die Schuld des ZDF-Produzenten der „Nacht des Kometen", Joachim Bublath, der um jeden Preis bunte Bilder haben wollte, daß die HMC-Aufnahmen in geradezu schreienden Falschfarben an die Öffentlichkeit gelangten. Denn es gab nur einen einzigen Livevideokanal nach draußen. Niemand außerhalb des Kamerarbeitsbereichs bekam die wesentlich verständlichere Schwarzweißversion zu sehen.

Jede Farbe stellte eine andere Helligkeitsintensität dar, und die Fernsehmonitore zeigten mißgestaltete, verschachtelte, bunte Dreiecke. Diese Darstellung hatte den Sinn, die Funktionsfähigkeit der Kamera, die richtige Belichtung usw. zu überprüfen, aber zum Erkennen von physischen Details im Kometeninneren war sie praktisch nicht zu gebrauchen. Im Prinzip hätte ein Experte mit Hilfe einer genauen Farbtabelle und ein paar Minuten Nachdenkens herausfinden können, daß die Bilder einen hellen Fächer aus Staub auf der Sonnenseite des Kometen zeigten. Aber in der spannungsgeladenen Atmosphäre des ESOC verwirrten die Falschfarbenbilder in dieser Nacht jeden, einschließlich der anwesenden Astronomen und Planetenforscher.

Das Kamerateam benutzte die Falschfarben nur, um zu überprüfen, ob die Kamera Licht in einem großen Helligkeitsbereich aufnahm. Aber selbst Keller konnte in diesem Farbenwirrwar keinen Kometen erkennen. Er schaltete einen zweiten Monitor eine halbe Stunde und mehr als 100 000 km vor dem Kern wieder auf eine gewöhnliche Schwarzweißdarstellung um. Den Millionen von Fernsehzuschauern, die die Nacht ausgeharrt hatten, konnte diese Möglichkeit nicht geboten werden. Eine einmalige Chance war vertan.

Auf Kellers Monitor dagegen war nun statt verwirrender Dreiecke ein strahlendes Bild des Halleyschen Kometen zu sehen, der den dunklen Himmel mit strahlenden Staub- und Gasfontänen durchdrang. Da war ein helles, punktartiges Zentrum zu sehen. Keller schaute sich das Bild sehr kritisch an und suchte nach Details, Schärfe und dem Kontrast zwischen Licht und Schatten im Zentrum des Bildes. „Wir bekommen bessere Bilder als die Russen", murmelte er.

Kapitel 7

Zusammenstoß mit Halley

Giotto war jetzt ein reiner Roboter geworden, aber er blieb die Verkörperung der Gedanken Tausender, die ihn mit unendlicher Sorgfalt ebenso wie mit einem Sinn für Abenteuer für genau diese Momente vorbereitet hatten. Doch Giottos Schöpfer waren nicht die einzigen, deren Gedanken in dieser Nacht bei ihm waren: Mehr als ein Viertel der Weltbevölkerung verfolgte die Ereignisse im Fernsehen. Roboter oder nicht – die Menschheit zollte ihm Beifall.

Seine automatischen Systeme waren jetzt damit beschäftigt, die Beobachtungen der Instrumente aufzunehmen und zur Erde zu senden. Giottos Auge, die Fernsehkamera aus Katlenburg-Lindau, suchte vor der Sonde nach Halleys Kern. Eine Anzahl von „Nasen" schnüffelte nach der Chemie des Kometen, und eines der Heidelberger Instrumente atmete den ersten Sauerstoff des Kometen schon eine Stunde nach dem Augenblick ein, da Giotto auf sich selbst gestellt war. Bald trat Kohlenstoff hinzu, dann aufgespaltene Wassermoleküle, schließlich Wasser selbst.

Um die Staubteilchen nachzuweisen, die viel von Halleys sichtbarem Kopf und Schweif ausmachten, dienten die Mikrophone aus Canterbury als Ohren. Sie lauschten auf die Staubeinschläge auf dem Schild, zählten die Teilchen und schätzten ihre Massen. Die ersten Einschläge ereigneten sich bereits mehr als eine Stunde und 290 000 km vor der größten Annäherung. Das Trommeln wurde schneller und schneller, und bei 100 000 km hörten fast alle Detektoren die Treffer.

Der chemischen Zusammensetzung der Staubteilchen nahm sich wie auf den Vegasonden ein Instrument aus Heidelberg an, das viel kleinere Teilchen maß, als man ursprünglich vorgesehen hatte. Der Sensor nutzte die Gewalt der Staubeinschläge auf ein Metalltarget mit 70 km/s aus. Die Teilchen verdampften augenblicklich, und ihre Bestandteile wurden im Instrument nach ihren Massen sortiert. In den letzten zwanzig Minuten der Annäherung fand es in den vielen kleinen Staubteilchen felsige Fragmente, gewürzt mit Kohlenstoff: organische Substanzen also, wie sie im Prinzip auch in lebenden Zellen vorkommen. Auch ein anderes Instrument wies diese Moleküle deutlich nach.

Die elektronischen Systeme Giottos wurden jetzt mehr und mehr in Anspruch genommen. In den letzten vier Minuten und 16 000 km vor dem Ziel arbeiteten viele Sensoren nahe ihrer Grenzen. Der Trommelwirbel auf Giottos Staubschild kannte jetzt keine Pause mehr. 3 1/2 Minuten vor dem Kern begannen die Staubzähler auch massereichere Teilchen wahrzunehmen, die die erste Schicht des Schildes durchschlugen und abgebremst auf die zweite trafen.

Der Himmel um Giotto herum wurde jetzt dramatisch heller, als die Sonde in immer dichtere Bereiche der Koma eindrang. Das kleine Optical Probe-Experiment, das genau entgegengesetzt der Flugrichtung schaute, maß ständig mehr Licht von verschiedenen Molekülen wie auch von Staub. Durch die Rotation der Sonde wurde auch ein Polarisationsfilter gedreht, wodurch sich die Schwingungsebene der Lichtwellen bestimmen ließ.

Giotto näherte sich jetzt der unsichtbaren Grenze, wo das kühle Gas des Kometen und der heiße Sonnenwind um den Einfluß auf den interplanetaren Raum rangen. Subatomare Teilchen und schwere Moleküle ebenso stauten sich hier in einer Zone des stärksten Magnetfelds, das Halley vor sich im Sonnenwind aufgestaut hatte. Und dann, gerade noch eine Minute vor dem Kern, ging die Energie der Teilchen drastisch zurück. Ihre kinetische Temperatur fiel von den 2000 °C des Sonnenwinds auf −100 °C. Die Magnetometer maßen ein abruptes Verschwinden des Magnetfeldes: Giotto war in die „Cavity", die zentrale Höhle, eingedrungen, die das Kometengas ganz allein beherrscht. Der Sonnenwind kann hierher nicht vordringen, und auch keine der anderen Halleysonden war so nahe an den Kern herangekommen.

Die Kamera schaute die ganze Zeit auf den hellsten Punkt an Giottos Himmel, wo der Kern sein sollte. Im Bildfeld wuchs er jetzt immer schneller, bis es ganz mit hellen Flecken übersät war. Da Giotto am Kern vorbeifliegen sollte, mußte sich die Kamera immer schneller zur Seite drehen, um ihn weiter im Blick zu behalten. Neun Sekunden vor der größten Annäherung hatte sich das lange Rohr der Kamera, das sie vor allem gegen Streulicht von der Sonne schützte, bereits um 40 Grad gedreht. Und dann wurde Giotto schwindlig.

Noch 7,6 Sekunden trennten ihn vom Halley-nächsten Punkt, als die Sonde in 760 km Entfernung in einen Staubjet raste. Ein Teilchen, zwar nur ungefähr 1/10 g schwer, aber 68 km/s schnell, traf Giotto am vorderen Rand und explodierte an der Kante des Staubschilds mit der Wucht einer Handgranate. Der Treffer weit abseits der Rotationsachse versetzte Giotto in heftiges Schlingern, was Sekunden später zum Abriß der Funkverbindung mit der Erde führte. Jedenfalls war das die einhellige Deutung aller Projektbeteiligten für die nächsten Jahre. Erst 1990 sollte eine Neuanalyse der Funksignale Giottos aus jenen Sekunden, weniger der Inhalte als vielmehr der Frequenz der Trägerwelle an sich, ein ganz anderes Bild zeichnen.

Die „Radio-Science"-Arbeitsgruppe hatte nämlich festgestellt, daß die Bewegungen von Giottos Parabolantenne unmittelbar nach dem „Ereignis" bei t − 7,6 s überhaupt nicht zu einer Nutation infolge eines Staubeinschlags passen wollten. Vielmehr kam man zu dem Schluß, daß eine elektrische Entladung das Entdrallmotorkontrollsystem dazu bewogen zu haben schien, die Antenne *aktiv* und so schnell es ging von der Erde wegzudrehen – durch einen Zählfehler der Elektronik. Nur dieses Szenario beschreibt nach der Analyse der Radio Science das zeitliche Verhalten der empfangenen Signalstärke Giottos korrekt, wie Martin Pätzold und Mitarbeiter später in der Zeitschrift *Astronomy and Astrophysics* ausführten. Für 22 s, von 4 s vor bis 18 s nach dem Vorbeiflug an Halleys Kern traf der enge Funkstrahl Giottos die Erde überhaupt nicht mehr, erst dann zeigten Gegenmaßnahmen der klugen Sonde Wirkung. Der Halley-Multicolour Camera nützte das leider nichts mehr. Sie war bereits 1,6 s vor dem „t − 7,6 s-Ereignis" durch eine völlige Überlastung ihrer Elektronik ausgefallen. Aus nie ganz geklärter Ursache war es zu einem harten Reset gekommen, die Kamera hatte sich selbst aus- und wieder eingeschaltet. Uwe Keller vermutet heute eine schwere elektrische Störung, die durch die Sonde gelaufen sein muß.

Auch wenn es *das* große Staubteilchen also womöglich nie gegeben hat, so haben doch zahlreiche kleinere die Geschwindigkeit Giottos in klar erkennbaren Sprüngen spürbar verringert, um immerhin 23 cm/s, und während der 22-sekündigen Funkstille trafen etliche gewichtige Partikel die Sonde. Anders ist jedenfalls kaum zu erklären, warum danach eine deutliche Nutation der Sondenachse zu bemerken war. Und durch den Staubangriff auf den an der Seite Giottos vorstehenden Lichtschutz der Kamera – der dabei vollkommen abrasiert wurde – sank auch die Rotationsrate der Sonde. Die Periode von 4 s erhöhte sich durch diesen „Windmühleneffekt" um 12 ms. Elektrisch geladene Atome, die durch die Staubeinschläge entstanden waren, hüllten die Sonde in eine leuchtende Wolke, die der Elektronik gewaltig zusetzte: Komponenten wurden kurzgeschlossen, Hochspannungsüberschläge sprengten die Sensoren einiger Instrumente. Und der primäre Radiosender war auch ausgefallen, exakt im Moment der gravierenden Störung 7,6 s vor dem Kern, was ebenfalls für eine elektrische Ursache spricht. Die Redundanz der Systeme Giottos hatte aber hervorragend funktioniert und sofort auf den Ersatzsender umgeschaltet, der seither benutzt wird. Auch ein Jahrzehnt nach den dramatischen Ereignissen sind die Erkenntnisse der Radio Science allerdings etwas kontrovers, und die ESA hat sich nie formal den nach Auffassung des

Projektwissenschaftlers aber überzeugenden Befunden der Radio Science angeschlossen.

Bis zu den dramatischen Sekunden kurz vor dem Kern hatten Giottos Kontrollsysteme vor allem die Aufnahme und Weiterleitung der wissenschaftlichen Daten zur Erde betreut. Nun wurden die gewaltsamen Bedingungen in Halleys innersten Kilometern zum entscheidenden Test für die Selbstsicherheit der Sonde: Wenn die klugen Prozeduren, die die Ingenieure für den Notfall eingebaut hatten, nun versagen würden, dann brächte das auch die unbeschädigten Instrumente zum Schweigen – Giotto würde spurlos im Weltraum verschwinden.

Und Giotto behob die wichtigste Fehlfunktion schon binnen einer Sekunde: Er schaltete auf den Ersatzsender um. Da aber kurz darauf die Antenne von der Erde wegdrehte, riß der Kontakt erneut ab. Wie betrunken schwenkte der Funkstrahl Millionen von Kilometern an der Erde vorbei, nur extrem schwache Reflexionen an dem Gestänge, das das Sendehorn über dem Empfänger festhielt, erreichten die Bodenstation. Doch die Bordelektronik merkte rasch, daß etwas nicht stimmte und daß sich die Rotationsrate der Sonde geändert hatte: Der Entdrallmotor mußte sich anpassen, und das dauerte einige Zeit.

Wenige Minuten nach Mitternacht Weltzeit am 14. März 1986 zog Giotto am Kern des Halleyschen Kometen vorbei, in 596 km Distanz, wie später aus den Aufnahmen der Kamera vor ihrem Ausfall berechnet werden konnte. Doch 22 s lang wußte die Flugkontrolle nicht, ob Giotto überhaupt noch lebte. Erst dann begann der Funkstrahl wieder die Erde zu streifen, alle 3,2 s gab es ein starkes Signal und eine kurze Salve Daten für das Radioteleskop in Parkes: Es war noch nicht alles verloren.

Während der Drittelminute ohne Kontakt waren, wie die Radio Science später zeigen konnte, ein Großteil der 23 cm/s-Abbremsung und auch ein Taumeln (physikalisch gesprochen: eine Nutation) der Sondenachse um rund 1 Grad zustande gekommen. In unmittelbarer Kernnähe mußte Giotto von mehreren Staubteilchen von mindestens einem Hundertstel Gramm getroffen worden sein. Gegen die Nutation half nur klassische Physik, und niederländische Ingenieure hatten vorgesorgt: Zwei Röhren von je 60 cm Länge und gefüllt mit einer siruppartigen Flüssigkeit sowie einem schweren Ball, wirkten als Nutationsdämpfer. Die Bälle verschoben sich träge, während die Sonde taumelte, und bewirkten, daß sich die Rotationsachse allmählich stabilisierte. Ganz verschwinden würde die Nutation allerdings nie, da durch den Verlust des Kamerarohres und abgebrochener Teile des Staubschildes eine Unwucht entstanden war. Doch bereits 32 Minuten nach dem Encounter hatten die Dämpfer Giotto wieder so gut stabilisiert, daß der Radiokontakt mit der Erde erneut durchgehend möglich war.

Jetzt hatte Giotto Halleys Kern schon wieder 130 000 km hinter sich gelassen und maß dieselben Phänomene wie beim Flug in die Koma hinein, nur in umgekehrter Reihenfolge und manche auch in etwas anderer Ausprägung. Mit einiger Mühe gelang es später, aus den Aufzeichnungen der Bodenstation auch die Daten der noch funktionsfähigen Instrumente aus der halben nutationsgestörten Stunde zu rekonstruieren, so daß viele Wissenschaftler auf fast vollständige Schnitte quer durch den Kometen zugreifen konnten. Mit Giottos Autonomie aber war es vorbei: Noch während die Sonde taumelte, jagten schon wieder Kommandos durch die Koma hinter ihr her. Und auf der Erde, 144 Mio. km entfernt, mit rasch steigender Tendenz, hing das Schicksal des verwundeten Roboters in der Schwebe.

Es hatte schon immer zwei Denkweisen über Giottos Überlebenschancen im Staubsturm Halleys gegeben. Für einige Wissenschaftler und Ingenieure war es eine Kamikazemission gewesen, die mit der Vernichtung der Sonde enden mußte, aber andere hatten – aus praktisch denselben Informationen – geschlossen, daß Giotto mehr oder weniger unbeschädigt aus dem Encounter hervorkommen würde.

Das Sondenoperationsteam in Darmstadt vertrat die pessimistische Auffassung. Kaum, daß das Encounter begonnen hatte, warteten Giottos Kontrolleure auf das Ende. Sie wußten bloß nicht, wann es so weit sein würde, und hofften um der Wissenschaft willen, daß es eher später als früher passieren würde. Als die Sondensignale dann zu flackern begannen und wenige Sekunden vor der größten Annäherung ganz wegblieben, blieben sie gleichmütig und erschraken weniger über die roten Lichter auf ihren Bildschirmen als die plötzliche Ruhe: Das Klappern zahlreicher Drucker mit den Meldungen von der Sonde hatte aufgehört. Die wirkliche Überraschung war dagegen, als nach weniger als einer halben Minute die Telemetrie wiederzukommen begann, wenn auch nur in Schüben: Die Sonde lebte ja!

In Tidbinbilla am Rande der australischen Stadt Canberra verfolgte auch die Deep-Space-Network-Station der NASA Giotto, vor allem zur Sicherheit, falls Parkes plötzlich ausfallen sollte. Hier arbeitete aber auch der PI des Giotto-Radio-Science-Experiments, Peter Edenhofer von der Ruhr-Universität in Bochum, der sich allein für die Stärke und Frequenz des Funkträgers von Giottos Sender interessierte. Eigentlich hatte er die Dichte freier Elektronen in Halleys Koma messen wollen, aber dafür werden zwei verschiedene Frequenzen gleichzeitig benötigt, und die hatte ihm die Projektleitung verwehrt. Doch die Bremsung Giottos durch den Kometenstaub zu messen, war auch mit einer einzigen Frequenz möglich, und Edenhofer konnte immerhin Rückschlüsse auf die Staubverteilung in der inneren Koma ziehen.

Edenhofer kam sich in Australien etwas einsam vor, so fern von allen anderen Wissenschaftlern in Darmstadt, aber er war doch froh, an der Mission teilnehmen zu können – eingedenk des Goethe-Worts über die Schlacht von Valmy, „Ihr könnt sagen, Ihr seid dabei gewesen." Weniger poetisch, aber ebenso intensiv erlebten auch die australischen Radioingenieure der NASA die historische Stunde. Als Giotto erst verschwand und dann wieder auftauchte, klopfte einer Edenhofer anerkennend auf den Rücken: „Du hast eine ganz schön zähe Sonde, Peter."

Auf der anderen Seite der Erde war Rüdeger Reinhard mehr erschrocken als jeder andere, als Giotto plötzlich schwieg, selbst wenn es nur für ein paar Sekunden war. Mit dem Staubrisiko hatte er seit den Tagen der International Comet Mission gelebt, die genaueren Berechnungen überwacht, und Giottos Staubschild basierte im Detail auf seinen eigenen Überlegungen. Die Statistik sagte, daß die Wahrscheinlichkeit für einen fatalen Staubtreffer nur 1:10 war: Reinhard hatte sich selbst davon überzeugt, daß Giotto intakt davonkommen würde.

Am Ende hatten weder die Pessimisten noch die Optimisten recht. Einen Signalverlust durch staubverursachte Nutation hatte Robert Lainé schon vorausgesagt, als die Sonde entworfen worden war, aber er kam später und war kürzer als erwartet. Giotto hatte das Encounter überstanden, aber er war gewiß nicht intakt. David Wilkins, der Flugoperationsdirektor, mußte sich jetzt um die Abschätzung des Schadens bemühen.

Die ganze Nacht hindurch, während alle anderen in Darmstadt zum Champagner griffen, mußte das Team in der Missionskontrolle nüchtern bleiben und sich um die kranke Sonde kümmern. Es war die geschäftigste Zeit überhaupt. Noch bevor sich die Kontrolleure eingehend mit dem Zustand der Sonde selbst beschäftigen konnten, mußten sie den Wissenschaftlern Vorrang gewähren. Die waren entweder beunruhigt über ihre beschädigten Instrumente, oder sie wollten aus denen, die überlebt hatten, noch soviel wie möglich herausholen. Sechs Stunden lang waren Gerhard Schwehm und die Kontrolleure damit beschäftigt, die Kommandos der Wissenschaftler zu überprüfen und abzuschicken, ungefähr eines pro Minute.

Dieter Krankowskis Neutralmassenspektrometer war mausetot, ebenso Komponenten von Hans Balsigers und Henri Rèmes Experimenten. Ein Teil von Alan Johnstones Plasmaexperiment verabschiedete sich plötzlich, 90 Minuten nach der größten Kernnähe. Andere Instrumente spielten verrückt. Uwe Kellers Kamera war seit den Ereignissen Sekunden vor dem Kern in einen Sicherheitszustand gegangen und schickte keine Bilder mehr. Aber auf der anderen Seite empfingen Fritz Neubauers Magnetometer und Anny-Chantal Levasseur-Regourds Optical Probe Experiment noch Daten, als ob nichts gewesen wäre: Sie saßen schließlich auf der Rückseite der Sonde. Und ebenfalls einwandfreie Ergebnisse kamen von Susan McKenna-Lawlors EPONA, das zwar vorne saß, aber von einem speziellen Vorsprung am Staubschild geschützt war.

Bis zum Kern hatte sich das ganze Team um sie versammelt, aber danach waren fast alle zu den diversen Parties im Wissenschaftlerbereich und mit den VIPs verschwunden. McKenna-Lawlor war jetzt fast allein, nur ein junger deutscher Techniker half ihr noch. Nichts konnte sie von den Daten weglocken, die immer noch hereinkamen. Für sie spielte die Musik immer noch beim Halleyschen Kometen. Um die Zeit der größten Annäherung herum hatten ihre Teleskope für energiereiche Teilchen einen gewaltigen Anstieg der Zählrate festgestellt. Zwar ging ein Teil davon auf Einschläge von Staub auf die Detektoren zurück, aber die echten Kometenteilchen in der Datenspitze würden ihr und den Theoretikern noch auf Jahre hinaus manche Nuß zu knacken geben.

Vom Standpunkt der Öffentlichkeitsarbeit aus hätte das Encounter ihrer Raumsonde mit dem Halleyschen Kometen ein umwerfender Erfolg für die ESA werden können. Die Medien, genauso wie die Behörde, wollten eine großartige Nacht für Europa. Aber die Gelegenheit wurde vertan, und das, obwohl rund 56 Fernsehteams aus 37 Ländern von Darmstadt aus ein Publikum erreichten, das dem einer Fußballweltmeisterschaft nahegekommen sein mochte.

Viele der Zuschauer waren dieselben Steuerzahler, die die Mission durch die Forschungsetats ihrer Regierungen letztlich finanziert hatten. Sie wollten nicht bloß kritisch überwachen, was mit ihrem Geld passierte. Die himmlische Erscheinung faszinierte sie und ebenso die technische Anstrengung, um dorthin zu gelangen. Auch wenn nur die wenigsten Zuschauer eine klare Vorstellung davon hatten, inwiefern die Erforschung des Halleyschen Kometen das Verständnis ihrer eigenen Existenz voranbringen mochte, so einte sie doch alle die schon vorgeschichtliche Erwartung, daß die Antwort auf die tiefsten Fragen des Lebens im Himmel lag.

Die Fernsehproduzenten Europas bemühten sich durchaus, dem besonderen Ereignis gerecht zu werden, mal mit weniger Sachverstand und Gefühl für die Sache, mal mit mehr. Die BBC z. B. hatte Patrick Moore, weithin bekannt durch populäre Fernsehsendungen über Astronomie, nach Darmstadt geschickt und britische Topastronomen in der alten Sternwarte von Greenwich versammelt, wo Halley selbst einmal Astronomer Royal gewesen war. Aber wie alle anderen Experten konnten sie mit den Falschfarbenaufnahmen – und nichts anderes kam leider aus dem ESOC heraus – nichts anfangen und enthielten sich genauer Kommentare. Und wegen eines Softwareproblems in letzter Minute gelang es auch nicht, die Staubeinschläge der Giottomikrophone aus Canterbury live als Geräusche einzuspielen.

Die Stunden des Encounters erschienen den Wissenschaftlern ausgesprochen kurz, aber vom Standpunkt des Fernsehens aus zogen sie sich hin. Die BBC konzentrierte sich auf die Wissenschaft, mit vorproduzierten Filmclips und Liveinterviews mit den Experimentatoren, andere Fernsehanstalten bestritten den Abend lieber mit Rockkonzerten und Talkshows. In Rom wurden die Bilder aus Darmstadt in einem Stadion ausgestrahlt, in Paris der neue Wissenschaftspark von La Villette mit der *Nuit de la Comète* eingeweiht. Ein Astrologe deutete die Falschfarben auf Kellers Bildern, als ob sie echt wären. Und die bloße Erwähnung der Art und Weise, wie das Fernsehen des Gastgeberlandes des ESOC die „Nacht des Kometen" beging, ruft dort noch Jahre danach Verwünschungen hervor.

Zwei Dinge interessierten die Öffentlichkeit an jenem Abend: Wie sah Halley im Inneren aus, und wie überstand Giotto seine Begegnung mit dem Kometen? Eine Antwort erhielt sie in beiden Fällen nicht. Die falschen Farben des Kerns während der Anflugphase wurden zu einem noch verwirrenderen Farbengemisch, als zum Schluß die Jets das Bildfeld ausfüllten. Die ganze Welt sah oder hörte den Augenblick, als der Kontakt mit Giotto abriß. Daß damit immer gerechnet worden war, und daß die Sonde bis zu diesem Zeitpunkt bereits eine Unmenge einmaliger Daten geliefert hatte, kam bei den Reportern oder dem Publikum nicht immer an. In Rom wurde sogar gepfiffen, als Giotto schwieg.

Die späte Stunde, ein Uhr morgens in Westeuropa, half auch nicht weiter: Viele Europäer gingen ins Bett mit dem Gedanken, Giotto sei eine Katastrophe gewesen. Als Anny-Chantal Levasseur-Regourd von Darmstadt nach Paris zurückkehrte, strahlend vor Freude über Giottos Erfolg, wurde sie von Anrufen von Freunden überrascht, die ihr Mitgefühl für den Fehlschlag der Mission ausdrücken wollten.

Für diejenigen Reporter und VIPs, die in Darmstadt geduldig ausharrten, wurde wenigstens ein bißchen mehr bekannt: Giotto sendete weiter. Alle Experimente hatten funktioniert, einige taten es noch. Bilder des Kerns würde es morgen geben. Bis dahin möge man sich an den Sekt halten.

Susan McKenna-Lawlor fiel sofort auf mit ihrem knallroten Hut, den sie nun 48 Stunden am Stück an ihren Konsolen arbeitend getragen hatte. Wie ein PI sah sie eigentlich nicht aus, wenn sie dann und wann kurz aus dem Wissenschaftlerbereich kam. Mit ihrem überschäumenden Enthusiasmus für die Mission und ihren eigenen Resultaten verschaffte sie dem EPONA-Experiment, Giottos kleinstem, besondere Anerkennung. „Es ist weiter und schneller gereist als alles, was jemals in Irland gebaut wurde", sagte sie.

Als der Morgen graute, klebten sie und ihr Techniker gerade die Papierbahnen mit den zackigen Meßkurven ihrer drei Sensoren für energiereiche Teilchen zusammen. Auf einer Pressekonferenz ließ sie einen Vorführer den unglaublich langen Streifen langsam durch den Projektor ziehen und sagte: „Meine Herren, ich lade Sie ein, mich auf dem Flug durch den Kometen zu begleiten."

Solche guten Präsentationen gab es durchaus, aber sie beruhten auf persönlicher Initiative und waren oft unnötig um Stunden verspätet. Die Informationskanäle, die von Giotto bei Halley über Australien nach Darmstadt tadellos funktioniert hatten, brachen an der Decke zwischen dem Wissenschaftlerbereich und den Reportern einen Stock darüber abrupt ab. Wissenschaftler und Operateure waren oft hin- und hergerissen zwischen dem Wunsch, der Welt zu erzählen, was passierte, und ihrer Arbeit. Howard Nye sprach für viele, als er bemerkte: „Wenn wir diesen Kram Europa und den Steuerzahlern verkaufen wollen, dann müssen wir dafür sorgen, daß er gut aussieht."

Wen traf die Schuld? Vielleicht niemand, wenn man von den Leuten vom Zweiten Deutschen Fernsehen absieht, die auf den Falschfarbenbildern bestanden hatten und jenen Funktionären, die ihnen zuviel Einfluß gewährt hatten. Giottos Aufgabe Nummer Eins war gewesen, den Kern des Halleyschen Kometen zu finden, und nun konnten ihn nicht einmal die bestinformierten Betrachter auf der Erde ausmachen.

Das zunächst kühle Echo, das Giottos Start 1985 vor dem weltweiten Halleyfieber ausgelöst hatte, ließ die ESA das öffentliche Interesse an Giotto unterschätzen. Als sich wenige Wochen vor dem Encounter abzeichnete, daß Fernsehtcams das ESOC überfluten würden, war kaum noch Zeit für die nötige Organisation. Die Deutsche Bundespost verlegte mobile Sonderleitungen, um das Telefonsystem von Darmstadt zu entlasten, sonst wäre womöglich noch die Steuerung von Giotto durch besetzte Leitungen gefährdet gewesen. Überlegungen bezüglich einer sinnvollen Präsentation des Encounters kamen da zwangsläufig zu kurz.

Einige beschuldigten später Uwe Keller, für die unverständlichen Falschfarbenbilder verantwortlich zu sein. Aber ihm die ganze Öffentlichkeitsarbeit zu überlassen, wäre wie wenn der führende Jockey ein ganzes Pferderennen kommentieren sollte. Besonders absurd war die Anschuldigung, daß Keller zwar exzellente Bilder des Kerns gehabt, sie aber aus undurchsichtigen Gründen zurückgehalten habe. In Wirklichkeit wußte er während des Encounters selbst nicht genau, ob seine Kamera den Kern wirklich gesehen hatte.

Eine Stunde nach dem Encounter gab Keller alle Hoffnung für die Kamera auf. Der Bart des Kometenphysikers aus Katlenburg-Lindau war während der Jahre der Vorbereitung auf diese Nacht weiß geworden. In der Missionskontrolle beobachtete er, wie das Team fieberhaft, aber erfolglos versuchte, die Kamera rückwärts auf Halley zu richten und weitere Bilder zu machen. Jede Minute ließ Giotto den Kern weitere 4000 km hinter sich.

Mit einem Achselzucken verließ Keller die Missionskontrolle und ging wieder in den Kameraraum im Wissenschaftlerbereich. Keiner konnte *ihm* den Verlust eines so teuren und mit solchen Mühen gebauten Instruments vorwerfen. Und war er es nicht gewesen, der immer für eine größere Vorbeiflugdistanz eingetreten war? Wehmütig verwies er auf manche chemischen Instrumente, deretwegen der Abstand so klein gewählt worden war, und die trotzdem keine der gewünschten ganz nahen Daten bekommen hatten.

Der Verlust der Kamera hatte wenigstens Kellers Angst vor dem Encounter beseitigt, daß er den Kometen durch ein technisches Versagen aus dem Blick verlieren würde. Aber er machte auch die Hoffnung zunichte, den Kern aus mehr als einem Blickwinkel zu sehen. Doch bis neun Sekunden vor der größten Annäherung schien die Kamera gut gearbeitet zu haben: Mehr als 2000 Bilder harrten nun der Auswertung.

Der Hauptraum des Wissenschaftlerbereichs in Darmstadt war jetzt überfüllt mit den Mitgliedern von neun anderen Experimentteams, die sich gegenseitig ihre Ergebnisse zeigten. Keller mußte sich erst einmal mit seinen eigenen Leuten zusammensetzen, die Bilder begutachten und entscheiden, was man eigentlich sah. Viele waren, wie er selbst, zu sehr mit dem Betrieb der Kamera beschäftigt gewesen, und dann mit den Folgen des Ausfalls, als daß sie sich mit den Bildern selbst hätten beschäftigen können. Jetzt mußte man diese anderen Gedanken wie auch den Giottokarneval in Darmstadt verdrängen, um der wahren Natur des Kometen näherzukommen.

Fred Whipple, Herr Schneeball persönlich, war im Kameraraum zugegen, schließlich war er ein Co-Investigator der Kamera. Giuseppe Colombo und Ludwig Biermann, andere berühmte Wissenschaftler, die in Kellers Team gekommen waren, als die Kamera ums Überleben kämpfte, hatten diese Nacht nicht mehr erlebt. Biermann war krank geworden und gestorben, als Giotto schon unterwegs war. Keller bedauerte sehr, daß sein alter Lehrer nicht mehr miterleben konnte, wie die Pionierideen seiner Generation durch Beobachtungen vor Ort überprüft wurden.

Obwohl es zwei Uhr morgens deutscher Zeit geworden war, strömte das Adrenalin genauso wie der Kaffee. Die Teammitglieder wußten, daß vor ihnen die besten Nahaufnahmen des Halleyschen Kometen lagen, die je ein Mensch gesehen hatte. Ebenso wie Psychologen bei einem

Rorschach-Test verlangen, daß der Proband in Tintenflecken Objekte entdecken soll, so verlangten die seltsamen Bilder eine astronomische Interpretation: Wer wußte wie ein Kometenkern wirklich aussehen sollte?

Der Begriff des „Schneeballs", den Whipple und viele andere seit etlichen Jahren benutzten, ruft natürlich die Vorstellung eines eisigen Objekts hervor, das im Sonnenlicht glitzert. Aber der Schneeball sollte ja ein schmutziger sein. Nach vielen Besuchen der Nachbarschaft der Sonne konnte Halleys Oberfläche voll angesammelten Staubes sein. Whipple und andere hatten vor dem Encounter sogar spekuliert, daß Halleys Kruste so dunkel und matt wie schwarzer Samt sein könnte. Diese Idee wie auch die dunklen Monde des Uranus hatten bei Keller Zweifel aufkommen lassen, ob die Kamera den Kern inmitten des Glanzes von Halleys Staub überhaupt erkennen könnte. Oder würde ein Kokon aus Staub den eigentlichen Kern verbergen, welche Farbe er auch immer hatte, wie es eine frühe Interpretation der Vegabilder sah?

Zwei runde helle Flecke und ein dunkles Gebiet daneben waren auf jedem Bild zu sehen, das Giotto in der Anflugphase aufgenommen hatte. Einige, die mit Keller die Bilder durchgingen, sahen in dem helleren der beiden Flecke den eigentlichen Kern, aber was war das Dunkle daneben? Whipple konnte sich vorstellen, daß das der Schatten des Kerns auf seine staubige Umgebung war, aber noch während er und andere diese Möglichkeit erwogen, machte es „Klick" im Sehzentrum von Kellers Gehirn: Er *sah* den Kern, und die Jahre der Bildverarbeitung im Computer würden an der Interpretation nichts mehr ändern. Whipples Idee mit dem schwarzen Samt war richtig gewesen.

„Jesus, das muß der Umriß sein!" Keller zog mit dem Finger das dunkle Gebiet nach. Das war kein Schatten, das war der feste Kern selbst, als Silhouette gegen den Hintergrund aus diffusem Staub. Er war ausgesprochen dunkel und in etwa wie eine Erdnußschale geformt. Der Winkel, in dem Giotto relativ zur Sonne auf den Kern zugeflogen war, hatte ihm nur einen schmalen, sonnenbeschienenen Rand beschert, wie eine Mondsichel. Aber auf den Bildern aus der größten Nähe waren Hügel und Vertiefungen auf dem Kern angedeutet, die örtlich Schatten warfen.

Die anderen Teammitglieder zögerten nur kurz, dann stimmten sie Kellers Wahrnehmung zu. Er sprach noch, da änderte sich schon ihre eigene Deutung der hellen Flecke: Sie mußten ein Paar besonders intensiver Staub- und Gasjets sein, ausgehend von zwei begrenzten Gebieten auf der sonnenbeschienenen Seite einer ansonsten inaktiven Oberfläche. Schnelle Berechnungen aufgrund der bekannten Bildfeldgröße zeigten, daß der Kern größer war, als die meisten Leute erwartet hatten. Auf einer Pressekonferenz, leider zu spät für die „Nacht des Kometen" und viele Medien, gab Keller die Identifikation des Kerns bekannt und verteilte Fotoausdrucke – diesmal vernünftig eingefärbt –, die den Kern als dunkle Erdnuß zeigten, prägnant, aber unscharf. Bis zu wirklich ansehnlichen Fassungen würden noch Monate und Jahre vergehen, aber die Rohdaten stimmten hoffnungsvoll.

Keller wußte bereits, daß eine Menge Glück nötig gewesen war, um den Kern so kontrastreich sehen zu können und auch die volle Empfindlichkeit der Kamera für den Nachweis leichter Helligkeitsunterschiede. Wäre der Staub um den Kern nicht so dicht gewesen, dann hätte sich der dunkle Kern womöglich gar nicht dagegen abgezeichnet. Wäre er dagegen dichter, so hätte er den Kern tatsächlich komplett in einem sonnigen Nebel verschwinden lassen können.

Das genau war nämlich das Pech der Vegamissionen ein paar Tage zuvor gewesen: Sie hatten den Kern mehr von der Sonnenseite aus betrachtet, wo der Staub in der Sichtlinie dick und hell war, und diese Kameras waren nicht empfindlich genug, um den dunklen Kern klar durch die Helligkeit im Vordergrund sehen zu können. Aber vorhanden war er schon: Eine intensive Bildverarbeitung sollte bereits bis zur formalen Präsentation der ersten Ergebnisse zwei Monate später seinen Umriß auch in den Vegaaufnahmen erkennen lassen, wobei sich die Experten allerdings noch für Jahre streiten sollten, was von ihm sonst noch in den Daten zu finden sei.

Von dem Augenblick an, da Keller den Kern auf den Rohbildern Giottos entdeckte, war ein für allemal klar, was ein Komet ist. Der kompakte Kern war nicht länger eine Hypothese. Er war eine Tatsache geworden, wenn auch eher ein „schneeiger Schmutz-" denn ein „schmutziger Schneeball". Regale voll spekulativer Bücher und Artikel hatten sich über das Wesen der Kometen ausgelassen, wo sie herkamen, was am Ende aus ihnen wurde, wie sie mit dem Ursprung der Sonne und der Planeten zusammenhingen. Zur Frühstückszeit nach dem Giotto-Encounter waren die grundlegenden Theorien der modernen Kometenforschung stärker geworden.

Und auch die mögliche Bedeutung für die Geschichte des Lebens selbst. Die rußige Farbe des Kerns konnte, besonders im Zusammenhang mit den chemischen Ergebnissen, am besten durch Kohlenstoffverbindungen erklärt werden. Und wenn ein Objekt von der Größe Halleys einmal die Erde treffen sollte, dann konnte das leicht eine Katastrophe auslösen wie die, der vor 65 Mio. Jahren die Saurier zum Opfer fielen. Aber neue Fragen waren von den detaillierten Vega- und Giottodaten aufgeworfen worden, die zu neuen Sondenmissionen zu Kometen aufriefen.

Die Ingenieure, die sich um Giottos Innenleben nach Halley kümmerten, stießen auf eine erschreckende Liste von Ausfällen, von denen die meisten nicht zu beheben waren. Die Restnutation, die nicht aufhörte, bewies den Flugkontrolleuren, daß etwas von Giotto abgerissen war, so daß sein Gleichgewicht nicht mehr stimmte. Der Starmapper, der die Lage Giottos im Raum feststellen sollte, funktionierte nicht mehr. Halleys Staub hatte eine Abschirmung durchlöchert, so daß Sonnenlicht hindurchfiel und er die Erde nicht mehr zuverlässig als Bezugspunkt sah.

Wichtige elektronische Kontrollsysteme waren gestört. Vorrichtungen, die überschüssige Energie von den Sonnenzellen abnahmen, waren beschädigt. Der Staub hatte auch die Isolationsmatten und die weiße Farbe zerstört, die sorgfältig zur Temperaturkontrolle angebracht worden waren: Viele Teile der Sonde waren bereits heißer geworden, als sie es sein durften. „Schaltet ihn ab", empfahl David Wilkins. „Es wird extrem schwierig, das Ding noch zu fliegen."

Für David Dale war die Untersuchung von Giottos Wunden auch nicht mehr als morbide Neugier. Als Projektmanager erinnerte er sich wohl, daß man ursprünglich die Mission 15 Minuten nach der Kernpassage beenden wollte. Erst als Giotto schon unterwegs war, hatten die Wissenschaftler noch ein oder zwei Tage Betrieb danach erbeten, um auch auf der anderen Seite des Kometen Messungen machen zu können.

Selbst da hatte Dale schon gezögert, denn dafür mußte allerhand in die Wege geleitet werden. Die Rotation der Erde führte nun einmal dazu, daß Parkes allein als Empfangsstation nicht mehr ausreichen würde, man brauchte auch die NASA-Schüsseln in Spanien und Kalifornien. Mit der NASA war Dale schließlich übereingekommen, die Mission noch 27 Stunden nach der Halleypassage weiterzuführen. Dann würde er Wilkins anweisen, Giotto aufzugeben.

Am Morgen nach dem Encounter lud der Generaldirektor der ESA David Dale zum Frühstück ein. Dale hatte keine Zeit zum Schlafen gefunden, und er erwartete eigentlich bloß weitere Gratulationen. Stattdessen überraschte ihn Reimar Lüst mit der Frage: „Was machen wir jetzt mit Giotto?"

Dale und die Buchhalter der ESA waren immer davon ausgegangen, daß Giottos Mission im Halleyschen Kometen enden würde. Damit das Halley-Encounter ein Erfolg werde, hatte er seine Mitarbeiter bis an ihre Grenzen getrieben, und sie hatten tatsächlich viele komplizierte, technische Fragen von Europas erstem Aufbruch ins Sonnensystem gelöst, und das unter dem unerbittlichen Zeitdruck der Natur. Sie hatten die Sonde vor einem Streik gerettet, vor einem Brand und aus einem Feld. Sie hatten sie sicher mit einer störanfälligen Rakete auf den Weg gebracht, im Weltraum verloren und wiedergefunden und dann zu einem Encounter geführt, an das sich die Chronisten der Wissenschaft immer erinnern würden. Jetzt war für alle die Zeit gekommen, ordentlich auszuschlafen.

Schon in den letzten Monaten hatte der Projektwissenschaftler Rüdeger Reinhard gelegentlich Bemerkungen über die faszinierenden Möglichkeiten mit Giotto fallen lassen, falls er den Kometen überstehen sollte. Roger Bonnet, der ESA-Wissenschaftsdirektor in Paris, war darüber im Bilde. Und Lüst offensichtlich auch. Dale hatte bis jetzt solche Spekulationen bewußt ignoriert. Natürlich wußte er mit seiner Erfahrung in der Weltraumtechnik, daß viele Satelliten und Sonden viel länger leben, als nominell vorgesehen ist. Harte Entscheidungen mußten oft getroffen werden, um Geld und Mitarbeiter für neue Projekte freizubekommen. Außerdem sagte ihm sein Instinkt, daß alles, was nach Halley kommen könnte, verglichen damit eine Enttäuschung sein mußte. Ganz abgesehen davon, daß es auch technisch ziemlich schwierig sein würde, mit Giotto noch etwas anzufangen, wie ihm Wilkins erklärt hatte.

Doch eine Mischung aus Euphorie, Hydrazinvorräten und Mathematik war stärker als die Fachurteile von Dale und Wilkins. Der Erfolg des Halley-Encounters hatte die Sentimentalität gegenüber einer einfachen Raumsonde noch gesteigert. Giotto war tapfer weitergeflogen und entfernte sich von Halley. Warum sollte man ihn einfach abschalten, wenn er noch eine Menge Hydrazin für seine Düsen übrig hatte – und wenn es eine Möglichkeit von bestechender mathematischer Eleganz gab, ihn als operationelle Sonde weiter zu nutzen?

Schon vor Giottos 1985er Start hatte ein Bahnmechaniker in Darmstadt, Martin Hechler, eine kuriose Eigenschaft der Flugroute zu Halley festgestellt. Sofern der Komet die Sonde nicht völlig zerstören würde, würde sie im Juli 1990 wieder in die Nähe der Erde kommen. Es ist ein Naturgesetz, daß eine Raumsonde zu ihrem Startplatz zurückkehrt, aber meistens ist dann die Erde ganz woanders. Nicht so aber hier: Der reine Zufall hatte dazu geführt, daß Giotto die Sonne genau sechsmal umrundet, wenn es die Erde fünfmal tut, und eine geringe Bahnänderung, leicht zu erreichen mit dem noch vorhandenen Treibstoff, konnte den Erdabstand bei der Begegnung exakt fünf Jahre nach dem Start beliebig verkleinern.

„Man könnte Giotto zurückbringen und in ein Museum stellen", hatte Hechler gesagt. Das war natürlich ein Witz. Niemand konnte die Sonde für eine sanfte Landung abbremsen. Aber eine Rückkehr bis nahe an die Erde bot Möglichkeiten, die über eine öffentliche Ausstellung weit hinausgingen. Die Schwerkraft der Erde konnte benutzt werden, um Giottos Bahn erheblich zu ändern und ihn zu einem neuen Kometen zu schicken! Hechler und seine Kollegen hatten einige der Möglichkeiten durchgerechnet, ebenso Robert Farquhar in den USA. Der vielversprechendste Kandidat war Komet Grigg-Skjellerup, den Giotto im Juli 1992 erreichen konnte. Das klang vielversprechend, war Grigg-Skjellerup doch ein schwacher Komet, damit sehr verschieden vom aktiven Halley und womöglich noch kleiner als Giacobini-Zinner, den die ICE-Sonde 1985 besucht hatte. Der Vergleich könnte höchst instruktiv sein.

Hechler hatte den Grigg-Skjellerup-Plan nur zwei Wochen vor dem Halley-Encounter verfeinert. Für einen Flugdynamiker wie ihn war Giotto ein mathematischer Punkt, der eine Bahn auf einer beweglichen Karte des Sonnensystems beschrieb. Wohlüberlegte Stöße ließen den Punkt einmal mit einem andern Punkt (Halley) verschmelzen, dann der Erde und schließlich Grigg-Skjellerup. Der Computer beschrieb eine Reise von sieben Jahren durch das Sonnensystem, aber nicht die Probleme, eine Sonde, die für acht Monate ausgelegt war, so lange am Leben zu erhalten, noch dazu mit den Schäden, die sie bei Halley erlitten hatte. Und wer diese „Extended Mission" bezahlen sollte, angesichts des ohnehin schon knappen ESA-Wissenschaftsbudgets, verriet er auch nicht.

Der Generaldirektor hatte sich entschieden: Lüst wies Dale an, Giotto auf besagte Bahn zu bringen, die ihn wieder zur Erde zurückführen würde. Das würde wenigstens die Optionen offenhalten. Aber die Sonde vier Jahre lang ständig zu beaufsichtigen, stand nicht zur Debatte: Giotto mußte in Winterschlaf geschickt werden.

Für David Wilkins erschöpftes Team bedeutete das weitere drei Wochen Arbeit. Aber das ESOC war ja stolz darauf, Unvorhergesehenes zu bewältigen. Die Bodenstationen, die die neuen Instruktionen zu Halley schicken sollten, wurden vorgewarnt, und das Flugkontrollteam mußte einen ganz neuen Plan aus dem Nichts hervorzaubern.

Aber erst einmal mußten sie die Wissenschaftler vertreiben. Ein Instrument nach dem anderen wurde auf Giotto abgeschaltet, und als die genehmigten 27 Extrastunden zuende gingen, war es im Wissenschaftlerbereich fast finster. Am schwersten konnte sich Susan McKenna-Lawlor, der PI aus Irland, von ihrem Monitor trennen. Ihr nach einer keltischen Göttin benanntes EPONA-Instrument hatte ihr, wie sie schwärmte, „wundervolle und neue Dinge" über den Kometen enthüllt, es war allen Staubschäden entronnen und war das allerletzte Instrument, das abgeschaltet werden mußte, und zwar am 15. März um 3:00 Uhr Weltzeit. Gerade jetzt maß EPONA einen neuen Anstieg der Aktivität energiereicher Teilchen, und das Abschalten kam ihr wie Mord vor. Susan weinte.

Die Ingenieure von British Aerospace wollten eigentlich nach Hause fahren, um mit ihren Kollegen und Familien Giottos Erfolg zu feiern. Jetzt waren sie in Darmstadt festgehalten, um eine neue Analyse der Sonde anzufertigen, die sie gebaut hatten. Sie mußten einen „Überlebensmodus" finden, in dem die Sonde vier Jahre lang vor sich hindösen und doch wach genug bleiben konnte, um vielleicht wiedererweckt zu werden.

Große Schwierigkeiten bereiteten die starken Veränderungen des Sonnenabstands in den kommenden Jahren. Giotto konnte sie nur dann überstehen, wenn er aufrecht auf seiner Bahnebene um die Sonne stand und sich im Sonnenlicht wie auf einem Grill drehte. Alle Seiten würden dann so gleichmäßig wie möglich erwärmt, und die lebenswichtigen Komponenten entgingen einer extremen Überhitzung und Abkühlung, während die Bahn Giotto näher zur Sonne oder weiter von ihr wegtragen würde.

Was gut für Giotto war, war schlecht für die Kommunikation und den Seelenfrieden derjenigen, die ihn schließlich aufwecken und zu Grigg-Skjellerup schicken sollten. Denn in der aufrechten Fluglage konnte die Radioschüssel unmöglich zur Erde ausgerichtet bleiben. Um Giotto also wieder einzuschalten, wurde ein sehr starkes Radiosignal zur kleinen Hilfsantenne benötigt, und nur die NASA konnte so laut rufen.

Am Jet Propulsion Laboratory der NASA, wo man weltweit die meiste Erfahrung mit Sondenoperationen tief im Sonnensystem hatte, machte man aus der Meinung über den europäischen Plan keinen Hehl: Man hielt ihn für verrückt. Aber man versprach auch, die großen Antennenschüsseln des Deep Space Networks 1990 wieder zur Verfügung zu stellen, wenn die Zeit zum Aufwachen für Giotto kommen sollte.

Die Lageregelungsspezialisten dachten sich neue Methoden aus, um die Orientierung der Sonde für sorgfältige Manöver zu bestimmen. Der Starmapper konnte zwar die Erde nicht mehr sehen, wohl aber den Mars auf der schattigen Seite der Sonde. Und wenn gar nichts mehr half, konnte man Giottos Radioschüssel immer noch leicht vor und zurückneigen, um die Richtung festzulegen, wo die Signale am stärksten waren.

Die Darmstädter Flugdynamiker mußten auch die präzisen Bahnmanöver berechnen, die Giotto zwar zur Erde bringen, aber einen Zusammenstoß vermeiden würden. „Das wäre schon eine Katastrophe", merkte Wilkins an. Das Ziel war ein Punkt 22 000 km über der Erde, der am 2. Juli 1990 erreicht sein sollte. Die ausgedehnten Zündungen der Düsen begannen am 19. März, noch keine Woche nach dem Encounter mit Halley. Sie dauerten zusammen fast neun Stunden, verteilt auf drei Nächte. Für das ausgelaugte Flugkontrollteam waren sie langwierig zu überwachen, aber für die letzte, lange Zündung hatte man einen Tisch im Kontrollzentrum gedeckt für ein „letztes Abendmahl" mit Pizza und Rotwein.

Die Bodenstationen in Carnarvon und Weilheim verfolgten Giotto noch 11 Tage lang und bestätigten, daß die Bahn perfekt für die Rückkehr zur Erde war, mit nur einer winzigen Korrektur zu einem späteren Zeitpunkt. Die letzten Operationen in Darmstadt begannen am 1. April, wobei dem Datum entsprechend gewitzelt wurde: Giotto mußte angewiesen werden, seine neue, angenehme Lage einzunehmen und sich dann automatisch fast ganz auszuschalten. Zum letzten Mal sahen Wilkins und sein Team Giotto in den frühen Morgenstunden des 2. April 1986, als er sich beim Beginn des Drehmanövers noch einmal meldete. Als die Antenne von der Erde wegschwenkte, hörten die Signale auf. Es gab keine Möglichkeit mehr festzustellen, ob Giotto das Manöver korrekt beendet hatte und dann wie angewiesen schlafen gegangen war. Wilkins hatte keine Ahnung, ob der Winterschlaf und die Reaktivierung überhaupt funktionieren würden. So etwas war in der Raumfahrt noch nie gemacht worden.

Die Amerikaner hatten ihren International Comet Explorer verfolgt, als er am 25. März den Halleyschen Kometen im großen Abstand von 28 Mio. km passierte, nachdem er sechs Monate vorher Giacobini-Zinner bis auf 7800 km nahegekommen war. Seine Instrumente arbeiteten zwar, aber es blieb unklar, ob die energiereichen Teilchen und magnetischen Wellen, die sie beobachteten, etwas mit dem fernen Kometen zutun hatten.

Die amerikanischen Wissenschaftler, die sich selten zurückhalten, wenn es eine Ersttat im Weltraum zu feiern gilt, mußten sich mithin zurückhalten: ICE sei die erste Sonde gewesen, die zwei Kometen „untersucht" habe. Die Europäer hofften, daß Giotto, der bereits seinem ersten Kometen viel näher gekommen war, seinem zweiten noch näherrücken würde.

Giotto schlief auf seiner Vierjahresreise zurück zur Erde, die Wissenschaftler waren emsig dabei, ihre ersten Resultate aufzuschreiben, und David Dale war wieder in Noordwijk, um liegengebliebenen Papierkram aufzuarbeiten. Das Telefon klingelte, und es war der Manager des Deep Space Network der NASA, das der Giottomission unschätzbare Dienste geleistet hatte. Den Betrieb der Bodenstationen für die Pathfinderoperationen hatte die NASA selbst bezahlt, aber mehrfach war das DSN auch für Giotto direkt herangezogen worden.

„Dave, ich möchte nach Europa kommen, um abzurechnen."

„Sagen wir, in Paris", schlug Dale vor, „ich lade Dich zum Abendessen ein." Gewappnet mit den Darmstädter Aufzeichnungen über alle Nutzungen des DSN fuhr Dale nach Paris, bereit zu feilschen. Aber das Geschäftliche war in einem Moment vorüber.

„Denkst Du nicht, Dave, daß es am besten ist, wenn wir beide unsere Budgets einhalten können?" fragte der Amerikaner. „Warum vergessen wir die Sache nicht einfach?"

Das machte Dale gleich doppelt froh. Zum einen war diese Großherzigkeit ein gutes Omen für weitere Zusammenarbeit bei der Giotto Extended Mission, bei der die DSN-Station Madrid dieselbe Rolle spielen würde wie Parkes beim Halley-Encounter. Und das Giottoprojekt hatte eine Menge

Geld gespart. Für die Wissenschaftler berechnete sich der Erfolg der Mission in der beachtlichen Ernte an Teilchen und Staub. Dem Projektmanager aber war ein anderes Wunder gelungen, das gerade in seinem Bereich fast unglaublich klingt: Er konnte dem ESA-Wissenschaftsprogramm 7 Mio. Rechnungseinheiten zurückgeben, die nicht gebraucht worden waren.

Bildteil II

Bild 1. Die wissenschaftlichen Instrumente, gut versteckt hinter dem Schutzschild: Nur die eigentliche Sensorik ragt dahinter hervor. Die Namen und Adressen sind die der Principal Investigators. (Bild: ESA)

Bild 2, Bild 3. Giotto nimmt Form an: Oben sind bereits die Sondensysteme und die große Antenne montiert, unten auch die wissenschaftlichen Instrumente und die Solarzellen, die den Sondenkörper ringsum umgeben. (Bild 2: Dornier; Bild 3: ESTEC)

Bild 4. Giotto wird getestet: Wird er den harschen Bedingungen des Weltraums widerstehen? Die Weltraumtestkammer der ESA ermöglicht es, das Flugprofil schon vor dem Start zu simulieren. (Bild: ESA)

Bild 5, Bild 6. Giottos glücklicher Start auf der letzten Ariane 1, am 2.7.1986. Unten der Startkontrollraum in Kourou in Französisch-Guayana, der zum ersten Mal eine Raumsonde auf eine Bahn weg von der Erde befördern mußte. (Bild 5: ESA; Bild 6: DF)

Bild 7, Bild 8. Die Steuerung einer interplanetaren Sonde ist eine weltweite Aufgabe: Der Hauptkontrollraum des ESOC in Darmstadt (oben) kann nur mit Hilfe von Bodenstationen auf der ganzen Welt (unten) Kontakt mit Giotto halten. (Bild 7: ESA; Bild 8: DF)

Bild 9, Bild 10. Giottos zweites Ziel, der Komet Grigg-Skjellerup, 15 Stunden vor dem Encounter auf der Europäischen Südsternwarte aufgenommen. Giotto konnte ihn zwar nicht mehr sehen, aber fühlen, denn ein Komet beeinflußt den ihn umgebenden Weltraum in vielfältiger Weise. Während in dieser Graphik der ESA von links der Sonnenwind anströmt, bildet sich eine Schockfront aus, hinter der sich wiederum das interplanetare Magnetfeld vor dem Kometenkern aufstaut. Die ganz feldfreie „Cavity" hat Giotto allerdings nur bei Halley erreichen können, bei Grigg-Skjellerup war sie zu klein. (Bild 9: ESA; Bild 10: ESO)

1

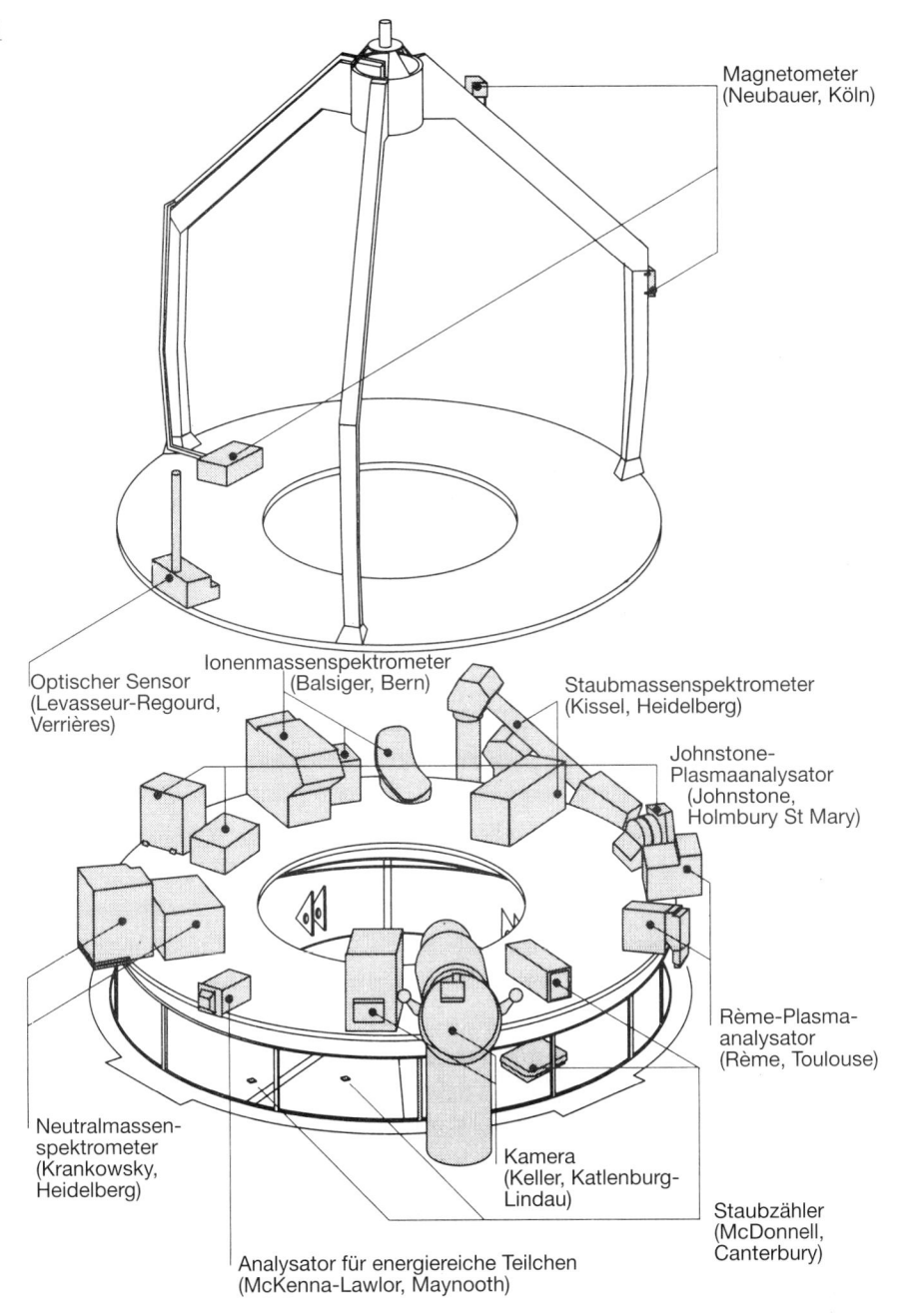

Magnetometer
(Neubauer, Köln)

Optischer Sensor
(Levasseur-Regourd,
Verrières)

Ionenmassenspektrometer
(Balsiger, Bern)

Staubmassenspektrometer
(Kissel, Heidelberg)

Johnstone-
Plasmaanalysator
(Johnstone,
Holmbury St Mary)

Rème-Plasma-
analysator
(Rème, Toulouse)

Neutralmassen-
spektrometer
(Krankowsky,
Heidelberg)

Kamera
(Keller, Katlenburg-
Lindau)

Staubzähler
(McDonnell,
Canterbury)

Analysator für energiereiche Teilchen
(McKenna-Lawlor, Maynooth)

2

3

4

5

6

7

8

Giotto — esa

9

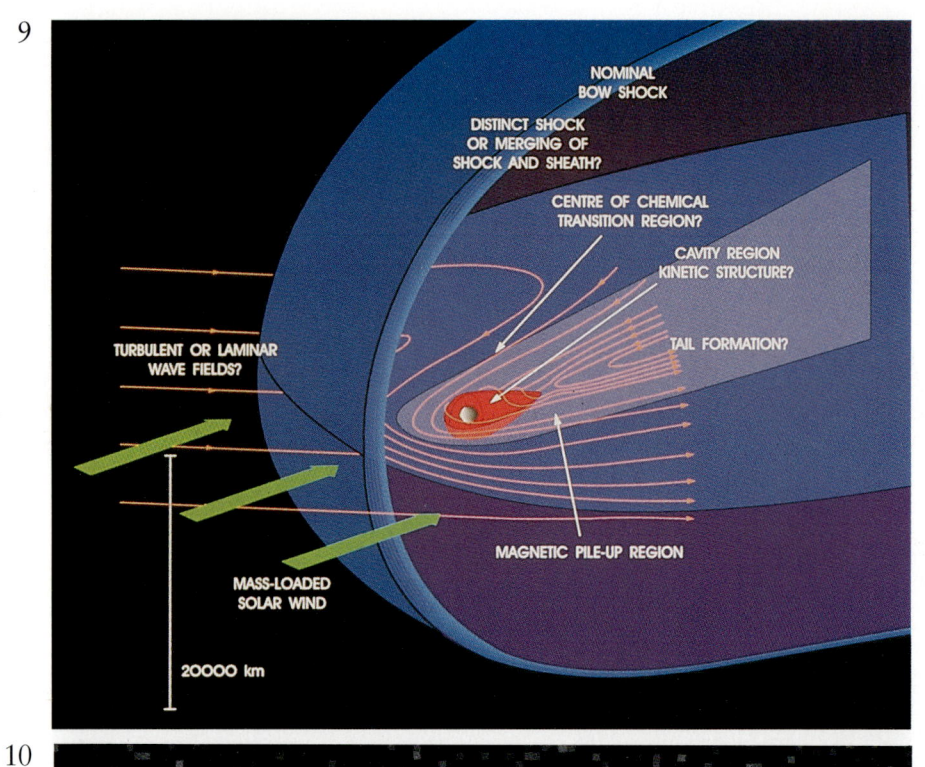

NOMINAL BOW SHOCK
DISTINCT SHOCK OR MERGING OF SHOCK AND SHEATH?
CENTRE OF CHEMICAL TRANSITION REGION?
CAVITY REGION KINETIC STRUCTURE?
TAIL FORMATION?
TURBULENT OR LAMINAR WAVE FIELDS?
MAGNETIC PILE-UP REGION
MASS-LOADED SOLAR WIND
20000 km

10

Kapitel 8

Die ungeschminkte Wahrheit

„Selbst in der Wissenschaft gilt das journalistische Prinzip, daß die ersten Eindrücke einen Wert für sich haben." So argumentierte John Maddox, der Chefredakteur der einflußreichen britischen Wissenschaftszeitschrift *Nature*. Mit einem redaktionellen Kraftakt überzeugte er alle Weltraumforscher, die sich dem Halleyschen Kometen zugewandt hatten, ihm ihre ersten Resultate anzuvertrauen. Wissenschaftler vieler Nationalitäten mußten kurze Arbeiten auf Englisch in kürzerer Zeit als üblich abliefern, und das in einer referierten Zeitschrift. Überzeugender als Überlegungen bezüglich „erster Eindrücke" war freilich die freundschaftliche Rivalität, die Maddox bewußt zwischen den Sondenforschern aus Japan, auf den sowjetischen Sonden und natürlich Giotto angestachelt hatte: Keiner wollte in der *Nature*-Sonderausgabe fehlen.

Einsendeschluß war genau ein Monat nach den Encountern. Kaum waren Giottos Experimente abgeschaltet, da waren die PIs und ihre Mitarbeiter aus den verschiedenen Ländern schon in Klausur, um die Blitzauswertungen vorzulegen. In Bern z. B. hatte Hans Balsiger all seine Schweizerischen, seine deutschen und amerikanischen Co-Investigatoren in einen großen Raum geholt und mit den gesammelten Daten des Ionenmassenspektrometers konfrontiert. Man teilte sich dann die Arbeit des Analysierens in kleinen Gruppen, die konzertierte Auswertung dauerte zwei Wochen. Die Rohdaten verwandelten sich dabei in ein lebhaftes, chemisches Portrait der Kometenatmosphäre, und wie sie sich mit dem Kernabstand veränderte. Außen dominierten Wasserstoff und Sauerstoff, weiter innen Wasser mit Beimischungen von Kohlenmonoxid, Schwefel und mehr.

Die Sonderausgabe von *Nature* erschien 100 Seiten stark am 15. Mai 1986 mit 38 Artikeln über die Encounter und Beobachtungen an Halley. Sie bewiesen die Sorgfalt, mit der die Experimente auf allen Sonden vorbereitet worden waren, und den kompletten Erfolg fast aller im Einsatz am Kometen. „Instrumente, die in einem Dutzend verschiedener Länder entwickelt und von drei verschiedenen Weltraumagenturen gestartet worden sind", schrieb Maddox in seinem Leitartikel, „haben tatsächlich dasselbe bemerkenswerte Objekt beobachtet." Dann faßte er die ersten Eindrücke zusammen, daß der Komet einen Einfluß auf einen großen Bereich des interplanetaren Raums ausübt, daß das Whipplesche Modell seines Kerns bestätigt zu sein scheint, und daß nur begrenzte Bereiche seiner Oberfläche aktiv sind.

Über die Massenspektrometer bemerkte Maddox: „Wenn mehr über die Zusammensetzung des Staubes bekannt sein wird, … dann wird für diejenigen Zeit genug sein, die Hüte in die Luft zu werfen, die glauben, daß Kometen die Urbestandteile des Lebens in sich tragen, vielleicht sogar Leben selbst."

Das „Leben selbst" mußte einiges Stirnrunzeln hervorrufen. Jahrelang hatten schon zwei britische Astronomen in den Kometenkernen Bakterien gewittert. Die Sonden zu Halley freilich hatten keine Lebensspuren vorgefunden, im Gegenteil: Ein krasser Mangel an Natrium, Kalium, Phosphor und sauerstoffreichen Verbindungen, alles Bestandteile lebender Zellen, untergrub gerade diese Vorstellungen. Ganz konkret hatten Staubanalysator Jochen Kissel und seine Kollegen in *Nature* geschrieben: „Diese Hypothese ist durch Vega 1 zumindestens im Falle von Halley widerlegt." Allerdings schrieben sie weiter, daß „die Frage vom Ursprung des Lebens im Kontext des ursprünglichen Materials in Kometen noch aufregender geworden ist."

Die Kometenforschung hatte in der einen Woche im März 1986 den größten Fortschritt seit den Tagen von Halley selbst gemacht. Was die Entdeckungen allerdings genau bedeuten sollten, darüber würde noch viele Jahre zu diskutieren sein.

Ein weiterer Termin rückte näher: Rüdeger Reinhard organisierte in Heidelberg eine große internationale Halleykonferenz, sieben Monate nach den Encountern. Astronomen und Theoretiker würden dort sein, Weltraumforscher aus aller Welt, auch Amerikaner von der International Halley Watch und vom International Comet Explorer, der 1985 den Giacobini-Zinner besucht hatte. Die ESA organisierte die Konferenz, die Internationale Astronomische Union und die bedeutende internationale Weltraumorganisation COSPAR traten alle als Sponsoren auf. Wer etwas zu Halley zu sagen wußte, mußte einfach kommen.

Als die Wissenschaftler nun wieder durch ihre Giottodaten gingen, änderte sich allmählich der Gesichtspunkt. Anstelle der technischen und Verwaltungsprobleme mit den Instrumenten und den Sonden selbst, ging es nun um die Daten an sich. Loyalität der einen oder anderen Sonde gegenüber durfte keine Rolle mehr spielen, und der freudigen Schnellinterpretation am Abend des Encounters, der sogenannten „Instant Science", mußte eine nüchterne Auswertung folgen, wie bei jedem anderen wissenschaftlichen Experiment auch. Waren die Daten zuverlässig, würden sie der Kritik der Kollegen standhalten und in denjenigen Zeitschriften Aufnahme finden, die weniger Wert auf Geschwindigkeit denn auf Qualität legten? Hinter welchen steckten instrumentelle Fehler, und wie paßten die Daten des eigenen Instruments zu denen auf anderen Sonden oder auch Beobachtungen von Erdboden oder -orbit aus? Die *Nature*-Fassungen mußten so manche Revision über sich ergehen lassen.

Zu den Pechvögeln zählten z. B. Tony McDonnell und sein Team mit den Staubzählern: Einige Monate nach dem Encounter ging ihnen auf, daß ausgerechnet der empfindlichste Detektor noch mit der Schutzkappe versehen in den Kometen geflogen war. Sie hatte ihn vor Ablagerungen bei der Zündung des Mage-Motors nach Giottos Start geschützt, sich aber dann nicht planmäßig mit einer Sprungfeder entfernt. Erst als die Staubeinschläge den Deckel abrasiert hatten, gewann dieser Detektor seine volle Empfindlichkeit. Glücklicherweise war Kissels Staubanalysator ebenfalls zum Nachweis kleiner Staubteilchen geeignet, und obwohl er auch nicht perfekt gearbeitet hatte, lieferten beide Instrumente zusammen doch ein gutes Bild der Größenverteilung von Halleys Staub.

Über 500 Experten versammelten sich schließlich Ende Oktober in Heidelberg zu dem Mammutsymposium über „Die Erforschung des Halleyschen Kometen". Die Konferenz nahm zeitweise Festivalcharakter an, als beispielsweise die Kameraleute der Vegasonden die Geometrie ihrer Kernsicht mit Hilfe einer Avocado vorführten oder ein amerikanischer Himmelsmechaniker zur Demonstration von Halleys möglichen Rotationszuständen eine Melone in die Luft warf. Zu den dramatischsten Momenten aber zählte fraglos die Präsentation der neuesten Bildverarbeitungen der Kernaufnahmen Giottos, die am letzten Tag in einer bewegenden Videosequenz von der ESA auch in Originalgeschwindigkeit projiziert wurden – man fühlte sich, als ob man auf Giotto reitend auf den Kometen zustürzte.

Die wissenschaftlichen Arbeiten, die auf der einwöchigen Konferenz präsentiert worden waren, füllten bereits Ende des Jahres drei dicke Bände, ausgewählte Artikel erschienen später in einem 1000-seitigen Sonder-„Heft" der astronomischen Fachzeitschrift *Astronomy and Astrophysics*. Die Quantität der Halleyergebnisse stand also außer Frage – aber wie war es um die Qualität bestellt?

„Ein Quantensprung in unserem Verständnis der Kometen" war nach Auffassung von Asoka Mendis aus San Diego erfolgt, der an zwei Giottoexperimenten beteiligt und nun beauftragt worden war, die 370 Arbeiten des Heidelberger Symposiums zusammenzufassen. Er verglich die Erwartungen mit den tatsächlichen Ergebnissen, so wie sie nach sieben Monaten schon bekannt waren.

Seit Ludwig Biermann erstmals von den Beobachtungen an Kometenschweifen auf die Existenz des Sonnenwindes geschlossen hatte, hatten sich die Theoretiker in ungefähr vorstellen können, wie es mit den Teilchen und Feldern an und in Kometen zuging, wie der – seinerzeit noch hypothetische – Schneeball Gas und Staub freisetzt, wie ersteres von der Sonnenstrahlung ionisiert und dann vom Sonnenwind beeinflußt wird, und wie sich Schichten mit verschieden starker Durchmischung von Kometenplasma und Sonnenwind aufbauen. Im großen und ganzen wurde das Bild von den Halleysonden bestätigt, aber Mysterien blieben.

Whipples „Schmutziger Schneeball", etwas vornehmer als „Icy Conglomerate Model" bezeichnet, war immer die Grundlage der Modelle gewesen. „Der Nachweis des Kernes des Halleyschen Kometen durch die Kameras auf Vega 1 und 2 und Giotto war also keine Überraschung", stellte Mendis mithin fest. Wasserdampf sollte in der Atmosphäre von Kometen, der Koma, häufig anzutreffen sein, aber erdgebundenen Teleskopen ist seine Beobachtung unmöglich. Zum ersten Mal überhaupt war er schließlich im Dezember 1985 mit einem Infrarotteleskop auf dem fliegenden Kuiper Airborne Observatory der NASA bei Halley nachgewiesen worden, und die Raumsonden fanden ihn vor Ort erwartungsgemäß in großen Mengen vor. Und sie bestätigten auch die theoretische Vermutung, daß Kometen H_3O, protoniertes Wasser oder Hydronium enthalten. Bereits bei Giacobini-Zinner war es gefunden worden, eine bedeutende Entdeckung, denn die zum normalen Wasser (H_2O) hinzugefügten Wasserstoffionen dominieren dort die Chemie in der inneren Koma.

Wasserdampf machte 80% oder mehr des Gases von Halley aus. Der die Erde umkreisende International Ultraviolet Explorer fand als nächsthäufigstes Molekül Kohlenmonoxid, CO, dessen Anteil 10–15% betrug. Methan, das viele erwartet hatten, war dagegen nicht zu finden, und in den flüchtigen Eisbestandteilen des Kometen fehlte es generell an Kohlenstoff. Der fand sich dagegen im Staub wieder. Vor den Halleyencountern hatte man angenommen, daß die kleinsten Staubteilchen immer noch 1/10 000 mm groß sein müßten. Schließlich war das die Untergrenze der interplanetaren Staubteilchen, die aus alten Kometenschweifen stammen und von hochfliegenden Flugzeugen in der Stratosphäre aufgesammelt werden. Dagegen fanden die Vegasonden und Giotto noch Staub von nur einem Zehntel dieser Größe, und das vor dem Kometen, wo, so Mendis, der Strahlungsdruck der Sonne die kleinen Partikel längst in den Schweif getrieben haben müßte.

Was die Natur des Staubes betraf, so hatte man felsiges Material in Gestalt von Silikaten erwartet, ähnlich denen in Meteoriten, und es gab auch Spekulationen über Kettenmoleküle auf Kohlenstoffbasis und Silikatkörnchen mit einem Mantel aus Kohlenstoffverbindungen. Den Vegasonden gelang die erste Klassifizierung des Halleystaubes. Einige felsige Körnchen enthielten auch Kohlenstoffverbindungen, andere nicht. Die kleinsten Teilchen bestanden fast vollständig aus Verbindungen von Kohlenstoff, Wasserstoff, Sauerstoff und Stickstoff, mit wenig bis gar keinem Silikatanteil: Nach den chemischen Elementzeichen wurden diese Teilchen CHONs getauft.

Mit einem Volumen von 500 km^3 entsprach Halleys Kern einem großen Berg auf der Erde. Das war größer als viele vorherige Schätzungen (obwohl einige noch größer gewesen waren). Seine unregelmäßige Form wurde abwechselnd als Kartoffel, Erdnuß und Avocado beschrieben; sie entsprach den Erwartungen, denn um unter seiner eigenen Schwerkraft Kugelform anzunehmen, dafür war er wiederum viel zu klein. Der Kern absorbiert 96 % des auftreffenden Lichts, was ihn, so Mendis, „unter die dunkelsten Objekte des Sonnensystems stellt." Wiederum hatten die meisten Experten einen helleren Kern erwartet, aber einige hatten richtig gelegen.

Mendis verwies dann auf eine Theorie, die auf Whipples frühe Überlegungen zurückging: Der Schnee des Schneeballs bekommt durch den freigesetzten Staub seine dunkle Kruste, wenn der sich wieder auf den Kern niederläßt. „Was wir beobachten", meinte er, „ist nicht ein reiner Eiskern, sondern ein Kern, den eine Schicht dunklen warmen Staubes bedeckt." Das sah Uwe Keller allerdings anders.

Zwei elementare Fragen über Halley konnte das Symposium nicht beantworten. Keine der Sonden hatte Hinweise auf die Masse des Kerns geliefert, selbst der am nächsten herangekommene Giotto war nicht eindeutig von ihm angezogen worden. Die Kernmasse blieb daher so unsicher wie zuvor und kann, je nachdem, ob man ihn für dichtgepackt oder für vornehmlich leeren Raum zwischen lose zusammenhängenden Teilchen hält, zwischen 50 und 500 Mrd. t liegen.

Eine Überraschung in Heidelberg waren völlig widersprüchliche Aussagen zur Rotationsperiode des Kerns. Die Aufnahmen der drei Sondenkameras gaben keine eindeutige Antwort, sie mußte mithin in anderen Phänomenen gesucht werden. Aus der Gestalt von Halleys gekrümmten Staubjets von 1910 war auf eine Rotationsperiode von 53 Stunden geschlossen worden, die das Ultraviolett-Teleskop der japanischen Suiseisonde bald im „Wasserstoffatmen" der Koma wiederzufinden glaubte. Doch die beste Meßreihe von Halleys Helligkeitsschwankungen im Licht verschiedener Gase, die im März und April 1986 von der Erde aus gewonnen worden war, sprach ganz klar für eine Periode von 7,4 Tagen, die umgehend vom International Ultraviolet Explorer bestätigt wurde.

Manche Astronomen, die eben noch eine „klare" 53-Stunden-Periode in ihren Beobachtungen des einen oder anderen Halley-Phänomens gesehen hatten, kamen nach der Vorstellung der neuen Ergebnisse ins Grübeln und konnten manchmal auch eine 7,4-Tages-Periode erkennen. Die aber war nach Ansicht der Sondenkameraleute unmöglich, habe doch Vega 1 das „dicke Ende" des Kartoffelkerns gesehen, was angesichts der seitlichen Perspektiven von Vega 2 und Giotto für eine kürzere Rotationsperiode sprechen müsse. Im Gegensatz zu vielen anderen Kometen zeigt Halleys komafreier Kern in großem Sonnenabstand keine klaren periodischen Helligkeitsschwankungen, so daß die Frage nach der Rotation mit einfachen Mitteln nicht zu beantworten ist.

Angesichts der widersprüchlichen, aber an sich einwandfreien Beobachtungen begannen manche Theoretiker über immer kompliziertere Modelle nachzudenken, bei denen der Kometenkern in zwei Tagen um eine, und in einer Woche um eine andere rotiert. Schließlich machte jemand den Witz, daß man schon mal eine Halleykonferenz nach der nächsten Erscheinung 2061 vorbereiten sollte, mit der Rotation des Kerns als erstem Tagesordnungspunkt.

Während Giotto zum Halleyschen Kometen flog, war Europa dabei, zu einer neuen Identität zu finden. Trotz des Jahrzehnte dauernden Prozesses engeren Zusammenwachsens in der Europäischen Gemeinschaft, fühlten sich die meisten Menschen nicht als Europäer, sondern als Deutsche, Niederländer, Italiener und so weiter. Noch einer weiteren Dekade würde es bedürfen, bis ein echter gemeinsamer Markt mit einheitlichen Regeln entstehen würde. Aber 1986 war Europa sehr wohl schon auf dem Weg, und das besonders in der Wissenschaft und Technik.

Die Elementarteilchenforscher bei CERN in Genf z.B. stellten die seit 1945 bestehende amerikanische Vorherrschaft in der physikalischen Grundlagenforschung in Frage, während die Europäische Südsternwarte ESO in Chile den größten Sternwartenkomplex der Welt aufbaute. Europäische Namen tauchten jetzt häufiger unter Nobelpreisträgern auf, der „Brain Drain", der Verlust an wissenschaftlichem Potential in den 30er und 40er Jahren, wurde allmählich überwunden.

Multinationale Gemeinschaftsprogramme wurden der Regelfall in allen Bereichen, von der Mikrocomputer- bis zur Biotechnologie. Auf dem Luft- und Raumfahrtsektor forderten militärische und zivile Flugzeuge aus Bauteilen verschiedener europäischer Länder die amerikanische Dominanz heraus. Europas Ariane begann, wie es die Franzosen vorausgesagt hatten, amerikanische Satelliten zu starten. Die Europäische Weltraumagentur ESA profitierte von dieser Tendenz und plante Großes für die Zukunft, auch in der bemannten Raumfahrt. Österreich und Norwegen sollten der ESA 1987 beitreten, Finnland assoziiertes Mitglied werden.

8. Die ungeschminkte Wahrheit 127

Und noch etwas zeichnete das neue Europa aus: der Geist des Friedens. Die Militarisierung des Weltraums durch die Supermächte belebte alte Ängste nuklearer Erstschläge neu, Untersuchungen über den „nuklearen Winter" trugen sie auch in unbeteiligte Länder. Die ESA aber war kraft ihrer Satzung auf ausschließlich nichtmilitärische Aktivitäten festgelegt. Das war beruhigend.

Der großen Heidelberger Halleykonferenz folgte direkt im November 1986 ein Treffen jener Inter-Agency Consultative Group in Padua, die das Pathfinder-Projekt koordiniert hatte. Nach gegenseitigen Gratulationen – alle Weltraummissionen der Beteiligten waren erfolgreich gewesen – beschloß man, die Gruppe nach dem erfolgreichen Halleyabenteuer nicht aufzulösen, sondern die internationale Zusammenarbeit zwischen Europa, Japan, der Sowjetunion und den USA auch in Zukunft fortzusetzen. Der Brennpunkt sollten jetzt Untersuchungen über die Wechselwirkungen solarer Phänomene mit der Erde sein, womit sich nicht weniger als zwölf geplante Missionen in den 90er Jahren beschäftigen sollten.

Als Erinnerung an die multinationalen Encounter mit Halley bereitete die ESA ein kleines Buch vor, größtenteils von Rüdeger Reinhard geschrieben und verschwenderisch illustriert. Die Bildunterschriften waren in Englisch, Französisch, Japanisch und Russisch. Papst Johannes Paul II. wurde bei einer feierlichen Audienz für die Inter-Agency-Gruppe in der Sala Regia im Vatikan eine Ausgabe des Buchs überreicht. Neunzehn Kardinäle hörten zu, als der Generaldirektor der ESA dem Papst die Zusammenarbeit erklärte, die hinter der Sondenflotte zu Halley gestanden hatte. Er erklärte, wie sich die Raumfahrtagenturen und Wissenschaftler vieler Länder gemeinsam bemüht hatten, damit die einmalige Chance nicht vertan wurde. „Das Ergebnis war die größte Weltraumanstrengung, die je unternommen wurde", führte Reimar Lüst aus.

In seiner Antwort sagte der Papst, er „hoffe und bete, daß all die Wissenschaftler und Ingenieure in Ihren Weltraumagenturen auch weiterhin zusammenarbeiten werden, so daß Sie neben ihren anderen ehrenvollen Titeln auch die Auszeichnung *Friedensstifter* zu tragen verdienen."

Die am Giottoprojekt Beteiligten wurden von Staatsoberhäuptern, Premierministern und anderen freundlich empfangen, aber als sich das Jahr 1986 dem Ende zuneigte und Halley auf dem Weg zurück in die Tiefen des Sonnensystems schon viel von seinem Glanz eingebüßt hatte, verlor die Kometenkunde schon wieder an Attraktivität. Andere Themen gab es schließlich genug, den Iran-Contra-Skandal, weiteren Ärger zwischen den Supermächten, aber auch die Rückkehr des Physikers und Dissidenten Andrei Sacharow nach Moskau.

Für die Kometenforscher in Europa konzentrierte sich das Interesse zunächst auf ein amerikanisch-deutsches Projekt für ein Kometenrendezvous von vielen Monaten Dauer namens CRAF und die noch recht vagen ESA-Pläne für eine Kometenprobenentnahme, ebenfalls zusammen mit den USA im Rahmen der Roscttamission. Eine Arbeitstagung im Juli 1986 in Canterbury hatte begonnen, die grundlegenden Fragen von Rosetta zu klären, und es wurden mit den Amerikanern Gespräche über die Art ihrer unverzichtbaren Beiträge geführt. Vor allem für die weiche Landung auf dem Kometenkern sollten sie zuständig sein, hatten sie doch zwei unbemannte Sonden sicher auf den Mars und unbemannte wie bemannte auf den Mond gebracht.

Unter den Weltraumforschern im allgemeinen ließ das Interesse an den Kometen allerdings nach, zumal beide Missionen erst in ferner Zukunft aktuell werden sollten. Diejenigen Giottoexperimentatoren, die sich mehr für die Physik interessierten, konnten diesen Fragen auch anderswo im Sonnensystem nachgehen. Sie sahen sich nach neuen Projekten um. Susan McKenna-Lawlor z. B. entwickelte bereits ein Instrument für eine sowjetische Sonde, das die Entstehung und Beschleunigung energiereicher Teilchen in der Nähe des Planeten Mars untersuchen sollte.

Das Jahr des Kometen hatte gleichwohl die vorher unbedeutende Gruppe der Kometenenthusiasten unter den Weltraumforschern und Astronomen angespornt und auch vergrößert. Die volle Auswertung der Sondendaten erforderte noch Jahre der Arbeit von seiten einiger Mitglieder jener Teams, die seinerzeit die Instrumente beigesteuert hatten. Und es ging nicht nur darum, die ersten Eindrücke zu verfeinern. Die Charakteristika der Kometen schlechthin – wenn Halley denn ein typischer Vertreter war – mußten definiert und zuweilen umdefiniert werden.

Die kosmische Geschichte, die Gas und Staub des Halleyschen Kometen erzählen konnten, war so reichhaltig, daß ihre korrekte Auswertung eine hohe Verantwortung bedeutete. Selbst als Giotto sechs Jahre später seinen zweiten Kometen erreichte, waren die Labors noch damit beschäftigt, und beunruhigende Mehrdeutigkeiten zögerten die endgültigen Aussagen über die Chemie des Kometen hinaus.

Für Johannes Geiss und Hugo Fechtig, die in den 70er Jahren für eine europäische Kometenmission gekämpft hatten, stellte ein Komet das entscheidende Verbindungsstück in der Geschichte unserer Herkunft dar. Seine Chemie war jener interstellaren Gas- und Staubwolke, aus der das Sonnensystem hervorging, vermutlich näher als die von Sonne und Erde, ja selbst der primitivsten Meteoriten, die zuweilen auf die Erde fallen. Alle waren in den 4,6 Mrd. Jahren nach der Bildung des Sonnensystems mannigfachen Veränderungen unterworfen. Sogar die interplanetaren Staubteilchen, die in der Stratosphäre der Erde von hochfliegenden Flugzeugen eingesammelt werden können und die aller Wahrscheinlichkeit nach teilweise aus Kometenschweifen stammen, haben auf ihrer Reise und beim Eintritt in die Atmosphäre gelitten.

Jenes Material der Urwolke, das zur Sonne kollabierte, wurde in dem gewaltigen Ofen in seine Elemente zerlegt. Im inneren Sonnensystem hatte nur schweres, felsiges Material die Hitze und den starken Sternwind der jungen Sonne überstanden, bevor es in Merkur, Venus, Erde und Mars eingebaut wurde. Und dort gingen die Veränderungen weiter. Im Erdinneren trieb die Hitze von Kollisionen und Radioaktivität zusammen mit den hohen Umgebungsdrücken geschmolzenes Eisen aus den felsigen Bestandteilen, das sich in ihrem Kern sammelte.

Die Kometen dagegen entstanden viel weiter von der Sonne entfernt und blieben auch klein und, von den seltenen Annäherungen an die Sonne abgesehen, auch kühl. Die interstellaren Bestandteile sollten hier fast unverändert zu finden sein. Ihrem Charakter nach mochten die Kometen fremdartig erscheinen, aber ihre Chemie war der irdischen gar nicht so fern. Das lose Material auf der Erdoberfläche, von dem das Leben abhing, entsprach der Materie von Kometen eher als das Erdinnere. In der Frühphase der Erde müssen Zusammenstöße mit Kometen eine Alltäglichkeit gewesen sein. Schon früh wurde daher ihre Beteiligung an der Entstehung der Ozeane und der Atmosphäre für möglich gehalten, und auch die für die Entstehung des Lebens nötigen Kohlenstoffverbindungen mochten von ihnen geliefert worden sein.

Giotto war tiefer als alle anderen Sonden in den Kometen eingedrungen, aber die Staubanalyse hatte am besten auf Vega-1 funktioniert. Die Hauptinstrumente und ihre leitenden Wissenschaftler, die PIs, waren

- das Neutralmassenspektrometer NMS auf Giotto (Krankowski, Heidelberg),
- das Ionenmassenspektrometer IMS auf Giotto (Balsiger, Bern),
- das Ionenenergiespektrometer PICCA auf Giotto (Korth, Katlenburg-Lindau) und
- die Staubmassenspektrometer PIA auf Giotto und PUMA auf den Vegasonden (Kissel, Heidelberg).

Die Auswertung war größtenteils eine Gemeinschaftsarbeit von Bern, Heidelberg und Katlenburg-Lindau, zumal sich viele Teams personell überlappten. Der Berner Peter Eberhard spielte bei NMS eine prominente Rolle, eines der zwei IMS-Instrumente (HIS) kam von Helmut Rosenbauer aus Katlenburg-Lindau, und das andere (HERS) von Marcia Neugebauer vom kalifornischen JPL.

Massenspektrometer können die Atome und Moleküle, die in sie hineingeschossen werden, nicht direkt identifizieren. Sie bestimmen lediglich ihre atomaren Massen, grob ganzzahlige Vielfache der Masse eines Wasserstoffkerns, eines Protons. Die Daten kamen als schlichte Zahlenfolgen von den Sonden: So und so viele Teilchen der Massenzahl 18, so viele bei 71 usw. Selbst die Fachleute nannten diese Zahlen immer Massen, obwohl es strenggenommen die Massen dividiert durch die elektrischen Ladungen der Atome und Moleküle waren.

Das Problem war nun, daß ganz verschiedene Materialien dieselbe Massenzahl aufweisen konnten. Wasser hat ebenso ein Massen-Ladungs-Verhältnis von 18 wie Ammoniak und Schwerer Sauerstoff – und sogar wie ein dreifach geladenes Titanatom. Ein Stoff mit der Massenzahl 28 konnte Kohlendioxid oder Äthylen sein, oder Wasserstoffzyanid, das ein zusätzliches Proton eingefangen hatte. Die Weltraumchemiker kamen zu dem Schluß, daß letzteres tatsächlich für die meisten 28er Teilchen zutrifft.

Um den chemischen Code des Kometen zu knacken, mußten sie sich vorstellen, welche Veränderungen in der Kometenkoma ablaufen. Wenn nämlich ein bestimmtes Molekül richtig identifiziert war, dann mußten daraus auch Tochtermoleküle mit vorhersagbarer Massenzahl entstehen. Waren diese tatsächlich in den Signalen der Sonde enthalten, dann stieg die Wahrscheinlichkeit der Identifizierung. In der innersten Koma sollte das neu freigesetzte Material der wahren Zusammensetzung des Kometen noch am nächsten kommen. Aber je weiter es sich vom Kern entfernte, desto mehr würden es die Ultraviolettstrahlung der Sonne und auch chemische Reaktionen verändern – und als weitere Komplikation konnten die zahlreich vorhandenen Staubteilchen auch selbst noch Gas freisetzen, weit vom Kern entfernt.

Die stark vertretenen Wassermoleküle in der Koma neigten dazu, viele andere Molekülsorten zu zerstören. Die Anheftung eines Protons war eine weitere, häufige Reaktion: Erst nahmen die Wassermoleküle es auf und wurden zu H_3O, dann gaben sie das Proton an andere Moleküle ab, mit denen sie zusammenstießen. Eine solche „Protonierung" erhöhte natürlich die Massenzahl des Moleküls um eins, was seiner Identifizierung nicht gerade förderlich war.

Anny-Chantal Levasseur-Regourds Optical Probe auf Giotto, Infrarotsensoren auf den Vegasonden und die UV-Instrumente auf Suisei lieferten alle chemische Informationen, die die direkten, aber verwirrenden Messungen der Massenspektrometer ergänzten: Einige der häufigeren Moleküle leuchteten bei charakteristischen Wellenlängen. Und natürlich konnten auch Teleskope auf der Erde, auf Flugzeugen, Raketen und Satelliten die charakteristischen infraroten und ultravioletten Emissionen nachweisen.

Starke Signale bei den Massen 31 und 33 mögen als Beispiel dienen, wie der Code geknackt werden konnte: Das IMS hatte sie beim Hineinflug in Halleys Koma gemessen. Erst 1991 war das Team in Bern überzeugt, daß dafür vor allem protoniertes Formaldehyd (Masse 30+1) und protoniertes Methanol (32+1) verantwortlich sind, nach langwierigen Computermodellierungen aller vorstellbaren physikalischen und chemischen Prozesse im Massenbereich 25 bis 35 und vielen Diskussionen mit den Co-Investigatoren.

Das Formaldehyd, chemisches Zeichen H_2CO, war ein Bestandteil der Kometenkoma, den bereits das NMS nachgewiesen hatte, ebenso über seine Infrarotemission ein Sensor auf Vega-1. Aber das Formaldehyd konnte von einem zerbrechenden Formaldehydpolymer, also einer Kette aus diesen Molekülen, stammen, das im Kometenkern oder in den Staubteilchen das eigentliche Muttermolekül war. Hinweise darauf gab PICCA. Die IMS-Daten legten nahe, daß das neue Formaldehyd von Staubteilchen in großem Abstand vom Kometen freigesetzt wurde.

Das Methanol war eine unabhängige Entdeckung des IMS. Auch als Methylalkohol bekannt, ist es ebenfalls eine Verbindung von Kohlen-, Wasser- und Sauerstoff mit der Summenformel CH_3OH. Die Wissenschaftler mußten allerdings die Möglichkeit in Betracht ziehen, daß das Signal bei 33 Masseneinheiten auch von etwas ganz anderem, nämlich protoniertem Hydrazin aus Stickstoff und Wasserstoff, herrühren konnte. Nur durch allgemeine Überlegungen über die Zusammensetzung des Kometen konnte Methanol als wahrscheinlichere Erklärung bestimmt werden, das bald darauf mit einem Radioteleskop in einem anderen Kometen auch direkt nachgewiesen werden konnte. Ein letzter Beweis war dies freilich nicht, denn die Kometenforscher hatten in den 80er Jahren auch lernen müssen, daß sich ein Komet vom nächsten chemisch erheblich unterscheiden kann.

Diskrepanzen zwischen den vielen Beobachtungen machten eine komplette Übereinstimmung praktisch unmöglich. Aber während die Weltraumchemiker die Ausströmungen von Halley verdauten, festigten sich bei ihnen doch einige starke Eindrücke. NMS zeigte eine gesamte Gasproduktion Halleys von rund 20 t/s zum Zeitpunkt des Encounters, während weniger als 10 t Staub pro Sekunde freigesetzt wurden. In den Grenzen der Meßgenauigkeit konnte man nur sagen, daß Staub und Gas in der gleichen Größenordnung vorlagen.

Von den Gasen, die das NMS als neutrale und das IMS als geladene Moleküle nachwiesen, stammten die meisten von ursprünglichem Wassereis und darin gefangenen flüchtigeren Substanzen. Von dem Kohlenmonoxid, das etwa 10 % des Gases ausmachte, schien die Hälfte aus dem Eis und die Hälfte aus bereits freigesetzten Staubteilchen zu stammen. Drei andere flüchtige Bestandteile, die jeweils grob 2 % des Gases ausmachten, waren Kohlendioxid, Methan und Stickstoff. Aber auch das komplexere Formaldehyd war mit 2 % vertreten – ein erstaunliches Ergebnis für die kosmische Chemie. Ammoniak, ein anderes häufig vorkommendes Gas, von dem man einiges im Kometen erwartet hatte, machte sich dagegen rar. Wasserstoffzyanid und Wasserstoffsulfid waren hingegen in Spuren vorhanden.

Warum gab es weniger Methan und Ammoniak in Halley als erwartet? Als einfachste, stabile Verbindungen von Kohlen- und Stickstoff mit Wasserstoff sollten sie sich in einer wasserstoffreichen Umgebung leicht bilden, aber stattdessen überlebte der Kohlenstoff in Verbindungen mit Sauerstoff, der normalerweise leicht mit Wasserstoff reagiert. Die Halleydaten von im Weltraum tiefgefrorenen Materialien zeigten jetzt, daß unter diesen sanften Bedingungen chemische Reaktionen nur sehr langsam abliefen. Instabile Kombinationen und Mischungen von Molekülen konnten in dem Kometen seit der Geburt des Sonnensystems überleben.

Die Zusammensetzung des Staubes bestätigte diesen Eindruck. Mineralische Körnchen, größtenteils aus Magnesium, Silizium, Eisen und Sauerstoff, waren mit kohlenstoffreichen Verbindungen inklusive Wasser-, Sauer- und Stickstoff überzogen, die bei den kleinen „CHON"-Partikeln sogar überwogen. Selbst nach ihrer Spaltung blieben viele der Moleküle noch groß und kompliziert, mit hohen Massenzahlen – ideale Studienobjekte für die Instrumente PICCA, PIA und PUMA.

PICCA, der Zusatz von Axel Korth zu Henri Rèmes Plasmaanalysator, maß die Moleküle, die nach dem natürlichen Zerfall des Kometenstaubes als freie, geladene Teilchen vorkamen. Eigentlich wollte er sie bis zu Massenzahlen von 210 nachweisen, aber die harschen Zustände in Halleys Koma beschränkten die Analyse auf maximal 70. Trotzdem konnte er einige bedeutsame Kohlenstoffverbindungen nachweisen, neben Formaldehyd auch Acetaldehyd und Acetonitril, Chemikern wohlbekannt, aber andere Produkte wiesen auf Muttermoleküle hin, die den gewöhnlichen Kohlenstoffverbindungen auf der Erde nicht ähnelten.

Das Fehlen bestimmter Massen schloß auf einen Schlag eine ganze Klasse von Kohlenstoffverbindungenn als wesentliche Bestandteile Halleys aus. Hätte der Komet Kohlenwasserstoffe besessen, wie sie auf der Erde im Benzin vorkommen, dann wären in Korths Daten viele Fragmente mit voraussagbaren Massenzahlen aufgetaucht. Das war nicht der Fall, obwohl solche Kohlenwasserstoffe verbreitete Endprodukte vieler chemischer Reaktionen sind. Stattdessen wies PICCA ungesättigte Kohlenwasserstoffe nach, denen Wasserstoffatome fehlen und die „chemisch hungrig" sind.

Jochen Kissels Instrumente, PIA auf Giotto und PUMA auf den Vegasonden, sortierten die Molekülfragmente, die beim Aufprall von kometarischen Staubteilchen auf ein sogenanntes Target zwangsläufig entstehen. Bei PIA war das ein Band aus Platinfolie, mit Silber dotiert, das hinter der Eintrittsöffnung abrollte: So war immer frisches Metall vorhanden, als sich die Einschläge häuften. PUMA war fast identisch, außer daß hier reines Silber verwendet wurde, einmal auf einer Rolle (Vega-2) und einmal feststehend und geriffelt (Vega-1).

PIA und PUMA waren leicht auf den Seiten der Raumsonden auszumachen. Der technische Aufbau der elektrischen Deflektoren für die Teilchenbahnen erzwang eine auffällige V-Form. Nach jedem Staubtreffer auf das Target zerbrach und verdampfte das Teilchen fast vollständig, und die Wolke wurde elektrisch geladen. Die geladenen Fragmente wurden dann von der Apparatur entlang einer Art Rennbahn beschleunigt, und die Zeit, die jedes bis zu einem Detektor am anderen Ende der Strecke brauchte, war ein Maß für seine Masse. Die schwersten Teilchen kamen zum Schluß. Als Giotto Halley erreichte, besaß Kissel bereits aufregende Ergebnisse von PUMA. Die Daten von Vega-1 waren besonders gut, ein Glück, denn der Ausfall eines Verstärkers in PIA beschränkte die Giottodaten auf die häufigsten Materialien.

In den Monaten und Jahren, die folgten, konnte Kissel seine Ergebnisse von Vega und Giotto mit denen anderer chemischer Instrumente Giottos vergleichen, insbesondere PICCA. Sein engster Partner war ein Darmstädter Chemieexperte, Franz Krueger. Die möglichen Kombinationen von Molekülen, die zu den beobachteten Massen paßten, wurden immer zahlreicher und beängstigender bei den höheren Massen. Um gezieltes Raten, „educated guesswork" im Wissenschaftsjargon, kam man nicht mehr herum. „Ein schlecht eingestellter Dieselmotor würde dieselben Ergebnisse wie Halley liefern", meinte Kissel sarkastisch.

Konsistenz war der entscheidende Test, für die höheren Massen ebenso wie für die kleineren. Zum Beispiel paßte zur PUMA-Massenzahl 78 ein Molekül mit fünf Kohlenstoff-, einem Stick- und vier Wasserstoffatomen, ein Pyridin-Ring, dem ein Wasserstoffatom fehlt. Pyridin wird als übelschmeckende Substanz oft Industriealkohol beigefügt, um ihn ungenießbar zu machen, aber es kommt auch in vielen lebenswichtigen Molekülen vor. Unter den aggressiven Bedingungen in Halleys Koma sollten aber auch bestimmte Bruchstücke von Pyridin auftreten, beispielsweise Acetronitril mit zwei Kohlen-, einem Stick- und vier Wasserstoffatomen mit der Massenzahl 42. Pyridin konnte also nur die Antwort auf die Masse 78 sein, wenn es entsprechende Acetronitril-Zählraten bei 42 gab. Und es gab sie!

Aufgrund solcher Übereinstimmungen entwarfen Kissel und Krueger eine Liste der Kohlenstoffverbindungen im Kometenstaub, von Wasserstoffzyanid, einem sehr einfachen Molekül, bis hin zu Adenin, immerhin einer der Nukleinsäuren der DNS des Lebens. Und in den Vegadaten sahen Kissel und Krueger denselben chemischen „Hunger" wie Korth in den Giottodaten. In der Kälte des Kometen überlebten viele Kohlenstoffverbindungen, die im Vergleich mit ihren stabilen Verwandten wie den gewöhnlichen Kohlenwasserstoffen unvollständig waren. Unter den wärmeren Bedingungen der Erde sammelten sich solche Substanzen niemals an, weil sie sich sofort mit anderen verbanden und verschwanden. Auch die aus dem Kometen würden das natürlich tun, wenn man ihnen die Gelegenheit dazu gäbe, etwa, wenn man sie aus ihrer ultrakalten Gruft befreit und in flüssiges Wasser wirft. Die Hypothese, daß dies eine Rolle bei der Entstehung des Lebens auf der Erde gespielt haben könnte, gehört in ein späteres Kapitel.

„Ja, ein Jahrzehnt ist schon ein beachtlicher Zeitraum in der Berufslaufbahn der Beteiligten", sagte Uwe Keller. „Aber für ein Weltraumexperiment ist das normal." Er meinte damit die Aufgabe, erst die Halley Multicolour Camera zu bauen und auf Giotto zu betreiben und dann ihre Bilder des Kerns und der Staubjets zu analysieren. Hätte die Kamera für das Grigg-Skjellerup-Encounter überlebt, dann wäre die Gesamtzeit für das Experiment noch einmal angestiegen. Aber auch so wurden Keller und seine engsten Mitarbeiter am MPI für Aeronomie in Katlenburg-Lindau mit der endgültigen Katalogisierung der Halleyaufnahmen erst 1991 fertig.

Da die Oberfläche des Kerns nur 4 % des auftreffenden Lichts reflektierte, waren die Details nur mit Mühe zu untersuchen. Selbst die sonnenbeschienenen Bereiche waren nicht deutlicher als Holzkohleschrift auf einer schwarzen Tafel. Aber nach peinlich genauer Bildverarbeitung gaben die Bilder doch Informationen ersten Ranges über die Natur von Kometen preis.

Von den über 2300 Bildern, die die HMC bei Halley gemacht hatte, gingen etwa 2000, bereits vorverarbeitet, ans Jet Propulsion Lab, um auf den CD-ROMs der International Halley Watch Aufnahme zu finden. Mit dem Erscheinen der Scheibe mit den Sondenbildern wird 1994 gerechnet. Eine Auswahl von 50 eingehender verarbeiteten Bildern bildet den „Katalog", der den Abschluß des Halley-Multicolour-Camera-Projekts markiert. Wie die Kommentare zu den Gemälden alter Meister zeigen Erläuterungen jedes Detail auf, das einmal jemand entdeckt hat, und machen allgemeinen Aussagen über den Kometen, soweit es die Bilder erlauben. Der innere Kreis der Auswerter, Werner Curdt, Rainer Kramm und Nicholas Thomas, steht mit Keller auf dem Katalog, den Rüdeger Reinhard herauszugeben half und dessen gedruckte Fassung (als Sonderpublikation der ESA) ebenfalls erst 1994 erwartet wird.

Die größte Enttäuschung war, daß die HMC nur eine Seite des Kometenkerns zu sehen bekommen hatte und nur aus einer Richtung. Bis zu dem Moment neun Sekunden vor der größten Annäherung, als die Kamera ausgefallen war, hatte sich der Blickwinkel nur um wenige Grad geändert. Dadurch blieben nicht nur große Teile der Oberfläche unsichtbar, auch die Gesamtform und Orientierung des Kerns blieben unbestimmt.

Die sowjetischen Vegasonden hatten Bilder des Kerns aus anderen Winkeln geliefert: Nach Jahren der Datenverarbeitung und dem Vergleich mit den Giottobildern glauben ungarische Mitglieder des Vegakamerateams jetzt, daß der Kern 15,3 km lang ist. Wenn das stimmt, dann bedeutet die von Giotto gesehene, scheinbare Länge von 14,2 km, daß der Kern etwas von der anfliegenden europäischen Sonde weggeneigt war.

Für Giotto war der Kometenkern wie eine Mondsichel, zu einem Viertel beleuchtet und mit der dunklen Seite als Silhouette gegen den sonnenbeschienenen Staub der inneren Koma. Die Kamera war, wie man sich erinnert, mit ungutem Gefühl so programmiert worden, daß sie immer den hellsten Punkt am Himmel in die Bildmitte nahm. So zeigen die letzten Bilder immer deutlicher ein Leuchten neben dem Nordende des Kerns, wo gerade die stärkste Staub- und Gasfreisetzung stattfand, der Rest des Kerns ging allmählich hinter dem Bildrand verloren. Das letzte Bild, das den ganzen Kern zeigte, entstand aus 14 000 km Entfernung: Auf seiner Oberfläche konnte die Kamera Details gerade bis hinunter zu 320 m auflösen. Die letzten brauchbaren Nahaufnahmen aus 2000 km Distanz zeigen Details bis zu 50 m am nördlichen sonnenbeschienenen Ende: Die Winkelauflösung der HMC war in der Praxis etwa 5 Bogensekunden.

Keller, Kramm und Thomas kombinierten dann sechs bildverarbeitete Aufnahmen aus verschiedenen Abständen zu einer einzigen, die verschiedene Bereiche des Kerns so scharf zeigte, wie es mit den Giottodaten möglich war. Die Gegend, die am weitesten vom hellen Fleck entfernt war, hatte dann die wenigsten, die Umgebung des Flecks die meisten Details. „In der Zukunft", sagte Keller einmal, als er einem Journalisten eine Kopie dieses Komposits gab, „können Sie leicht feststellen, ob Ihre Enzyklopädie etwas taugt. Hat sie das beste Bild des Halleyschen Kometen, das es bis 2061 geben wird?"

„Aber ist das die ungeschminkte Wahrheit?" wollte der Journalist wissen. „Oder hat sich da ein Künstler dran versucht?" Er hatte noch die unscharfen Bilder von Halleys Kern aufbewahrt, die Keller in Darmstadt einen Tag nach dem Encounter verteilt hatte. Die sensationelle Verbesserung ein paar Jahre später, durch die die Hügel und Vertiefungen auf der Oberfläche leicht zu erkennen waren, erschien ihm verdächtig.

Keller machte ihm dann klar, wie moderne Bildverarbeitung im Computer funktioniert: ohne künstlerische Freiheit und ohne vorgefaßte Meinungen darüber, wie der Kern auszusehen hatte. Als erstes waren offensichtliche Bildstörungen entfernt worden, vor allem von Kosmischer Strahlung hervorgerufene, die auf dem CCD-Chip auf der Hälfte der Bilder Punkte und Streifen hinterlassen hatte. Elektrische Interferenzen hatten Streifenmuster erzeugt, wie es auch manchmal in irdischen Fernsehgeräten geschieht. Auch das ließ sich „wegrechnen".

Um zufällige Störungen, das heißt Rauschen, zu reduzieren, wurden drei, kurz nacheinander aufgenommene Bilder gemittelt. Da der Komet auf allen gleich aussehen sollte, mußten Unterschiede auf Rauschen zurückgehen und konnten entfernt werden. Weitere Mängel der Rohdaten stammten vom Kamerasystem, Streulicht, das in die Kamera gelangte, führte zu falschen Aufhellungen. Außerdem kann kein optisches System Licht perfekt bündeln, aber Aufnahmen des quasi punktförmigen Sterns Altair, die Giotto im Februar 1986 gemacht hatte, lieferten genaue „Punktbilder". Anhand dieser Abbildungen, im wesentlichen kleinen Lichtscheibchen, ließ sich die Art und Weise bestimmen, wie die Optik einen Lichtpunkt abbildet. Mit dieser Kenntnis konnten dann die Aufnahmen Halleys im Computer „entfaltet" und eine mitunter erhebliche Schärfung bewirkt werden, ohne daß dabei die Phantasie der Auswerter im Spiel wäre.

Die elektronischen Detektorelemente einer Charge-Coupled Device sind nicht alle gleich empfindlich. Sie liefern für dieselbe Lichtintensität unterschiedliche Werte. Nachdem dieses sogenannte Flatfield genau bestimmt worden war, konnte auch es von den Daten subtrahiert werden, ebenso die Fehler durch einige Elemente, die durch Überhitzung falsche Signale lieferten. Der letzte Schritt, um noch das letzte an Detail aus den Daten herauszuholen, war eine ebenso einfache wie frappierend effektvolle Bildverarbeitungstechnik, das „Unscharfe Maskieren", das in der Astrophotographie schon länger verwendet wird. Dabei wird von dem Bild eine künstlich etwas unschärfer gerechnete Version seiner selbst subtrahiert: Großflächige Helligkeitsvariationen werden so unterdrückt, aber feines Detail bleibt übrig, zunächst noch ziemlich flau. Wenn aber der Kontrast in der richtigen Weise über die ganze Skala von dunkel bis hell gestreckt wird, dann tritt Halleys Landschaft wie aus einem Nebel hervor, inklusive der Hügel und Täler.

Natürlich war Keller nicht zufrieden damit, wie ein Reiseführer auf die Oberflächendetails hinzuweisen. Er suchte nach ihrer physischen Bedeutung. Seine Mitarbeiter waren jetzt damit beschäftigt, im Computer die Aufnahmen in dreidimensionale Modelle von Halleys Kern zu verwandeln, was trotz der betrüblichen Tatsache möglich ist, daß alle Aufnahmen den Kometenkern von derselben Seite zeigen. Denn die Orte von Sonne, Kern und Kamera sind bekannt, und unter der Annahme, daß die Kernoberfläche ein gleichförmiges Reflexionsvermögen hat, läßt sich die Helligkeit einer Region direkt in ihre Neigung zur Sonne umrechnen – und viele Neigungen zusammen ergeben ein dreidimensionales Relief.

8. Die ungeschminkte Wahrheit

Eine kraterartige Vertiefung, etwa 2 km breit und 200 m tief, die Giotto auf der von der Sonne beleuchteten Seite sah, war auffällig und enthielt drei helle Flecke. Sie hatte keinen erhöhten Rand, konnte also kein Einschlagskrater sein. Nach Kellers Meinung hatte der „Krater" in der jüngeren Vergangenheit eine Menge Material in den Raum geschleudert, war aber jetzt gerade inaktiv. Seine Tiefe konnte dadurch erklärt werden, daß Halley bei den dreißig Besuchen der Sonne, seit er vor 2230 Jahren zum ersten Mal in einer Aufzeichnung erscheint, eine jeweils 6 m dicke Staub- und Eisschicht der Sonne geopfert hatte.

Auf den verarbeiteten Aufnahmen wurden auch die Jets klarer, die von Halleys Kern ausgehen, die Motoren sozusagen, mit denen Halley sein kosmisches Feuerwerk auslöst. Obwohl der ganze Raum um den Kern von leuchtendem Gas und Staub erfüllt war, erschien diese allerinnerste Koma deutlich asymmetrisch: Auf der sonnenzugewandten Seite des Kerns war sie am hellsten. Dort saßen auch drei lokal begrenzte, aktive Gebiete, aus Giottos Perspektive am Rand des Kerns. Das nördliche war das größte, dann kam das mittlere, dann das südliche. Siebzehn Filamente gingen von dem Kern aus und spannten auf der Sonnenseite des Kerns eine Art Fächer auf. Drei oder vier von ihnen führten zu etwa 500 m großen Gebieten in der aktiven Nordregion zurück – und einer lag genau in Giottos Weg. Keller vermutete daher, daß dieser für den Schaden an Sonde und Kamera in den Sekunden um die größte Annäherung der Sonde an den Kern zumindestens mitverantwortlich gewesen sein könnte, auf jeden Fall aber für Giottos Nutation nach der Kernpassage.

Die Emissionen der hellen Fläche im Zentrum der Sonnenseite des Kerns waren weniger kräftig. Die detaillierte Analyse zeigte wieder drei getrennte helle Gebiete innerhalb der Fläche und zwei Filamente, die dort entspringen. Auch die kleine, aktive Region am Südende schien mit schwachen Filamenten assoziiert zu sein, aber die meisten kamen von Quellen hinter Giottos Horizont. Doch selbst die stärksten Filamente kommen nur für einen kleinen Teil der Gas- und Staubfreisetzungen des Kometen auf, und sichtbarer Staub umgibt den Kern auf allen Seiten. Alle drei Staubexperimente auf Giotto, DID, PIA und OPE, zeigten keinen starken Anstieg der Staubdichte, als Giotto von der dunklen Seite des Kerns in den Bereich gelangte, der den Emissionen der von der Sonne beschienenen Seite ausgesetzt ist. Kellers Deutung: Ein Wind weht Staub von der aktiven Seite in die Nacht.

Wie ihr Name sagt, hatte die Halley-Multicolour-Camera-Filter, um die Lichtintensität in verschiedenen Farbbereichen zu messen. Obwohl der Kern praktisch schwarz war, so hatte er doch eine rötliche Tönung, die in den drei hellen Flecken im „Krater" am wenigsten ausgeprägt war. Der Staub in der inneren Koma war dagegen röter als der Kern selbst. Beobachtungen von der Erde aus deuten an, daß Kometen bei jedem Periheldurchgang etwas röter werden. Halley lag mit seinem Rotton zwischen dem fast farblosen Schwassmann-Wachmann 1, der immer fern der Sonne blieb, noch jenseits der Jupiterbahn, und dem sehr roten Neujmin 1, der kurz vor dem Ende seiner Kometentätigkeit zu stehen scheint.

Die erste überraschende Erkenntnis über die Natur des Halleyschen Kometen war schon mit Kellers Identifikation des Kerns in jenen Morgenstunden in Darmstadt nach dem Encounter gekommen: Fast seine gesamte Oberfläche ist inaktiv. Der zweite Grund zum Staunen tauchte erst später auf, und viel Bildverarbeitung wurde betrieben, um ihn zu bestätigen: Da war aber auch nichts an dem Kometen, was auch nur entfernt wie Schnee aussah.

Ein weitverbreiteter Irrtum, den selbst manche Fachleute teilen, ist, daß die Giottobilder Whipples Theorie von Kometenkernen als schmutzigen Schneebällen bestätigt hätten. Nicht zum ersten Mal verschoben Wissenschaftler ihre Vorstellungen gerade so weit, daß sie zu den neuen Beobachtungsergebnissen paßten: Als Giotto enthüllte, wie dunkel der Kern war, wurde der gute alte Schneeball kurzerhand in einen Kruste aus Staub gesteckt, den der Komet selbst in der Vergangenheit freigesetzt habe, und sorglos wurde das in Giottos Bildern als bestätigt angesehen. Aber Keller als Chefauswerter der Bilder teilte diese Deutung in keiner Weise.

Er untersuchte die kleinen, aktiven Gebiete im Detail und fand, daß sie ein wenig heller als der Rest der Oberfläche waren. Hier wurde mindestens 93 % des auftreffenden Sonnenlichts absorbiert, verglichen mit 96–97 % anderswo. Das waren garantiert keine glitzernden Eisflächen unter einer dünnen Staubschicht, wie man sie um die Bereiche der Kometenaktivität herum zu sehen erwartet hatte. Je länger er die Bilder studierte, desto skeptischer wurde Keller gegenüber den staubverkrusteten Schneeball. Und das Fehlen jedes Anzeichens von Eis unter der angeblichen Kruste war nicht sein einziger Grund: Halley war auch schroff.

Die ausgesprochen irreguläre Erdnußform von Halleys Kern konnte Kellers Meinung nach niemals aus einem verdampfenden Eisball hervorgehen: Der sollte einen runderen und weicheren Kern erzeugen. Ein Berg, etwa einen Kilometer hoch und „Entenschwanz" genannt, bildete sich als scharfe Ecke am Südende des dunklen Randes gegen den hellen, staubigen Hintergrund von Halleys Koma ab. „Der Berg" war eine weitere Erhebung ähnlicher Höhe in der Mitte des dunklen Kernteils, den Giotto sah; seine Kuppe bekam noch Sonnenlicht ab. Welcher Prozeß, fragte sich Keller, konnte wohl derartige Erhebungen perfekt mit einer dünnen Kruste abdecken? Und wenn diese Erhebungen größtenteils aus Eis bestanden, waren sie dann nicht geradezu prädestiniert dafür, die Wärme der Sonne aufzunehmen und rasch zu verschwinden?

Die sowjetischen Vegasonden maßen die Temperatur der sonnenbeschienenen Seite von Halleys Kern: 125 °C. Selbst bei dem Luftdruck der Erdoberfläche würde hier Wasser verdampfen. Bereiche der Kernoberfläche, die länger der Sonne ausgesetzt waren, konnten also kein Eis mehr besitzen. Aber aus den aktiven Regionen kam Dampf ebenso wie Staub, und es gab weder Anzeichen für Risse oder Vulkane, um den Jets den Weg vom Inneren des Kometen nach oben zu bahnen, noch einen Mechanismus, um unter der Oberfläche Dampf zu erzeugen. Die aktiven Regionen mußten also ihr eigenes Eis an der Oberfläche haben, und doch sahen sie fast genauso aus wie die eisfreien, inaktiven Gebiete.

Keller mußte das Rezept für den Aufbau der Kometen ändern. Whipple hatte zwar Recht gehabt, daß Eis und Staub die Bestandteile von Kometenkernen sind, und 1950 hatte er sogar die Möglichkeit erwogen, daß der Staub die wesentlichere Komponente sein könnte: „Ein Kometenkern besteht in dem Modell aus einer Matrix meteoritischen Materials geringer struktureller Stärke, gemischt mit gefrorenen Gasen – ein echtes Konglomerat." Später hatten er und andere im Eis den Klebstoff gesehen, der die Kerne zusammenhielt, die, wenn alles Eis verschwunden war, auseinanderfallen mußten. Keller aber kehrte 1988 angesichts der verarbeiteten Giottoaufnahmen zu der ursprünglichen Deutung zurück:

„Die Oberfläche des Kerns erschien einheitlich. Ebenso gibt es wenig Variation innerhalb der aktiven Gebiete, was andeutet, daß das Innere und die Oberfläche dieselben physischen Eigenschaften haben. Nirgends ist eine eisartige Oberfläche zu sehen. Die ziemlich großen, topographischen Strukturen, insbesondere die Höhe des ‚Berges', schließen die Vorstellung eines schrumpfenden, von einem Regolith großer Staubteilchen bedeckten Eisballs aus. All das unterstützt das Bild eines Kerns, dessen physische Struktur von der Matrix des nichtflüchtigen Staubes und nicht von flüchtigem Eis dominiert wird."

Eine vertraute Analogie machte den Unterschied klarer. Das Vakuum des Weltraums und die Sonnenstrahlung gefriertrocknen Kometenmaterie. Wenn das schmutzige Schneeballmodell richtig wäre, dann entspräche ein Stück Kometenkernmaterie einem Schokoladensorbet, und wenn das Eis verdampfte, bliebe nur Schokoladenpulver zurück. In dem schneeigen Schmutzball, den Keller sah, war die Kernmaterie dagegen eher ein Schokoladenkuchen frisch aus dem Kühlschrank. Auch er enthält gefrorene Feuchtigkeit, aber wenn diese verdampft ist, bleibt ein Kuchen übrig, die „nichtflüchtige Matrix" eben. Obwohl gefriergetrocknet und sehr spröde, wo vielleicht einige Teile ausgebrochen sind, wäre der Kuchen doch noch als solcher zu erkennen.

Um das Rezept seines Kometenkuchens zu finden, begab sich Keller auf eine Zeitreise 4,6 Mrd. Jahre zurück. Damals zog sich eine Wolke aus Gas und Staub zusammen, um die Sonne und ihre Planeten zu bilden. Flockige Staubteilchen mit sowohl steinigen als auch kohlenstoffchemischen Komponenten und vielleicht mit Eismänteln schwebten noch lose im Weltraum. Als die Dichte der Mutterwolke zunahm und die Geburt des Sonnensystems bevorstand, klumpten sich die Staubteilchen zu einem dunklen und porösen Grundmaterial zusammen, der Eisanteil der Poren mag dann rasch gestiegen sein. Innerhalb von vielleicht 1 Mio. Jahre fügte sich das Material zu Vor-Kometen zusammen, den Bausteinen der Kometensubstanz, die nach Kellers Schätzung 500–1000 m groß waren.

Denn die Giottobilder zeigen in der Tat mehrere Gebilde dieser Größe auf Halley. Neben dem „Entenschwanz" und dem „Berg" gibt es noch die „Hügelkette" nördlich des Kraters mit vier Erhebungen, etwa 500 m groß und 800–1000 m voneinander entfernt. Diese typische Größenskala, glaubt Keller, ist das Überbleibsel der Kometenbildung aus Tausenden von ursprünglichen Blöcken, die während der Bildung der Planeten zueinanderfanden. Wenn dem so war, dann muß dieses Zusammenwachsen in großem Abstand von der Sonne stattgefunden haben, wo die Bahngeschwindigkeiten gering sind. Denn sonst hätten sich die zerbrechlichen Brocken bei den Zusammenstößen verändert, es hätte an den Kollisionsflächen dichtere Stellen gegeben, und insbesondere wäre mit großen Löchern im Kern zu rechnen.

Der Reichtum des Meteorstroms an staubigem Material, den Halley in seiner Bahn verteilt hat, spricht nach Meinung der Kometenforscher dafür, daß der Kern viel größer war, als er vor vielleicht Hunderttausenden von Jahren seine jetzige Bahn einnahm. Solch ein großes Objekt würde mit großer Wahrscheinlichkeit auseinanderbrechen, wie es tatsächlich schon bei einigen Kometen beobachtet worden ist. Keller fragte sich, ob der seltsam gerade Rand der dunklen Seite des Kerns aus Giottos Sicht so eine Bruchstelle sein könnte. Und er stellte sich vor, daß die unregelmäßige Form des Restes von Halleys Kern die ursprünglichen Blocks erahnen läßt, die gemeinsam vor Jahrmilliarden den Kometen bildeten und in seiner Tiefe begraben wurden. Später wurden sie dann freigelegt, als die darüberliegenden Brocken abbrachen.

Das genaue Rezept für einen Kometen sagte nicht nur etwas über die Herkunft und das Verhalten der Kometen, sondern auch ihr Ende aus. Daß sie sich wie im alten Bild des Schneeballs zum Schluß völlig auflösen, wenn die flüchtigen Bestandteile alle verdampft sind, scheint angesichts der Unsichtbarkeit jedweden Eises selbst beim jungen Halley schwer vorstellbar – und wird doch immer noch von manchen Wissenschaftlern angenommen. Nach Kellers Deutung ist dagegen die Stabilität des Kometenkerns von der Menge des eingelagerten Eises unabhängig. Und sie stützt auch die Auffassung, daß viele der dunklen Asteroiden, die es zuweilen auch in eine bedrohliche Nähe zur Erde treibt, alte Kometenkerne sein könnten, denen buchstäblich der Dampf ausgegangen ist.

Nur wenige Jahre nachdem Uwe Keller aus den erst so verwirrenden Aufnahmen seiner Halleykamera diese fundamentalen Schlüsse über das Wesen der Kometen gezogen hatte, sollten sie auf überraschende Weise Bestätigung finden. Und zwar am augenfälligsten durch den Kometen Shoemaker-Levy 9, der dem Jupiter Anfang Juli 1992 zu nahe kam und dabei in eine Vielzahl in etwa gleich großer „Urfragmente" auseinanderbrach. Das bald nach Giottos Halleybesuch auch in den USA aufgestellte Modell von Kometenkernen als „rubble piles", nur knapp von der eigenen Schwerkraft zusammengehaltenen „Schutthaufen" ist von diesem Ereignis noch treffender bestätigt worden, als es selbst Giottos schärfste Aufnahmen vermochten. Aber auch durch die Erlebnisse dieser Sonde bei ihrem zweiten Kometen, nur wenige Tage nach dem Zerbrechen Shoemaker-Levys, sollten die Bedeutung der staubigen Komponente in den Kometenkernen in ganz neuem Licht erscheinen lassen.

Kapitel 9

Schwung von der Erde

Die Schwerkraft zwingt jedes Objekt auf einer Umlaufbahn um ein anderes irgendwann zum Ausgangspunkt zurück, und Giottos Bahn um die Sonne führte ihn immer wieder zu der Stelle, wo er 1985 seine Reise begonnen hatte. Fünfmal nach dem ungemütlichen Flug durch Halley war er zu diesem Punkt zurückgekehrt, doch die Erde war jedesmal woanders gewesen. Giotto brauchte zehn Monate für eine Runde um die Sonne, und die Erde natürlich zwölf. Nach sechs Umläufen jedoch war Giotto der Erde eine ganze Runde vorausgeeilt. Im Juli 1990 traf er sie wieder.

Das war der Schlüssel für eine Fortsetzung seiner Mission zu einem anderen Kometen, doch als man Giotto 1986 in den Winterschlaf geschickt hatte, geriet die Sonde erst einmal in Vergessenheit. Ohne irdische Unterstützung trieb sie durch das Sonnensystem, die Ingenieure und Flugkontrolleure hatten jetzt andere Sonden oder Satelliten zu betreuen und die Wissenschaftler mit der Auswertung der Halleydaten oder mit der Suche nach neuen Raummissionen genug zu tun.

Eine Ausnahme war Peter Edenhofer von der Ruhr-Universität Bochum, der PI der Giotto Radio Science. Ihm war aufgefallen, daß Giotto der Erde zu Neujahr 1988 genau eine halbe Runde voraus sein würde und damit für die Erde hinter der Sonne stünde. Könnte man Giottos Sender einschalten, dann könnte man die Veränderungen der Wellen durch die Sonnenatmosphäre beobachten und neue Erkenntnisse über die freien Elektronen in dieser sogenannten Korona gewinnen.

Die wissenschaftlichen Berater der ESA hielten das für eine tolle Idee, aber das Projektmanagement und die Operationsexperten schlossen sie aus. Giotto ausgerechnet in größter Erddistanz zu aktivieren, wäre selbst dann riskant, wenn die Sonne nicht den Funkverkehr störte. Und außerdem würde eine notwendige Bodenstation der NASA gerade für Nachbesserungsarbeiten geschlossen sein.

Edenhofers Vorschlag führte gleichwohl zu einigem Nachdenken über Giottos künftige Reaktivierung. Eine Frage, die Rüdeger Reinhard und seine Wissenschaftler beschäftigte, war die Festlegung des neuen Ziels. Alle hatten inzwischen gelernt, wie man Grigg-Skjellerup buchstabiert, weil er der wahrscheinlichste Kandidat war, aber da waren noch zwei andere Kometen, die Giotto Anfang der 90er Jahre erreichen konnte. Komet du Toit-Hartley war allerdings etwas zu weit von der Sonne entfernt: Giottos Solarzellen würden hierfür nicht mehr genügend Leistung erbringen. Und die Bahnelemente des erst kürzlich entdeckten Hartley 2 waren leider noch nicht genau genug, um ihn überhaupt sicher zu finden.

Grigg-Skjellerup kam alle fünf Jahre der Sonne nahe und so auch im Juni 1987. Die ESA bat die Astronomen in aller Welt, seine Bahn besonders genau zu verfolgen. Und im Europäischen Weltraumoperationszentrum ESOC in Darmstadt begann man, die technischen Fragen von Giottos zweitem Auftrag zu definieren, der bald Giotto Extended Mission (GEM) genannt werden sollte.

Martin Hechler, der als erster auf Grigg-Skjellerup hingewiesen hatte, tat sich mit einem anderen ESOC-Experten für Sondenbahnen, Trevor Morley, zusammen, um das zweite Encounter mit einem Kometen vorzubreiten. Morley, zu erkennen an seinen buschigen Augenbrauen und seiner fröhlichen Natur, sollte Giottos Flugroute ausarbeiten. Erst berechnete er Grigg-Skjellerups Bewegungen mit Hilfe der besten verfügbaren astronomischen Daten. Ein wenig Freiheit bei der Festlegung des Encounter-Zeitpunktes gab es. Man konnte sich die besten geometrischen Bedingungen, d. h. vor allem den Anflugwinkel Giottos relativ zum Kometen, aussuchen. Optimal waren sie zwar nicht, aber ein Encounter am 10. Juli 1992 schien am vielversprechendsten.

1988 genehmigte das wissenschaftliche Programmkomitee der ESA Giottos Reaktivierung im Jahre 1990, doch eine Entscheidung über die volle GEM wurde vertagt, bis der Zustand der Sonde genau genug bekannt war. In welchem Zustand würden die Systeme und die Instrumente sein, die dann bereits siebenmal so lange im All waren wie ursprünglich vorgesehen? Vor allem wollten die Delegierten wissen, ob sich die Kamera noch einmal in Gang setzen lassen würde.

Die Protagonisten der Halleymission waren jetzt nicht mehr von der Partie. David Dale kümmerte sich nun um das Missionsmanagement aller wissenschaftlichen Satelliten, und Rüdeger Reinhard zuerst um solarterrestrische Sondenprojekte und dann um das Internationale Weltraumjahr, das 1992 stattfinden sollte. Giottos neuer Projektwissenschaftler war Gerhard Schwehm, der zu Halleyzeiten Reinhards Stellvertreter und Verbindungsmann mit dem Flugoperationsteam gewesen war und seine Geburtstagstorte mit ihm geteilt hatte.

Projektmanager der Giotto Extended Mission wurde Manfred Grensemann, ein pausbackiger, pfeifenrauchender Deutscher mit einem Faible für alte Flugzeuge. Seine Erfahrung mit europäischen Weltraummissionen reichte bis zu deren Anfängen mit ESRO-1 in den 60er Jahren zurück, und er war der stellvertretende Projektmanager von Geos gewesen, der Sonde, aus der Giotto hervorgegangen war. Während Giottos Halleyphase war Grensemann in der Wissenschaftsabteilung mit administrativen Aufgaben befaßt gewesen. Er kannte die Debatten über die mögliche Missionsverlängerung und wußte, daß sie aus dem geringen Wissenschaftsetat der ESA kaum zu bezahlen sein würde.

War die Giottomission zu Halley schon sparsam betrieben worden, so mußte die Extended Mission ein absolutes Sonderangebot sein. Mit der NASA einigte man sich auf einen Tauschhandel, Deep-Space-Network-Benutzung gegen europäische Hilfe bei amerikanischen Missionen, und in Darmstadt dirigierte Flugoperationsdirektor David Wilkins eine noch weiter geschrumpfte Mannschaft. Howard Nye, jetzt Sondenoperationsmanager, hatte nur neun Mitarbeiter, dazu kamen Morley und ein paar andere Flugdynamiker, und das war es bereits. Ingenieure einiger der Firmen, die Giotto gebaut hatten, würden bereitstehen. Und der alte elektronische Giottosimulator wurde abgestaubt und reaktiviert.

Alles hing aber von der ersten Reaktivierung des echten Giotto ab, der sich nun der Erde näherte, und sie versprach, heikel zu werden. Mit britischem Understatement meinte Nye: „Mit einem einfachen Kommando an den Sender, wieder zu arbeiten, wird es nicht getan sein."

Das Operationsteam hatte am 1. April 1986 die Parabolantenne Giottos von der Erde wegdrehen müssen, als es die Sonde überstürzt in eine bequeme Lage für den langen Winterschlaf geschickt hatte. Nur die bei weitem unempfindlichere Omnidirektionalantenne lauschte – so hoffte man – noch auf Anweisungen von der Erde. Hätte man gewartet, bis Giotto so in den Einzugsbereich der kleinen Bodenstationen der ESA kam, dann wäre vor dem Erdvorbeiflug keine Zeit mehr für ausgiebige Tests und Manöver geblieben. Die viel stärkeren Sender des Deep Space Network der NASA mußten ran. Deren Antennenanlagen waren Anfang Februar 1990 allerdings mit der eigenen Jupitersonde Galileo ausgelastet, die gerade an der Venus Schwung holte und dabei auch Beobachtungen durchführte. Erst danach erhielt die ESA 35 Tage Zeit für Giotto.

Die Flugkontrolleure würden die Sonde herumdrehen müssen, um die Antenne wieder zur Erde auszurichten und volle Kommunikation zu erreichen – eine Aufgabe, die ein Berichterstatter damit verglich, einem kleinen Kind am Telefon zu erklären, wie man ein Paket auspackt. Denn die Sondenlage mußte auf ein Grad genau eingestellt werden, aber es war überhaupt nicht bekannt, in welcher Orientierung sie Anno 1990 war. Zwar wußten die Kontrolleure genau, in welche Lage sie Giotto 1986 kommandiert hatten, aber es hatte keine Möglichkeit gegeben, das Ergebnis zu überprüfen. Außerdem konnte sich in den vier Jahren die Rotationsachse durchaus verlagert haben. Besser als auf 40 Grad genau konnten die Flugdynamiker sie nicht voraussagen.

Der gesunde Giotto hatte vor dem Schaden durch Halley intelligente Sensoren und automatische Systeme besessen, die ihn selbständig die Erde finden ließen. Nun mußte man davon ausgehen, daß sie nicht mehr funktionierten oder zumindestens unzuverlässig waren. Für acht Monate Betrieb war Giotto ausgelegt gewesen, jetzt reiste er schon 54 Monate durchs All, wobei er mit seinem von Halley beschädigten Temperaturregelungssystem auch ungewohnter Sonnenwärme ausgesetzt war. Ingenieure von British Aerospace, Dornier und Fokker untersuchten die Ausfälle an Bord, die nach Halley identifiziert worden waren, und die wahrscheinlichen, weiteren Schäden seither. Hoffnung machten die Ersatzsysteme, aber die korrekten Kommandos für Giottos Reaktivierung hingen davon ab, was noch funktionierte und was nicht. Eine lange Liste alternativer Kommandozyklen wurde aufgestellt, die zu verschiedenen Zuständen Giottos passen würden.

Kommandos an seine Düsen sollten die Sonde herumdrehen, um die Parabolantenne zumindestens über die Erdrichtung hinwegzuschwenken. Damit am Ende die Lage nicht völlig unbekannt war, sollte jeder dieser Versuche wieder mit der Ausgangslage enden, aber deren Unsicherheit würde natürlich mit jedem Manöver ansteigen.

Im Februar 1990 näherte sich Giotto der Erde auf der Innenbahn. Kommunikationsprobleme der NASA mit Galileo bei der Venus hatten die Bodenstationen in Atem gehalten. Trotzdem stellte man die Antennen nur eine gute Woche später der ESA zur Verfügung. Die für die Reaktivierung Giottos wichtigste wurde immer „Madrid" genannt, obwohl sie 50 km westlich der spanischen Hauptstadt nahe der Guadarramaberge und einem Kloster aus dem 16. Jahrhundert stand. Zur Mittagszeit von Montag, dem 19. Februar, schaute die 70-m-Schüssel nach Osten, das Mittelmeer entlang und dann weiter zu Giottos vorausberechneter Position am Himmel. Mit der Erddrehung stieg der Punkt allmählich höher am Himmel und die Antenne folgte ihm. Wenigstens auf die Gesetze der Gravitation konnte man sich verlassen. Giotto *mußte* da sein – der Rest der Operation war dagegen alles andere als sicher.

46 Monate lang hatte Giotto geschwiegen. Um 12:45 Uhr Weltzeit begann die Missionskontrolle in Darmstadt mit ihrem Versuch, die schlafende Sonde aufzuwecken. Erst gingen die Kommandos zur Zentrale des Deep Space Network am JPL, dann zurück über den Atlantik zur Station Madrid. Ihr 100-kW-Sender feuerte die Kommandos in die große Schüssel, die sie zu einem scharfen Strahl bündelte und in den Weltraum hinaussandte. Über 102 Mio. km hinweg rief die Erde: „Giotto, wach auf!"

Die ersten Kommandos, zusammen ca. 150, forderten die Sonde auf, ihre interne Stromversorgung und andere Systeme einzuschalten. Während der mehr als zwei Stunden, die das Senden dieser vorbereitenden Anweisungen mit geringer Übertragungsrate dauerte, konnte das Team in Darmstadt nicht feststellen, ob Giotto zuhörte. Dann ging um 14:55 Uhr die Kommandofolge ab, die Giotto aufforderte, mit seiner kleinen Antenne zu antworten.

Verglichen mit dem 100-kW-Strahl aus Madrid war die ungebündelte Sendung des 5-W-Hilfssenders wie ein Glühwürmchen im Verhältnis zu einem Suchscheinwerfer. Die Bodenstation mußte sich von einem starken Sender in einen empfindlichen Empfänger umkonfigurieren. Fast sechs Minuten brauchten die Signale von der Erde zu Giotto, und jede Antwort würde genauso lange benötigen. Nachdem sie das „Sende!"-Kommando gegeben hatten, konnten sich die Kontrolleure nur zurücklehnen.

Sie warteten 11 Minuten und 27 Sekunden. Dann erreichte ein schwaches Radiosignal die 70-m-Schüssel, von einem Ort weniger als ein hundertstel Grad von Giottos berechneter Position entfernt: Giotto lebte, war wach und summte leise vor sich hin im heißen Sonnenschein!

Das war die gute Nachricht, aber der schwierige Teil der Operation begann erst. Der Funk über Giottos kleine Antenne war zu schwach, um irgendwelche Telemetriedaten der Bordsysteme zu übermitteln. Während das Team in Darmstadt seine Kommmandofolgen für den nächsten Tag durchging, kam eine unerwartete Meldung aus Pasadena: Die Rotationsrate der Sonde ist 15,31 Umdrehungen pro Minute.

Die NASA-Experten, die Giottos Signale mitgehört hatten, waren nicht untätig gewesen: Nach nur wenigen Stunden war den Experten eine geringfügige, aber periodische Veränderung der Radiofrequenz aufgefallen. Die Omnidirektionalantenne saß, nachdem Halley Teile der Sondenstruktur abgebrochen hatte, nicht mehr exakt in der Rotationsachse und bewegte sich leicht vor und zurück, in einem kleinen Kreis von 3–4 cm Durchmesser. Immer wenn sich die Antenne Richtung Erde bewegte, stieg die Frequenz der Wellen, die Madrid erreichten, ein wenig an, dann sank sie wieder.

Dieser wohlbekannte Dopplereffekt war hier enorm winzig. Die Frequenz veränderte sich nur um einen Teil in zehn Milliarden, und in Darmstadt hatte man überhaupt nicht damit gerechnet, daß das meßbar sein würde. Aber jetzt konnten die Flugkontrolleure schon einmal festhalten, daß die Rotation Giottos nahe an den Erwartungen lag. Und der Erfolg des JPL mit dem Nachweis des Dopplereffekts bedeutete, daß die Reaktion der Sonde auf Lageänderungskommandos meßbar war. Man war nicht mehr völlig blind. „Wer braucht noch Telemetrie, wenn es Doppler gibt?", scherzte Howard Nye.

Aber der Dienstag, der zweite Tag der Reaktivierung, verlief schon weniger ermutigend. Jetzt sollten Giottos Düsen die Sonde drehen, und eine Kommandofolge wurde abgeschickt, die von einer im wesentlichen gesunden Sonde ausging. Der Sender ihrer Parabolantenne wurde eingeschaltet in der Hoffnung, daß der Funkstrahl zufällig über die Erde streifen würde. Es war, wie wenn man auf einen Anruf wartete, aber stundenlang zeigte sich auf den Konsolen in Darmstadt nicht das geringste Flackern. Schließlich blieb nichts anderes übrig, als Giottos Funk wieder auf die kleine Antenne zurückzuschalten, und in Pasadena stellte man fest, daß sich die Dopplersignale kein bißchen gegenüber gestern verändert hatten: Die Sonde hatte sich nicht im geringsten bewegt.

Die Strategie mußte geändert werden. All die Manöver zur Erdsuche waren sinnlos, solange man die Düsen nicht unter Kontrolle hatte. Die Missionskontrolleure beschlossen, vorerst bei der kleinen Antenne zu bleiben und über den Dopplereffekt eventuelle Reaktionen Giottos im Auge zu behalten. So geschah es am Mittwoch, und wieder reagierten die Düsen nicht.

Genauso deprimierend verlief auch der Test des Entdrallmotors der Radioschüssel. Wäre er angesprungen, dann hätte das die Rotationsrate meßbar verändern müssen. Das war nicht der Fall, und eines war klar: Ohne den Motor und eine ständig auf die Erde gerichtete Hauptantenne konnte man die gesamte Mission vergessen, selbst wenn Giotto aufhören würde, Befehle zu ignorieren. Ab Donnerstag konnte Darmstadt mit schnell geschriebener Software die Doppleranalysen des JPL auch selbst durchführen und die Messungen reproduzieren, aber was half das: Auch ein dritter Versuch, Giotto zu manövrieren, endete so ergebnislos wie die anderen.

An jenem schwarzen Donnerstag, dem 22. Februar 1990, fürchteten viele, daß Giotto da draußen in der Wüste des Weltraums im Sterben lag. Nur eine Chance der Wiederbelebung mochte es geben. Die Sondeningenieure hatten die Symptome studiert und über den Schaltplänen gebrütet, wie die Kommandos zu den verschiedenen Mechanismen gelangen sollten. Sie identifizierten die Stellen, wo Fehler das Zünden der Düsen verhindern, und andere, die den Entdrallmotor lahmlegen konnten. An einer Stelle fielen die Fehlerquellen möglicherweise zusammen: Ein einzelner Fehler in einer Kette von Schaltkreisen, die die Lageregelung und die Stromversorgung verband, konnte beide Ausfälle bewirkt haben. Das Beste war wohl, hier die Ursache der Probleme anzunehmen und die Signale in der Sonde über einen Ersatzkreis umzuleiten. Am nächsten Tag wurde Giotto angewiesen, die verdächtige Verbindung zu überbrücken.

Jeder in Darmstadt war am Freitag bereit für die äußerste Anstrengung, die Sonde zum Handeln zu bewegen. Der Entdrallmotor erhielt wieder ein „Zünde"-Kommando – und jetzt verriet eine winzige Veränderung des Dopplereffekts der NASA, daß er sich tatsächlich bewegte. Und während sie noch auf diese Nachricht warteten, sprachen die Kontrolleure auch wieder die Düsen an.

Für eine kurze Weile schien sich das Blatt zu wenden. Sechzehn Minuten nachdem die Düsenkommandos losgeschickt worden waren und nur vier, nachdem die entsprechenden Signale Giottos die Erde erreichten, zeigte Morleys Doppleranalyse in Darmstadt, daß sich die Sonde drehte. Nach weiteren vier Minuten hatte Giotto eine relativ schnelle Lageänderung absolviert, die nur seine Neigung zur Sonne betraf. Als nächstes sollte der Umschwung zur Erde hin folgen.

Aber nichts geschah: Zehn Minuten lang meldete Pasadena keine Anzeichen einer weiteren Doppleränderung. Doch dann war wieder eine klare Bewegung zu verzeichnen, ohne Unterbrechung für den ganzen Rest des 84-minütigen Manövers. Der scheinbare Nulleffekt zu Beginn war leicht zu erklären, machten sich die Flugdynamiker hinterher klar: In den ersten Minuten drehte sich Giotto fast genau im rechten Winkel zur Erdrichtung, was sich im Dopplereffekt nicht niederschlägt. Aber jetzt wußte man durch diese Beobachtungen mit einem Mal viel besser, wie Giotto im Raum orientiert war, und konnte die Manöver an den nächsten Tagen genauer planen.

Am Samstag erhielt Giotto die Anweisung, mit der Parabolantenne zu senden. Die Düsen wurden aktiviert, damit der Radiostrahl die Erde kreuzen konnte. „Da ist er wieder!" rief Nye aus, als auf den Monitoren plötzlich Daten aufflackerten. Madrid hörte Giotto jetzt hell und klar, mit einem festen Träger, der Daten über den Zustand der Sonde enthielt. Natürlich nicht für lange, denn die Drehbewegung Giottos ging weiter, und bis das „Halt" die Sonde erreichte, verfehlte der Funkstrahl die Erde schon wieder um 12 Grad. In kleinen Schritten wurde er nun zurückgeführt und dann auf der Erde festgehalten. Die Telemetrie, die den Funksignalen zu entnehmen war, hatte allerdings nur mäßige Qualität und enthielt viele offenkundige Fehler.

„Werden wir die ganze Zeit mit dieser schlechten Telemetrie zu Grigg-Skjellerup fliegen müssen?", fragte sich Nye. Und die Signale, die einen Sinn ergaben, waren auch nicht erfreulich: Die Computerbildschirme waren übersät mit roten Zeilen, die Abweichungen von der Norm anzeigten. „Die Sonde ist sehr heiß, vor allem am oberen Ende", berichtete ein Ingenieur.

Giotto war in diesen Tagen auf seiner elliptischen Bahn der Sonne so nahe, daß er 50 % mehr Strahlung als in der Nähe der Erde abbekam. Und die Überhitzung wurde durch die Schäden an den Vorrichtungen noch verschärft, die überschüssige Leistung der Sonnenzellen eliminieren sollten. Das obere Ende Giottos mit den Antennen zeigte jetzt Richtung Sonne. Als Sofortmaßnahme wurde Giotto so gedreht, daß dieser Bereich auskühlen konnte und auch die Solarzellen weniger Strom lieferten. Nun wurden freilich die wissenschaftlichen Instrumente im unteren Teil immer heißer: Fürs erste mußten sie ausgeschaltet bleiben, und man konnte bloß hoffen, daß sie den neuerlichen Mißbrauch verkrafteten.

Und gerade, als es aussah, als sei Giotto bald wieder unter Kontrolle, trat eine neue Notsituation auf: Nach nur einer Stunde vollem Datenstrom kam plötzlich nichts mehr. Die Sender waren nicht schuld, sie arbeiteten beide gut. Vielmehr war die Datenverarbeitung an Bord der Hitze nicht mehr gewachsen, die schlechte Telemetrie war eine Vorwarnung gewesen. Dem Team in Darmstadt stand ein anstrengendes Wochenende bevor.

War all die Pflege und Überredungskunst umsonst gewesen, die man Giotto hatte angedeihen lassen? Samstagnacht und Sonntagmorgen schien das eine reale Möglichkeit. Abermals mußten die Ingenieure den Fehler lokalisieren und umgehen. Diesmal hatten sie immerhin diagnostische Tests zur Verfügung und konnten schließlich eine Einheit ausfindig machen, die nur Kommandos in die Sonde hinein, aber keine Telemetrie herausließ.

Eine komplizierte Umkonfigurierung von Giottos Elektronik war unumgänglich, damit die Ersatzeinheit übernehmen konnte. Am Sonntagnachmittag schickte die Madrid-Station die nötigen Instruktionen zur Sonde, und als die neuen Verschaltungen anliefen, erschienen die Datenströme wieder auf den Konsolen – und das sogar ohne die Fehler von vorher. Am Sonntagabend, dem 25. Februar, sechs Tage und sechs Stunden nach dem Aussenden der ersten Wecksignale, erklärte der Flugoperationsdirektor Giotto für reaktiviert. Sein Überleben trotz der Schäden durch Halley und die nachfolgende Überhitzung waren mehr als nur ein Tribut an Europas Weltraumtechnik. Mit hochgeschätzter Hilfe in Pasadena und Madrid hatte die ESA eine Ersttat in der Raumfahrt vollbracht, die Wiedererweckung einer Raumsonde nach langem Winterschlaf.

Bis dahin waren die Planer unbemannter Missionen in die Tiefen des Sonnensystems immer davon ausgegangen, daß man hin und wieder einmal mit der Sonde sprechen mußte, z. B. einmal in der Woche. Und obwohl Giotto dafür überhaupt nicht ausgelegt war, hatte er vier Jahre Vernachlässigung überstanden. Solche Schlafphasen, im Fachjargon Hibernation genannt, konnten bei künftigen Missionen Geld sparen, und schon Giottos Reise von der Erde weiter zu Grigg-Skjellerup sollte auf diese Weise billiger werden.

In Darmstadt wurde es jetzt ruhiger. Man konnte sich auf die Verfolgung der näherkommenden Sonde und ihre Temperaturkontrolle während der größten Sonnennähe Anfang März konzentrieren. Überall in der Instrumentenebene stieg die Temperatur über die maximal vorgesehenen 50 °C, so daß die Überprüfung von Giottos Nutzlast noch warten mußte.

Ende April kamen dann die Mitglieder der wissenschaftlichen Arbeitsgruppe samt ihren Computern wieder in Darmstadt zusammen. Ebenso auf wie Giotto selbst waren die Computer am Boden für seine Bedienung und die Kontrolle der Instrumente entweder veraltet oder gar nicht mehr vorhanden. Durch den rasanten Fortschritt der Computertechnik in den 80er Jahren sahen sie jetzt, wie es Gerhard Schwehm ausdrückte, aus „wie aus der Steinzeit", der Anschluß an die in der Zwischenzeit modernisierten Einrichtungen des ESOC war eine ermüdende Aufgabe.

Seit ihrem anstrengenden Einsatz bei Halley hatten die wissenschaftlichen Instrumente schon lange ihr Verfallsdatum überschritten und noch dazu große Temperaturschwankungen aushalten müssen, aber sie waren alle noch in fast demselben Zustand wie 1986 nach Halley. Bis auf Krankowskis völlig totes Neutralmassenspektrometer und Kellers erblindete Kamera waren alle noch mehr oder weniger funktionsfähig.

Um die Kamera wieder in Gang zu setzen, wurden besondere Anstrengungen unternommen, und ein Ersatzmodell simulierte die Reaktion der echten auf Kommandos. Nicht nur die Sonde, auch die Wissenschaftler kamen vor Hitze fast um: Während einer Hitzewelle in Darmstadt waren das Acht-Mann-Team und seine alten Geräte in einer Art Wohnwagen ohne Klimaanlage eingepfercht. Schwehm spritzte die Kabine mit einem Gartenschlauch ab, um sie etwas zu kühlen.

Die Tests bestätigten, daß die Kamera ihr Rohr verloren hatte, das sie gegen die Sonne abschirmen sollte. Wie immer man die Kamera auch drehte, es fiel kein Schatten auf die Solarzellen, was sich in einem kleinen Energieabfall verraten hätte. Für die Aufnahme von Bildern war das Rohr aber unerheblich, und das Innenleben der Kamera war in Ordnung. Die Kamera wurde auf die Erde, den Jupiter und einen hellen Stern gerichtet und schließlich langsam über den Himmel bewegt. Ein Bild gab es nie. Es war, als hätte ein Photograph die Schutzkappe auf dem Objektiv vergessen.

Die einfachste Erklärung war daher, daß ein Stück des abgebrochenen Rohres genau vor der Optik hängengeblieben war, und alle Bewegungen des Instruments konnten es nicht herausschütteln. Giotto schneller rotieren zu lassen, damit es vielleicht weggeschleudert wurde, kam nicht in Frage, da das den Entdrallmotor der Antenne gefährdet hätte. Der Mißerfolg mit der Kamera schien ein schwerer Schlag für die vorgeschlagene Mission zu Grigg-Skjellerup zu sein, die formal noch nicht genehmigt war. Die Entscheidung wurde auf 1991 verschoben. Die ESA ging Schritt für Schritt vor und finanzierte zunächst nur den Erdvorbeiflug und die Umleitung zu Giottos zweitem Kometen.

„Gravity Assist", „Katapult" oder „Swingby" sind Namen für dieselbe Technik, bei der eine Raumsonde dicht an einem Planeten vorbeifliegt und dessen Schwerefeld und Bahnbewegung anzapft. Dadurch werden enorme Bahnänderungen möglich, die mit den sondeneigenen Düsen nur unter gewaltigem Treibstoffeinsatz oder überhaupt nicht möglich wären. Giottos Erd-Swingby z. B. würde seine Geschwindigkeit mehr als doppelt so stark erhöhen, wie es seinerzeit der Mage-Raketenmotor getan hatte, der Giotto zu Halley brachte. Freilich war der Swingby keine Erfindung des Menschen: Die Natur demonstrierte ihn schon seit Jahrmilliarden, mit den Kometen, die sich aus der Oortschen Wolke ins Planetensystem verirrten.

Während die Planeten im allgemeinen auf sicheren und weit voneinander getrennten Bahnen um die Sonne ziehen, schießen die Kometen kreuz und quer dazwischen, und Unfälle sind keine Seltenheit. Mehr oder weniger enge Begegnungen mit den Planeten sind allerdings wahrscheinlicher, und während die winzigen Kometenkerne keinerlei sichtbare Auswirkung auf die Bahnen der Planeten haben, ändert ein enger Vorbeiflug die Bahn des Kometen oft gewaltig. Relativ zum Planeten kann der Komet keine Geschwindigkeit gewinnen oder verlieren. Er entfernt sich in dessen Bezugssystem auf einem Ast derselben Hyperbel, auf deren anderem Ast er angekommen ist. Jede Beschleunigung auf dem Sturz in das Schwerefeld des Planeten wird auf dem Rückweg wieder abgebaut.

Aber entscheidend für die Zukunft des Kometen ist seine Bewegung in bezug auf die Sonne. Von ihr aus gesehen wird der Komet in die Richtung abgelenkt, auf der der Planet lag, als er ihn passierte. Kommt der Komet etwa hinter dem Planeten an, so kann er von ihm praktisch auf dessen Bahn gezogen werden und schneller werden, aber wenn er ihn überholt und vor ihn gelangt, kann er einen Großteil seiner Bahnenergie an den Planeten verlieren (der dabei unmeßbar schneller wird). Ein solches Schicksal erlitt der Komet Brooks 2, der 1886 vor dem Riesenplaneten Jupiter eine Wende vollführte und so viel Energie verlor, daß seine Bahnperiode um die Sonne von 29 auf 7 Jahre schrumpfte.

Wer das Wiedererscheinen von Kometen wie Halley oder Grigg-Skjellerup voraussagen will, muß also auf die Bahnstörungen durch die Planeten achten, die in geringerem Maße auch über große Distanzen wirken. Die meisten Kometen erleben irgendwann in ihrer Laufbahn tatsächlich große Bahnänderungen durch Planeten, Swingbys bestimmen ihre Evolution und ihr Schicksal und bringen sie manchmal auf so kompakte Bahnen wie die von Grigg-Skjellerup.

Zu Beginn gibt es immer Unruhe in der – immer noch hypothetischen, wie man fairerweise sagen muß – Oortschen Wolke, ausgelöst durch einen vorbeiziehenden Stern oder andere Schwerestörungen auf galaktischer Ebene. Einige der tiefgefrorenen Kerne erhalten dann zusätzliche Energie und verlassen den gravitativen Einzugsbereich der Sonne. Sie sind nie zu beobachten und höchstens ein theoretisches Problem, denn man sollte solche interstellaren Kometen eigentlich auch von anderen Sonnensystemen erwarten, aber sie stellen sich in unserem nicht ein. Interessanter sind die Kerne, die Energie verlieren und Richtung Sonne fallen. Wenn sie das innere Planetensystem erreicht haben, sind sie bereits sehr schnell. Manchmal fallen sie geradewegs in die Sonne, meist allerdings kurven sie in einem Bruchteil bis zu mehreren Astronomischen Einheiten (Abständen Erde–Sonne) an ihr vorbei und verschwinden wieder.

Alle „neuen" Kometen würden nach einer einzigen Sonnenbegegnung wieder Richtung Oort-Wolke zurückkehren, gäbe es nicht Einflüsse der Planeten. Der massereiche Jupiter ist der Star. Er hat die größte Chance, einem Kometen Einhalt zu gebieten, oder ihn, selbst bei einem entfernten Swingby, aus dem Sonnensystem hinauszuwerfen. Andere Neuankömmlinge aber werden gebremst und auf Bahnen gezwungen, die sie für mindestens einen weiteren Periheldurchgang zur Sonne zurückführen, sei es nach 1 Mio. Jahren oder schneller, je nachdem, wie groß der Bahnenergieverlust war. Je langsamer ein Komet ist, desto schneller kehrt er zur Sonne zurück, denn desto kleiner ist seine Bahn.

Jeder Komet, der zurückkehrt, muß sich wieder den Störungen durch die Planeten unterwerfen, die seine Bahn erneut verändern. Das Sonnensystem hat sich auf diese Weise einen Vorrat von ungefähr einhundert kurzperiodischen Kometen mit Umlaufzeiten von unter 200 Jahren zugelegt. Auch Halley mit seinen – im Mittel – 76 Jahren gehört in diese Gruppe, oder der Perseidenkomet Swift-Tuttle mit 130, aber die meisten haben viel schnellere Orbits. Wenn wiederholte Swingbys einen Kometen nicht doch noch aus dem Sonnensystem herausschleudern, dann wird seine Bahnenergie solange weiter abgebaut, bis er auf einem vergleichsweise sicheren Orbit landet, noch innerhalb von Jupiters. Grigg-Skjellerup gehört dazu. Er ist einer von den „alten" Kometen mit Bahnperioden zwischen 5 und 6 Jahren, die hier angekommen sind, der nach Halley besterforschte Komet Encke kommt sogar alle 3,3 Jahre der Sonne nahe. Diese Kometen bewegen sich auch alle in derselben Richtung um die Sonne wie die Planeten.

Wer ständig der Sonne nahekommt, verliert rasch seine flüchtigen Bestandteile. Diesen Kometen geht eher der Dampf aus, als daß sie durch eine Planetenstörung verlorengehen. Vermutlich enden sie dann als dunkle kleine Asteroiden, die näher als die meisten um die Sonne kreisen. Das Spiel endet nach Jahrmillionen damit, daß die Hälfte dieser Exkometen aus dem Sonnensystem entkommt und die andere auf einen Planeten stürzt, wobei die Erde die wirksamste Asteroidenfalle auf dieser Seite des Jupiter ist.

Daß Giottos zweites Kometenziel aus dieser Gruppe der alten und sehr kurzperiodischen Kometen sein würde, war praktisch unvermeidlich: Nur sie waren schon oft genug beobachtet worden, so daß ihre Bahnen mit ausreichender Genauigkeit bekannt waren. Aber auch ohne dieses Argument hätten sich viele Kometenforscher einen alten Kometen der Grigg-Skjellerup-Klasse als zweites Ziel Giottos gewünscht, bot der alte Kern doch eine schöne Vergleichsmöglichkeit mit dem relativ frischen Halley.

Die Raumfahrt hatte erstmals von der Swingbytechnik Gebrauch gemacht, als der 1973 gestartete Mariner 10 durch einen Vorbeiflug an der Venus auf eine neue Bahn gelangte, die ihn dreimal am Merkur vorbeiführte. Pioneer 11 war durch einen Jupiter-Swingby quer durchs Planetensystem zu Saturn geflogen, und die beiden Voyager-Sonden hatten sich ebenfalls vom Jupiter zum Saturn beschleunigen lassen, Voyager 2 danach auch noch zum Uranus und Neptun. Und mit gleich fünf Swingbys am Mond war die ICE-Sonde 1985 zum Kometen Giacobini-Zinner gekommen, die bis dahin komplizierteste Ausnutzung der Gratisbeschleunigungen im Sonnensystem.

Natürlich blieb die Bilanz des Sonnensystems ausgeglichen. Die Energie, die eine Sonde bei einem Planeten-Swingby gewann, mußte der Planet abgeben. Auch Giottos Beschleunigung an der Erde würde, wie Trevor Morley ausrechnete, den Planeten verlangsamen, und zwar um 1 mm in 100 Mio. Jahren. Es würde die erste „Ausnutzung" der Erde für einen solchen Zweck sein. Der hohe Standard der Amerikaner – alle genannten Sonden waren von der NASA gewesen – spornte Morleys Flugdynamiker an, als die Zeit näherkam.

Als Giotto bei seiner Annäherung an die Erde reaktiviert wurde, wich seine Geschwindigkeit nur um einen Teil in 3000 von den 37,4 km/s ab, die bei seinem Abschalten für diesen Moment vorausberechnet worden waren. Nach vier Jahren und 3 Mrd. km Reise war die Sonde nur 14 000 km neben dem Punkt, wo sie sein sollte. Für die Treffsicherheit, die man für einen Erd-Swingby auf den optimalen Grigg-Skjellerup-Kurs brauchte, waren freilich selbst solche Abweichungen bedeutsam. Denn hätte man Giotto zu nahe an der Erde vorbeifliegen lassen, dann hätte er seinen Kurs schon zu stark geändert, um noch zu dem Kometen zu finden, eine zu große Distanz hätte einen zu kleinen Effekt bewirkt.

Gerechnet wurde einmal rückwärts vom Zeitpunkt des Grigg-Skjellerup-Encounters, das noch zwei Jahre in der Zukunft lag und fern im Weltraum lag, und vorwärts von Giottos rasch wechselnder Position und Geschwindigkeit auf seinem Erdkurs. Um beides zusammenzuführen, mußte Giottos Umlaufzeit um die Sonne von 10 auf 13,5 Monate erhöht werden, was einen Kurswechsel um 64 Grad und eine Geschwindigkeitssteigerung relativ zur Sonne von 3,1 km/s erforderte. Damit Giotto wirklich diesen Haken schlug, mußte er genau durch ein unsichtbares Nadelöhr 22 730 km über der Erdoberfläche stoßen, über einem Punkt vierzig Grad südlich des Äquators und mit 6,3 km/s relativ zur Erde.

Die ersten kleineren Kurskorrekturen wurden schon zwei Wochen nach der Reaktivierung angegangen, aber die präziseren konnten erst später folgen. Die dauernden Lageänderungen, die Giotto erst kühler und nach der Sonnennähe wieder wärmer machen sollten, erforderten jedesmal das Zünden seiner Düsen, was wiederum die Bahn ein wenig beeinflußte. Sechzehnmal wurde die Orientierung zwischen der Reaktivierung im Februar und dem Beginn der erdnahen Manöver im Juni geändert.

Giottos eigene Navigationshilfen trugen zur Bestimmung seiner Lage bei. Der Sonnensensor funktionierte, und obwohl der beschädigte Starmapper von der Sonne geblendet wurde, konnte er auf der Schattenseite wenigstens die Erde ausmachen. Auch die Kommunikation wurde mit sinkender Erddistanz immer einfacher. Nach einem großen Manöver am 16. Juni, das die Sonde in die bevorzugte Lage für den Swingby brachte, ersetzte die Omnidirektionalantenne die große. Der Starmapper konnte jetzt die Erde nicht mehr sehen, und Trevor Morley mußte mehr als eine Woche ausharren, bevor der Mond in sein Gesichtsfeld kam und die richtige Lage Giottos bestätigt werden konnte.

Eine 34-m-Schüssel der NASA-Bodenstation Madrid überprüfte Giottos Bahn und Geschwindigkeit viermal mit Hilfe der Signale der kleinen Antenne. Die Computer in Darmstadt verbesserten den Zielpunkt für den Swingby aufgrund der immer besser bekannten Bahn Giottos. Während des Swingby übernahmen dann die deutsche 30-m-Schüssel in Weilheim und die ESA-15-m-Schüssel in Perth die Bahnverfolgung Giottos.

Endgültig Ziel genommen wurde mit einer letzten kleinen Bahnkorrektur am Samstag, dem 30. Juni 1990, 48 Stunden vor dem Swingby. Noch war Giotto 600 000 km entfernt, jenseits der Mondbahn. Ab jetzt würde nichts mehr seinen Sturzflug an der Erde vorbei aufhalten, und schon am Dienstag würde er wieder in die Tiefen des Sonnensystems davoneilen. Einen zweiten Versuch gab es nicht. Menschliches oder technisches Versagen konnten Giotto für immer ins Niemandsland der Vergessenheit schicken, wo alte, nutzlose Raumsonden ziellos durch den leeren Raum ziehen. In der Missionskontrolle war die Spannung zu spüren, aber Morley war zuversichtlich und die Operationsingenieure auch.

Um 10:00 Uhr Weltzeit, Mittag in Deutschland, ging das entscheidende Kommando ab. Eine bestimmte Düse an der Seite Giottos sollte einmal pro Umdrehung zünden. Diese Impulse, immer in dieselbe Richtung, gaben der Sonde den letzten Kick, um noch genauer zu zielen. Die Berechnungen verlangten 72 Minuten dieses „Radial-Pulsens", und die Radiobeobachtungen bestätigten, daß die Bahnkorrektur exzellent funktioniert hatte. Die Düse hatte Giottos Geschwindigkeit um 29,2 m/s geändert statt der geforderten 30 und ein halbes Grad neben an der optimalen Richtung vorbeigefeuert. Aber jetzt waren diese Diskrepanzen trivial, spielte sich das Erdencounter doch mit 6 km/s ab.

Susan McKenna-Lawlor und Fritz Neubauer gelang es sogar, den Erd-Swingby zu einer wissenschaftlichen Mission zu machen. Da die Parabolantenne nicht zur Erde zeigte, konnten keine wissenschaftlichen Daten übertragen werden, und die meisten Instrumente hatten keine Speicher. Alle Halleydaten waren sofort abgeschickt worden, da die Sonde ja jeden Augenblick ausfallen konnte. Doch EPONA und die Magnetometer konnten Messungen zwischenspeichern, und der Projektmanager hatte ihrer Einschaltung zugestimmt, um energiereiche Teilchen und das Magnetfeld im erdnahen Raum zu messen. Während einer operationellen Pause nach dem Swingby konnten die Daten dann abgerufen werden.

Abgesehen von den Bildern der Erde und des Mondes im Starmapper spürte Giotto die Nähe der Erde auch direkt. Sie begann schon drei Tage vor dem Swingby, seine Bahn merklich zu beeinflussen. Einem toten Asteroiden wäre das genauso ergangen, Giotto aber war die erste wissenschaftliche Sonde, die die Erde aus dem interplanetaren Raum besuchte. Seine ungewöhnliche Bahn führte Giotto durch die Magnetosphäre der Erde, den unsichtbaren Raum, wo der Sonnenwind ihr Magnetfeld zu einer Tropfenform, wie zu einem Kometenschweif, auseinanderzog und ihm eine so große Reichweite wie die der Gravitation verwehrte.

Wer ein gutes Gedächtnis hatte, erinnerte sich noch an die Anfänge des Giottoprojekts als Doppelmission erst durch die Magnetosphäre und dann zu Halley. Jetzt geschah das tatsächlich, wenn auch in umgekehrter Reihenfolge. Als das Magnetometer mehr als zehn Stunden vor dem Swingby zu arbeiten begann, maß es bereits den leicht fluktuierenden Sonnenwind an einem ruhigen Tag.

Am Montag, dem 2. Juli 1990, kam Giotto auf die Erde zugeschossen, auf den Tag fünf Jahre nachdem er von Kourou aus in den Weltraum gestartet war. Kurz vor 4:00 Uhr Weltzeit begann EPONA, einen Anstieg der Zählrate energiereicher Teilchen zu messen, und um 4:49 Uhr maßen die Magnetometer einen scharfen Anstieg des Feldes im Sonnenwind: Der Bugschock wurde 85 000 km vor der Erde durchstoßen, von nun an behinderte der Planet die Strömung der solaren Teilchen.

Fast zwei Stunden lang blieb die Magnetfeldstärke dann fast konstant in einer Zone, die Magnetosheath („Magnethülle") genannt wird, aber seine Richtung veränderte sich in charakteristischer Weise: Der Sonnenwind legte sich um das Hindernis Erde. Um 6:44 Uhr maßen die Magnetometer dann kurze Fluktuationen, als Giotto in 62 000 km Abstand mit dem Durchstoßen der Magnetopause das erdeigene Magnetfeld betrat. Die Feldstärke nahm jetzt rasch zu, und seine Bahn führte Giotto auch durch einen Teil des van-Allen-Strahlungsgürtels, wo geladene Teilchen jahrelang im Magnetfeld wie in einer Flasche vor- und zurückgeworfen werden. Die Zählrate von EPONA ereichte um 7:30 Uhr den höchsten Wert.

Und die ganze Zeit nahm Giottos Geschwindigkeit im Schwerefeld der Erde weiter zu. Aus der Sicht der Erde ritt er auf einer Hyperbel. Daß der erdnächste Punkt bei 40 Grad südlicher Breite lag, kam der ESA-Bodenstation Perth gerade recht, und hätte jemand Giotto bei seinem Swingby zuschauen können, dann wäre ein erstaunliches Phänomen zu beobachten gewesen. Vom Boden aus gesehen beschrieb Giotto nämlich eine längliche Pirouette über Australien, denn seine hohe Geschwindigkeit ostwärts war zeitweise größer als der normale Effekt der Erddrehung, der alle Objekte westwärts über den Himmel ziehen läßt. Alle Versuche von Astronomen, die die ESA informiert hatte, den schwachen Stern am Himmel entlangeilen zu sehen, schlugen leider fehl.

Um 10:01:18.15 Uhr Weltzeit war Giotto der Erde am nächsten und schoß in 22 731 km Höhe über den vorbestimmten Punkt des Meeres, 700 km südlich der Küste von Westaustralien. Von Norden gesehen krümmte sich Giottos Bahn nun nach links und aufwärts. Schon begann er wieder, die Extrageschwindigkeit zu verlieren, die er eben noch gewonnen hatte, doch im Verhältnis zur Sonne blieb der gewünschte Gewinn erhalten. Um 14:30 Uhr trat Giotto in den kometenartigen Schweif der Erdmagnetosphäre ein, was sich in einer Umkehr der Feldrichtung verriet. Jetzt war die Sonde direkt über dem Philippinischen Meer, bereits wieder 80 000 km entfernt.

Um 21:20 Uhr, 180 000 km entfernt, verließ Giotto den magnetischen Einflußbereich der Erde wieder, am Nordrand des Schweifes der Magnetopause, und diesmal maßen die magnetischen Instrumente sehr starke Turbulenzen in einem Teil des Magnetosheath, den noch nie eine Raumsonde besucht hatte. Die gleichzeitigen Messungen EPONAs zeigten markante Veränderungen des Flusses energiereicher Teilchen. Aber erst am nächsten Tag, dem 3. Juli, um 13:49 Uhr durchstieß Giotto erneut den irdischen Bugschock und trat in einen Sektor des Sonnenwindes ein, der gegenüber der Situation vor dem Erdbesuch die umgekehrte Feldrichtung hatte. Variabler Teilchenfluß wurde immer noch gemessen, als die Beobachtungen am 5. Juli um 20:00 Uhr beendet wurden.

Giottos „Mission zum Planeten Erde" war ein Erfolg. Obwohl nur ein kleiner Teil der Nutzlast betrieben werden konnte, war die Vielzahl der Phänomene, die Neubauer und McKenna-Lawlor aus ihren Datenrekordern gewinnen konnten, in psychologischer Hinsicht ebenso wie technisch bedeutend. Sie bewiesen, daß Giotto nicht bloß eine beschädigte Maschine war, die mit Mühe navigiert werden konnte. Er war eine funktionierende, wissenschaftliche Sonde, die sehr wohl nützliche Beobachtungen machen konnte, wenn sie zwei Jahre später Grigg-Skjellerup erreichen würde – vorausgesetzt, jemand bezahlte die Rechnung, um Giotto dann wieder einzuschalten.

Hätte Giotto auch Sensoren für das politische Klima an Bord gehabt, dann hätte er erstaunliche Veränderungen in der Welt seit den Tagen Halleys registriert. Der Irak bedrohte seinen Nachbarn Kuwait, und Krieg drohte auszubrechen, aber andererseits war die Berliner Mauer gefallen. Noch waren die Europäer voll Freude über das abrupte Ende von 45 Jahren ideologischer und militärischer Teilung, und die dumpf vor sich hin brütende Sowjetunion war von einem nuklearen Kriegsherren zu einem lahmen Bettler mutiert.

Kapitel 10

Giottos zweite Mission

Als Giotto mit seinem neuen Schwung von der Erde forteilte, hatte die Missionskontrolle noch drei weitere Wochen zu tun. Trevor Morleys Team schrieb die Kommandofolgen, die die Sonde um 110 Grad drehen und so in eine bequeme Lage für die nächste lange Schlafphase bringen sollte. Diesmal konnte die Parabolantenne auf die Erde ausgerichtet bleiben. Fünf Tage nach dem Swingby, am 7. Juli 1990, gingen die Kommandos heraus.

Am 16. Juli wußten die Bahnverfolger bereits, daß Giotto auf gutem Kurs für ein Treffen mit Grigg-Skjellerup war, aber man wollte so genau wie möglich auf den Kometenkern zielen. Die Wahrscheinlichkeit, daß er tatsächlich getroffen würde, war natürlich verschwindend gering, schätzte man Grigg-Skjellerups Kern doch auf nur 1 km Größe. Aber genau darauf zu zielen, bot die beste Chance für einen engen Vorbeiflug. Nur eine sehr kleine Kurskorrektur war dazu nötig, die Geschwindigkeit Giottos mußte nur um 50 cm/s verändert werden.

Nach weiteren sieben Tagen der Bahnverfolgung versetzte Darmstadt die Sonde zum zweiten Mal in Hibernation, das letzte Kommando schaltete seinen Sender ab, während der Empfänger eingeschaltet blieb. In knapp zwei Jahren sollte er wieder von der Erde hören.

Die ganze Mission war jetzt in einem Winterschlaf ungewissen Ausgangs, sofern es die Buchhaltung der ESA betraf. Manfred Grensemann, der Projektmanager der Giotto Extended Mission, und Gerhard Schwehm, der Projektwissenschaftler, mußten die Entscheidungsträger erst noch überzeugen, daß die für 1992 ausgedachten Operationen die Finanzierung wert waren. War Giotto fit für ernsthafte Wissenschaft bei seinem nächsten Kometen? Die Antwort hing für die Berater der ESA und die nationalen Delegierten, die die Gelder schließlich freigeben mußten, vom Zustand der Instrumente ab.

Der Verlust der Kamera, die lange als Prüfstein gegolten hatte, hätte der Mission leicht das Ende bereiten können. Aber das Ergebnis der formalen wissenschaflichen Bewertung, die einen Monat vor dem Swingby durchgeführt worden war, war überraschend ermutigend. Experten, von denen man eine Ablehnung erwartet hatte, waren zu Enthusiasten dafür geworden.

Die Überprüfung der Nutzlast nach der Reaktivierung hatte bei fünf Instrumenten praktisch überhaupt keinen Schaden gefunden. Die Magnetometer, EPONA, die Optical Probe, ein Teil des Johnstone-Plasmaanalysators und das Staubmassenspektrometer waren noch wie neu. Leichten Schaden genommen hatte der Staubzähler, und der Teil des Plasmaanalysators für den Sonnenwind war ausgefallen, aber der andere, der besser für Kometenteilchen geeignet war, funktionierte.

Im Rème-Plasmaanalysator war das Korthsche Zusatzgerät ausgefallen und der primäre Elektronendetektor auch nicht mehr in Ordnung: Ein Halleysches Staubteilchen hatte ihn offenbar durchschlagen, die Kalibrierung zunichte gemacht und die bedrohliche Möglichkeit eines Kurzschlusses geschaffen. Beim Balsigerschen Ionenmassenspektrometer war die HERS-Komponente für die äußere Koma ausgefallen, während HIS für die innere noch arbeitete. Insgesamt waren acht der ursprünglich zehn Instrumente noch teilweise oder ganz zu gebrauchen.

Für zwei der Instrumente bedeutete das Überleben allerdings wenig: Weder HIS noch der Staubanalysator konnten bei Grigg-Skjellerup vernünftig arbeiten, sie waren exakt auf die Bedingungen bei Halley zugeschnitten, wo die Teilchen mit sehr hoher Geschwindigkeit und in einem bestimmten Winkel in die Geräte eintraten. Bei Grigg-Skjellerup würden Geschwindigkeit und Richtung andere sein, und Kissel ging zum Checkout nicht einmal nach Darmstadt. Er stellte lediglich die Kommandosequenzen zur Verfügung, die die Funktion von PIA überprüften, erklärte aber sonst, daß er bei einer Grigg-Skjellerup-Mission keine Rolle spielen würde.

Als PI mit wenig direktem Interesse an einer möglichen Extended Mission wurde Balsiger in die Jury berufen, die Ratschläge zur Zukunft des Projekts machen sollte, ebenso Dieter Krankowski, dessen Neutralmassenspektrometer komplett ausgefallen war. Die anderen Mitglieder der Gruppe repräsentierten den Raumforschungsberatungsausschuß der ESA und die Arbeitsgruppe Sonnensystem.

Als er sie am 29. Mai in Darmstadt traf, berichtete Grensemann vom Zustand Giottos als Ganzem. Er erzählte, wie die Störungen, die bei der Reaktivierung entdeckt wurden, beseitigt worden waren, mit dem unvermeidlichen Verlust an Redundanz. Die Solarzellen und Sender waren in guter Verfassung, während andere Subsysteme wie der Starmapper und mehrere Teile von Giottos thermischer Isolation beschädigt waren. Die Batterien waren vermutlich tot: Die Temperatur und die Stromversorgung würden bei einem Encounter mit Grigg-Skjellerup hart an der unteren Grenze sein.

Schwehm präsentierte die Ergebnisse der Nutzlastüberprüfung. Er mußte die skeptischen Wissenschaftler überzeugen, daß sich mit den überlebenden Instrumenten eine zweite Mission lohnte – und es funktionierte. Das Gremium befand, daß die Staubmessungen einen Wert hatten, nicht nur im Vergleich mit Halley, sondern auch im Hinblick auf künftige Kometenmissionen, die zu Grigg-Skjellerup-ähnlichen Zielen führen dürften. Und die verbliebenen Instrumente für Felder und Teilchen konnten einen „bedeutenden Beitrag" zur Untersuchung der Wechselwirkung zwischen dem Sonnenwind und Kometen liefern.

Grensemann und Schwehm waren jetzt optimistisch, daß die komplette Giotto Extended Mission (GEM) finanziert werden würde, und sie widmeten ständig einen Teil ihrer Zeit darauf. Nach der Begutachtung durch die Experten konnten sie darauf verweisen, daß Giotto wertvolle, wissenschaftliche Beobachtungen an seinem zweiten Kometen machen konnte, zu Kosten von weniger als einem Zehntel der Original-Halleymission, die bereits für Reaktivierung und Erd-Swingby aufgewendeten Mittel inklusive. „Wir haben eine faszinierende Mission", betonte Grensemann immer wieder. „Wir haben die erste Chance, mit derselben speziellen Kometensonde den Vergleich zwischen zwei Kometen zu ziehen: einem alten, Grigg-Skjellerup, und einem relativ jungen, Halley."

Auch Halley hatte nach dem Giottoencounter seine Reise fortgesetzt und war fünf Jahre später bereits wieder 2 Mrd. km von Sonne und Erde entfernt. Empfindliche Teleskope folgten ihm immer noch. Seine helle Koma und die Schweife hatte er längst verloren, da die Sonne in dieser Entfernung keine Aktivität mehr bewirkt. Die Oberflächentemperatur war auf $-200\,°C$ gefallen.

Astronomen an der Europäischen Südsternwarte staunten daher nicht schlecht, als sich auf Halley eine Explosion ereignete. Am 12. Februar 1991 erschien der Komet 300mal heller als erwartet, und eine Staubwolke von 200 000 km Ausdehnung umgab den vorher toten Kern. Einen Monat später war die Wolke noch größer, und von Nacht zu Nacht änderte sie ihr Aussehen. Gewaltige Ausbrüche hatte man schon öfters auf Kometen beobachtet, aber noch nie in solchem Sonnenabstand.

Das war kein kleines Wölkchen. Der Komet hatte rund ein Viertel so viel freigesetzt wie während seiner gesamten Zeit in Sonnennähe. Während einige Kometenkundige den Zusammenstoß mit einem kleinen Asteroiden als Ursache des Ausbruchs vorschlugen, gingen andere lieber von einem internen Vorgang im Kern aus. Z. B. war es vorstellbar, daß die Sonnenwärme von fünf Jahren zuvor erst jetzt ihren Weg in tiefere Schichten gefunden hatte und dort eine Wärme freisetzende Änderung der Eisstruktur bewirkt haben könnte, konkret den Übergang von amorphem zu kristallinem Eis. Die Wärme könnte dann in einer Kettenreaktion weitere Prozesse ausgelöst haben, und schließlich wurde die Staubwolke abgeblasen.

Was auch immer die Erklärung war, Halleys Eruption zeigte, daß alle Sorgfalt der erdgebundenen wie der Sondenbeobachtungen dem berühmten Kometen nicht die Fähigkeit genommen hatten, die Erdlinge zu überraschen. Selbst die Kometenverrücktheit von 1985/86 lebte noch einmal auf, als eine obskure Gesellschaft für Wissenschaftliche Voraussagen in Londoner Zeitungsanzeigen kundtat, die Explosion habe Halley auf Kurs Richtung Erde geschleudert. 1994 sollte dann in den gleichen Kreisen behauptet werden, der Komet Shoemaker-Levy 9 sei in Wirklichkeit eben jener „umgeleitete" Halley, und mit dessen Sturz auf den Planeten Jupiter erfülle sich gewissermaßen die Prognose von 1991 ...

Auch die Menschen waren älter geworden in den 12 Jahren seit Beginn des Giottoprojekts. Dieser Faktor spielte ebenfalls eine Rolle bei der Wahl von Grigg-Skjellerup anstelle anderer Kometen, die erst nach noch längeren interplanetaren Umwegen erreichbar waren. Die Jahre von Giottos Winterschlaf hatte natürlich niemand mit dem Warten auf seine ungewisse Wiedererweckung verbracht. Es gab genug andere Pflichten und Möglichkeiten.

Einige der Giottoexperten von British Aerospace waren weiter für die ESA tätig, diesmal für die Polare Platform, einen großen unbemannten Satelliten, der parallel zur Internationalen Raumstation entstehen sollte. Viele der Giottowissenschaftler waren bei anderen Missionen engagiert, so z.B. dem 1990 zu den Polen der Sonne gestarteten Ulysses und bei den fünf Sonden des ESA-Cornerstone-Projekts Soho/Cluster für 1995. Während Soho 1,5 Mio. km vor der Erde die Sonne und den Sonnenwind überwachen soll, verteilen sich die vier identischen Clustersonden um die Erde, um die Wechselwirkung von Sonnenwind und Erdmagnetfeld zu untersuchen.

In Irland war Susan McKenna-Lawlor Co-Investigator für Experimente auf Soho wie Cluster, und sie hatte bereits Instrumente zum Mars geschickt. Denn kurz nach Halley hatten sie ihre Kollegen aus Katlenburg-Lindau auf die Möglichkeit aufmerksam gemacht, den zwei sowjetischen Phobossonden zum Mars und seinen Monden Teilchendetektoren mitzugeben, und ihr Vorschlag war akzeptiert worden. Auch wenn Phobos 1 bereits kurz nach dem Start durch einen Bedienungsfehler verlorenging und Phobos 2 kurz nach der Ankunft am Mars verstummte, so konnte sie doch bedeutende Daten über die Teilchenstrahlung nahe des Planeten liefern.

McKenna-Lawlor war dann eingeladen worden, die Experimente auf der sowjetischen Mars-94-Mission fortzusetzen, und diesmal bekam sie sogar mehr Masse und Stromverbrauch zugestanden. Für drei andere Experimente wurde sie Co-Investigator und für zwei davon „offizieller Hersteller". Durch den Zerfall der Sowjetunion geriet das Mars-94-Projekt zwar in starke Turbulenzen, aber es blieb ganz oben auf der Liste der wichtigen Missionen, und die Arbeit an den Experimenten ging auch weiter. Überdies war McKenna-Lawlor auch noch Co-Investigator auf einer geplanten Russischen Universal-Weltraumplattform und dem NASA-Satelliten Wind.

Sie war immer noch Professor für Physik am St. Patrick's College, und ihr Emblem war immer noch Epona, aber die keltische Göttin war nun Teil des Logos ihrer Firma Space Technology (Ireland) Ltd. im Industriepark Maynooth. Von einem Finanzier aus Dublin gefördert, bot die Firma weltraumqualifizierte Hardware, Datenverarbeitungsanlagen für Satelliten und deren Bodenunterstützung, Testanlagen und Computersimulationen an, mit Kunden bei der ESA, in den USA und Rußland. Nützliche „Spinoffs" für die Erde umfaßten die Arbeit an Rennwagen und Satellitenempfängern für Schiffe.

Das Wachstum der Weltraumforschung und -technologie in Maynooth bedeutete, daß junge irische Männer und Frauen nicht mehr im Ausland nach Wegen in den Weltraum suchen mußten, wie es McKenna-Lawlor zuerst ergangen war. Aber es bedeutete auch, daß die Extended Mission für sie nur ein Nebenschauplatz sein konnte, so leidenschaftlich sie auch für ihr Experiment auf Giotto empfand.

Niemand war so herzlos, den armen Giotto umzubringen, und trotz des Ausfalls der Kamera konnten die Wissenschaftler seinen Wert plausibel machen: Zwar würde er bei Grigg-Skjellerup nicht annähernd soviel leisten können wie bei Halley, aber immer noch weit mehr als ICE bei Giacobini-Zinner. Bei der ESA in Paris wollte man aus der Giotto Extended Mission am liebsten ein optionales Programm machen, zu dem die einzelnen Mitgliedsstaaten nach eigenem Gutdünken finanzielle Beiträge leisten konnten. Denn dem regulären Wissenschaftsbudget, das automatisch aus den ESA-Beiträgen der Staaten entsteht, sollten die zwar geringen, aber doch spürbaren Kosten erspart bleiben.

Die freiwilligen Beiträge blieben jedoch aus, und eine Zeitlang sah es für die GEM nicht gut aus. Aber dann verringerten 1991 neue Regulationen im Rechnungswesen die Unkosten im Wissenschaftsprogramm, und die NASA stellte ihr Deep Space Network weiterhin auf der Grundlage von Gegenleistungen gratis zur Verfügung. Im Juni 1991 konnte die ESA der Giotto Extended Mission grünes Licht geben, als Teil des ESA-Wissenschaftspflichtprogramms.

Der Zielkomet ließ nicht lange auf sich warten. Nach seinem letzten Sonnenbesuch 1987 hatte Astronomen Grigg-Skjellerup noch bis 1989 verfolgen können, aber schon am 9. September 1991 gelang auf der deutsch-spanischen Sternwarte auf dem Calar Alto in Spanien seine Wiederentdeckung.

Benannt war der Komet nach zwei Amateurastronomen. John Grigg, ein Gesangslehrer in Neuseeland, hatte ihn 1902 entdeckt, Frank Skjellerup, ein australischer Telegraphist in Südafrika 20 Jahre später ein zweites Mal. Grigg hatte den Kometen nach der Entdeckung wegen starken Mondlichts nicht weiter verfolgen können, so daß keine genau Bahnprognose möglich war. Erst nach Skjellerups unabhängiger Entdeckung wurde die Identität beider Objekte festgestellt.

Später konnte der slowakische Astronom Lubor Kresák Grigg-Skjellerup auch noch mit einer der zahlreichen Entdeckungen des französischen Kometenjägers Jean-Louis Pons in Verbindung bringen. Begegnungen mit dem Jupiter hatten die Bahn 1809 und 1845 stark verändert, und auch das 20. Jahrhundert hindurch hatten fernere Planetenpassagen sein Bahnperiode um die Sonne um einige Wochen schwanken lassen.

Der Meteorstrom Sigma-Puppiden geht vermutlich auf alten Staub von Grigg-Skjellerup zurück. Mit dem großen Radioteleskop von Arecibo auf Puerto Rico war ein schwaches Radarecho seines Kerns empfangen worden, was für einen Durchmesser von mindestens 400 m sprach. Wäre der Kern so aktiv wie Halleys, dann müßte er etwa 460 m groß sein, aber da der aktive Anteil seiner Oberfläche noch geringer sein dürfte, war auch ein Kilometer möglich. Halleys mittlerem Kerndurchmesser von 11 km war er in jedem Fall weit unterlegen.

Immer wenn Grigg-Skjellerup durch sein Perihel ging, nahm seine Helligkeit sehr schnell zu und auch wieder ab, aber auffällig wurde er nie. Selbst in seiner besten Zeit blieb er 10000mal schwächer als die schwächsten, mit dem bloßen Auge sichtbaren Sterne, und selbst moderne elektronische Bilddetektoren zeigten nur eine runde Koma. Einen sichtbaren Schweif hatte er nie.

Die Regieanweisungen für Giottos zweites Encounter unterschieden sich stark von dem Beinahefrontalzusammenstoß mit Halley. Bei Grigg-Skjellerup hieß es in etwa: „Auftritt, gefolgt von einem Kometen." Von der Sonne gesehen kam die Erde zuerst, von rechts nach links, und ging nahe am Ort des Encounters vorbei, allerdings drei Monate zu früh. Dahinter Giotto auf einer etwas weiter ausholenden Bahn mit ähnlicher Geschwindigkeit, und schließlich folgte Grigg-Skjellerup, aber weiter unten und ferner von der Sonne.

Der Komet beschleunigte auf einer aufsteigenden Bahn, um 21 Grad gegen die von Giotto geneigt. In der Mitte der Bühne würde er Giotto überholen und für kurze Zeit einhüllen. Zu diesem Zeitpunkt würden er 38 und Giotto 31 km/s schnell sein. Grigg-Skjellerup würde dann seinen Weg weiter nach oben fortsetzen und 12 Tage nach dem Encounter sein Perihel erreichen, um nach oben links zu verschwinden.

Aus der Sichtweise Giottos dagegen würde der Komet von Süden kommen, mit 14 km/s Geschwindigkeit. Das war war immer noch schnell, aber viel weniger als die 68 km/s bei Halley. Das war auch gut so, denn elegant konnte das zweite Encounter nicht werden. Zu Halley hatte die Sonde wie ein Schlüssel ins Schloß gepaßt: Die ganze Geometrie Giottos war darauf hin entwickelt worden, daß er genau mit dem Staubschild voran in die Koma eintrat. Aber damit *jetzt* wieder die mit starren 44,2 Grad zur Sondenachse geneigte Parabolantenne zur Erde zeigen und die Solarzellen genug Strom liefern konnten, mußte Giotto seitwärts auf die Koma treffen, mit seiner Achse um 69 Grad gegen die Flugrichtung geneigt. „Die Sonnenzellen", fürchtete Trevor Morley, „werden die Hauptlast der Staubeinschläge tragen müssen."

Auch die Instrumente und Sendeanlagen waren natürlich in Gefahr und hätten in dieser Orientierung Halley nicht überstanden. Aber Grigg-Skjellerup war viel staubärmer, und die geringe Geschwindigkeit bei der Begegnung bedeutete, daß jedes Staubteilchen nur 4 % der kinetischen Energie besaß, die es 1986 gehabt hätte. Die Ingenieure und Experimentatoren konnten nur hoffen, daß Giotto lange genug für ein paar sinnvolle Beobachtungen überleben würde.

Selbst wenn Giotto von seinem zweiten Winterschlaf nicht mehr erwachen sollte, nichts außer vielleicht dem Zusammenstoß mit einem Meteoroid konnte ihn von einer Begegnung mit Grigg-Skjellerup abhalten. Aber was hatte man davon, wenn die Sonde schwieg? Die Pläne für die zweite Reaktivierung verließen sich mehr auf Vertrauen und Sorgfalt als eine kühle Abschätzung der Aussichten. Wie so oft standen das unerhörte Glück, das Giotto immer begleitet hatte und das permanent drohende Unheil in einem Wettstreit, und Giotto, der an den Grenzen seiner Möglichkeiten operierte, hatte wenig Widerstandskraft übrigbehalten. Etliche Systeme hatten ihre Redundanz verloren, weitere Ausfälle waren nicht mehr abzufangen. Überrascht brauchte eigentlich niemand zu sein, wenn die Giotto Extended Mission mit Schweigen endete.

In mancher Beziehung waren die Umstände jetzt sogar noch ungünstiger als bei der ersten Erweckung 1990. Damals war Giotto 102 Mio. km entfernt gewesen und ständig nähergekommen, so daß die Radiokommunikation täglich etwas leichter wurde. Dieses Mal aber war Giotto mehr als doppelt so weit entfernt, und die Distanz blieb in etwa konstant, hinkte die Sonde doch nun auf einer geringfügig weiter ausholenden Bahn hinter der Erde her. Die Signallaufzeit hin und zurück, vom Aussenden eines Kommandos bis zur Rückmeldung auf der Erde, war mehr als doppelt so groß, und die Signalstärke auf der Erde wie auf der Sonde auf 20 % gefallen.

Auf der anderen Seite aber war Giottos Bahn im Raum viel besser bekannt und insbesondere auch seine Orientierung. Immer noch war ein Viertel des großen Hydrazinvorrats übrig, mit dem Giotto die Erde verlassen hatte, weitere Manöver waren kein Problem. Und es war nicht mehr das erste Mal, daß eine Sonde aus einer Hibernation geholt werden mußte. Die Erfahrungen machten Mut, und auch das Team war praktisch das gleiche.

Howard Nye war der Flugoperationsdirektor. Er ersetzte David Wilkins, der das Flugkontrollteam seit Giottos Start 1985 geleitet hatte, aber jetzt der neuen Softwareabteilung des ESOC vorstand. Nyes Nachfolger als Sondenoperationsmanager wiederum wurde Antonello Morani, ein junger Italiener, der die Sonde mit dem italienischen Namen durch ihr, wie man denken sollte, letztes Abenteuer fliegen sollte. Fünf Jahre zuvor war er aus Rom ans ESOC gekommen und hatte dort in der Rechnerabteilung gearbeitet. Mehr durch Zufall war er mit der Operation von Satelliten vertraut geworden, als die Meteosat-Wettersatelliten mehr Unterstützung brauchten. Von 1988 bis 1991 hatte er an drei Meteosatstarts teilgenommen.

Zu Giotto war Morani 1990 gekommen, als sich einige der erfahreneren ESOC-Mitarbeiter vor der schmutzigen Arbeit, eine angeschlagene Raumsonde aufzuwecken, drückten. Das war die Gelegenheit für den jungen Ingenieur, sich zu profilieren. In Nyes Team hatte er bei der Planung und Ausführung der Reaktivierungsmanöver geholfen, und jetzt stellte er das Handbuch für die 1992er Erweckung zusammen, das alle vorauszusehenden Ereignisse und Kommandos enthielt. Sein Riesenumfang war ein Maß für den bedenklichen Zustand der Mission.

Ein paar Seiten am Anfang listeten auf, was zu tun war, wenn Giotto alles auf Anhieb richtig machte. Der Rest behandelte die Alternativen, angefangen mit der Möglichkeit, daß Giotto überhaupt nicht aufwachte, und bis hin zu Szenarien, bei denen das Hydrazin in den Tanks gefroren war. Ein schwacher Trost war, daß die 1990 identifizierten Ausfälle die Möglichkeiten für Auswege bereits eingeschränkt hatten. Giotto hatte weniger funktionsfähige „Konfigurationen" denn je.

10. Giottos zweite Mission

Giottos zweite Mission fiel mit dem ersten Flug des European Retrievable Carrier EURECA zusammen. Ein Space Shuttle sollte die vielseitige und wiederverwendbare Plattform für alle Arten wissenschaftlicher und technologischer Experimente in den Erdorbit bringen. Da EURECA die kompliziertere Mission war, wurden die Giottokontrolleure aus dem für ungewöhnliche Aufgaben reservierten Hauptkontrollraum in Darmstadt, der ihnen eigentlich zugestanden hätte, in einen der zahlreichen Nebenräume vertrieben: Er war lang und eng wie ein U-Boot und kaum groß genug für all die Leute mit ihren Konsolen und Stühlen, die für den Weckruf an Giotto am 4. Mai 1992 gebraucht wurden.

Draußen schien die Abendsonne auf ein von einem seltenen Streik des öffentlichen Dienstes etwas angeschlagenes Deutschland. Nur 1000 km entfernt in Sarajewo massakrierten Europäer einander, als Jugoslawien der Sowjetunion in den Zerfall folgte. Die Partner der Mission im Deep Space Network der NASA saßen im JPL am Rande von Los Angeles, wo nur Tage vorher die schweren Rassenunruhen ausgebrochen waren. Im Vergleich dazu war die Kometenjagd ein geradezu sanfter Zeitvertreib.

Projektmanager Manfred Grensemann saß nahe bei Howard Nye, ebenso der Projektwissenschaftler Gerhard Schwehm. Hinter ihnen standen die Ingenieure von British Aerospace, Terry Kilvington und Bill Johnson, und am anderen Ende des Raumes war Antonello Morani umringt von den Operationsingenieuren sowohl seiner wie auch der anderen Schicht. Trevor Morley und seine Flugdynamikgruppe waren in einem Raum nebenan. Gesprochen wurde jetzt nur im Flüsterton.

Auf dem Bildschirm eines kleinen Computers, der für die Kommunikation mit dem JPL eingerichtet war, stand eine Liste vorbereiteter Kommandos, die nacheinander die Farbe änderten, als sie ausgesandt wurden. Mit der Gruppe für die Giotto-Bahnverfolgung in Pasadena wechselte Morley nur wenige Worte, präzises Timing betreffend. Fast eine Stunde lang schickte die Station Madrid die Kommandos an Giottos vorausberechneten Ort am Himmel, mit 95 kW und gebündelt von der 70-m-Antenne reichten die Signale 219 Mio. km durch den Weltraum. In der Omnidirektionalantenne Giottos brachten sie ein paar Elektronen zum Schwingen, mit der Nachricht, die Systeme wieder hochzufahren.

Um 15:50 Uhr Weltzeit, 17:50 Uhr in Darmstadt, ging das Kommando an Giotto, mit dem Senden zu beginnen. Die Signallaufzeit zu Giotto und zurück war 24 Minuten, und als die Uhren 16:14 Uhr anzeigten, war es sehr still im vollen Kontrollraum. Jetzt gab es keine vorgespielte Unbekümmertheit. Die Teammitglieder blickten einander mit gerunzelter Stirn an: War ihre alte und gebeutelte Sonde nach zwei Jahren Einsamkeit immer noch in Ordnung?

„We have receiver lock at an AGC level of minus 171 dBm" – ein extrem schwaches aber eindeutiges Signal im Empfänger! Jetzt machte sich ein Lächeln breit, als die Stimme des Bahnverfolgers aus Pasadena die Meldung von der Madrid-Station weitergab. Giottos Signal war sogar ein bißchen stärker als erwartet, aber -171 dBm entsprach nur 8 Milliardstel eines Milliardstel eines Milliwatts Radioleistung. Eine Fliege, die auf der Antenne herumlief, gab in einer Sekunde mehr Energie ab als Giottos fernes Flüstern in einer Million Jahre. Das hatten Madrid und Giotto gut gemacht. Jetzt konnten die Karikaturen im ESOC abgehängt werden, die die Sonde auf einem Bett zeigten mit dem Text „Hibernation: Bitte nicht stören!"

Und weitere gute Nachrichten folgten auf dem Fuße. Trotz der Schwäche des Signals konnte die Station Madrid bereits leichte Frequenzverschiebungen nachweisen, die das Taumeln der beschädigten Sonde um ihre Achse verrieten. Die Kunst des Dopplereffekts, die das Deep Space Network 1990 perfektioniert hatte, lieferte der Missionskontrolle erneut wundervolle Einsichten in das Verhalten der Sonde, noch bevor die volle Kommunikation wiederhergestellt war.

Die Flugdynamiker im nächsten Raum bewiesen ihr kühles Blut auf einem Schachbrett, wo sie das Spiel Short gegen Karpov (der verloren hatte) nachspielten. Nach wochenlangen Vorbereitungen waren sich alle sicher, daß Morleys Berechnungen perfekt sein würden, sie brauchten bloß auf ein Fax aus Pasadena zu warten, mit den Dopplerdaten von Giotto nach dem zweiten Aufwachen. Nach einem Kommunikationsproblem zwischen dem amerikanischen und dem deutschen Faxgerät traf die ersehnte Kurve mit den Fluktuationen der ersten halben Stunde ein, und ein junger belgischer Flugdynamiker, Johan Schoenmaekers, brauchte nur zwei Minuten und einen Taschenrechner, um Giottos Rotationsrate zu berechnen: 14,928 Umdrehungen pro Minute.

Seit Giotto zum letzten Mal 1990 gehört worden war, hatte sie um 0,2 % zugenommen; Morley gab die Erkenntnis per Interkom an die Missionskontrolle weiter. „Mich überrascht, wie genau Eure Zahlen sind", bemerkte Morani, und ein Zuschauer wunderte sich: „Ja, wie kann man so viele Dezimalstellen aus so einer zackigen Aufzeichnung bestimmen?" Schoenmaekers zuckte die Achseln: „Das ist, wie wenn man eine Gitarre stimmt." Was er meinte war, daß die Schwebung zwischen der höchsten und der niedrigsten Frequenz, ungefähr acht Minuten, stark von der Rotationsrate der Sonde abhing. Zwei Stunden später testete die Flugkontrolle schon den Entdrallmotor und benutzten wieder die Dopplerdaten, um einen Erfolg zu sehen. Als Reaktion auf den anlaufenden Motor nahm die Rotationsrate Giottos nur um 1 % zu, aber die Schwebungsfrequenz stieg von 8 auf 18 Minuten.

10. Giottos zweite Mission

Am nächsten Morgen war ein Großteil von Moranis dickem Handbuch bereits überflüssig. Viele der gravierenden Notfälle, an die er gedacht hatte, waren nicht eingetreten. Ein Verlust des Sondensignals am frühen Morgen war die Schuld einer Bodenstation gewesen, Giotto selbst schien munter zu sein. Die ersten Kommandos zur Änderung der Rotationsrate und Lage bewirkten weitere Dopplervariationen. Auch die Düsen funktionierten noch. Die Manöver, die Giottos Lage relativ zur Sonne und dann zur Erde neu einstellten, verliefen ohne jeden Zwischenfall, bis die Bodenstationen die Sendungen von Giottos großer Antenne hörten.

Denn mit der ersten Telemetrie kam die Bestürzung: Die Signale, die Auskunft über die Temperatur, die Stromversorgung und andere Interna geben sollten, waren so stark verstümmelt, daß sie keinerlei Sinn machten. Das Team war niedergeschmettert. 1990 hatte die schlechte Telemetrie den Ausfall einer entscheidenden Komponente an Bord angekündigt, und man hatte auf den damals tadellos funktionierenden Ersatzkreis umgeschaltet. Wenn dieser jetzt auch defekt war, dann gab es keine Hoffnung mehr: Ein dritter Weg, die Daten zu leiten, existierte nicht. Selbst wenn diese kritische „Terminal Unit" zwar funktionsfähig, aber gestört war, konnte man die Giotto Extended Mission vergessen, denn wer wollte schon mit unverständlichen Signalen der Instrumente Wissenschaft betreiben?

Terry Kilvington von British Aerospace schaute über die Schulter des Projektmanagers und weigerte sich zu glauben, daß die geliebte Raumsonde schuld sei. Seine lange Erfahrung als Weltraumingenieur umschloß auch eine Assoziation mit Giotto bis ins Jahr 1979 zurück, als sich seine Firma fragte, was sie mit den Ersatzteilen von Geos machen sollte. Und wie ein netter Onkel unter den jungen Kontrolleuren war er alt genug, um sich noch an die Zeit zu erinnern, in der Digitalrechner ein unberechenbarer Haufen waren, die Gasrechnungen über Millionen Dollar ausstellen konnten, Flugzeuge zum Absturz bringen – oder eine Nachricht aus dem Weltraum verstümmeln.

Als er den Unsinn auf den Telemetriekanälen betrachtete, dämmerte Kilvington ein Computerfehler der besonders einfältigen Art. Irgendetwas albernes passierte mit Giottos Signalen zwischen ihrer Ankunft bei einer NASA-Bodenstation und ihrer Darstellung hier auf den Darmstädter Monitoren. Er schlug vor, alle Angaben um ein Bit zu verschieben, was eine winzige Änderung in der Software der Datenhandhabung bedeutete. Ein falsches Bit wurde einfach am Anfang des Datenstroms eingeschoben – und schon machte die Telemetrie Sinn.

Zeilen in roter Schrift zeigten, daß die Sonde zwar sehr kalt war, aber nicht stumm. Die Suche nach dem Übertragungsfehler am Boden dauerte allerdings noch über eine Woche: Die Uhren in Darmstadt und dem Deep Space Network waren ein wenig falsch synchronisiert.

Am 8. Mai 1992 erklärte die Missionskontrolle Giotto für reaktiviert. In den zwei Monaten bis Grigg-Skjellerup brauchte die Sonde allerdings soviel Pflege wie ein unterkühlter Matrose, der aus dem Meer gefischt wurde, was mit Hilfe der eingebauten Heizer und der Solarzellen möglich war. Die wissenschaftlichen Instrumente mußten erneut durchgecheckt und ausprobiert werden. Und die Frage der Energieversorgung, die die Mission seit 1986 verfolgt hatte, mußte jetzt beantwortet werden.

Selbst zu seiner besten Zeit bei Halley hatte Giotto keinen Strom zu verschenken: Er brauchte die gesamten 190 W, die die Solarzellen damals lieferten. Die Batterien der Sonde bildeten eine Reserve gegen plötzliche Entladungen, sei es durch technische Ausfälle oder Wirkung des Kometen oder auch Schäden an den Solarzellen. Gleichwohl brauchte Giotto für den Betrieb aller zehn Instrumente, seine eigenen Systeme und die Kommunikation mit der Erde nicht mehr Leistung als man für die Beleuchtung eines mittelgroßen Zimmers benötigt.

Die größere Distanz zur Sonne bei Grigg-Skjellerup reduzierte die Leistung der Solarzellen aber um 21 % oder 40 W. Da die Batterien nicht mehr funktionierten, mußte eine Reserve für den Ausgleich von Leistungsschwankungen bleiben, die im schlimmsten Fall die Kommunikation unterbrechen konnten. Hier und da konnten ein paar Watt eingespart werden, aber unter dem Strich blieb die Aussage, daß Giotto bei Grigg-Skjellerup ganz gut zurechtkommen würde, wenn man auf sämtliche wissenschaftlichen Experimente verzichtete.

Das hieß, um präziser zu sein: Für die Instrumente blieben genau 2 W übrig, verglichen mit den 51 W, die die gesamte Nutzlast bei Halley gebraucht hatte. Selbst wenn die energiehungrigen Massenspektrometer und die Kamera ausgeschaltet blieben sowie einige Untereinheiten anderer Experimente, dann waren immer noch rund 10 W das absolute Minimum. Die Mission drohte an einem Mangel an elektrischer Leistung zu scheitern, die gerade der einer Taschenlampe entspricht.

Radikale Lösungen des Problems wurden bereits erwogen, die mal der einen und mal der anderen Wissenschaftlergruppe gefallen konnten, aber dann brachte Giotto selbst die Lösung. Man war allgemein davon ausgegangen, daß seine Batterien vollkommen tot waren, aber die Ingenieure von British Aerospace waren nach ihren Erfahrungen mit ähnlichen Silber-Cadmium-Batterien auf Geos zuversichtlich, daß noch etwas Leben in ihnen steckte. Nach eingehender Debatte mit ihrem Hersteller – man mußte sichergehen, daß sie nicht etwa explodieren würden – erlaubte der Projektmanager eine Überprüfung ihres Zustands.

Sie funktionierten! Trotz ihres Alters und der starken Überhitzung, der sie ausgesetzt worden waren, konnten drei der vier Batterien noch benutzt werden. Daß sie während der Hibernationen ungeladen waren, hatte ihnen offenbar das Überleben ermöglicht. Die Batterien erhöhten nun die Erfolgschancen, und die Ingenieure teilten ihnen dieselben Aufgaben wie bei Halley zu. Sie würden die Leistungsschwankungen abfangen, was sofort 7 W für die Experimente freistellte. Außerdem würden sie Giotto noch ein paar Minuten am Leben erhalten, sollten seine Sonnenzellen von Grigg-Skjellerup zerstört werden.

Die nun weniger strengen Leistungsbeschränkungen ermunterten die Wissenschaftler zu optimistischeren Beurteilungen der Experimente. Henri Rèmes Elektronendetektor hatte ein großes Fragezeichen gegen sich, weil er von Halleys Staub durchschossen und kurzschlußanfällig geworden war. Rème wollte das Beste daraus machen, aber die anderen fürchteten Auswirkungen möglicher Funkenüberschläge in dem beschädigten Sensor. Nun, da es die Pufferwirkung der Batterien wieder gab, fiel dieser Einwand weg, und das Instrument durfte eingeschaltet werden.

Auch Hans Balsiger profitierte. Er hatte sofort eingesehen, daß sein Ionenmassenspektrometer für das Grigg-Skjellerup-Encounter falsch ausgerichtet war, und er konnte nichts versprechen, war aber doch froh, wenn das Experiment wenigstens laufen konnte. Es kam auf die Liste.

Jetzt betrug der Energiebedarf die Experimente zusammen 16 W, und schon wieder fehlten 7. Fünf davon konnte die Flugkontrolle herbeizaubern, indem sie während der heißen Phase ganz auf Kommandos an Giotto verzichtete und zeitweise seinen Empfänger ausschaltete. Am Ende stand fest, daß Giotto mit einem Leistungsdefizit von 2 W in den Kometen fliegen würde, was die Sicherheit etwas verringerte, aber doch sieben der zehn ursprünglichen Instrumente zumindestens eingeschränkten Betrieb erlaubte.

Doch wie wenn bei Giotto auf jeden Erfolg neue Ungemach folgen mußte, legte ein kalifornisches Erdbeben weniger als zwei Wochen vor dem Encounter die große Antennenschüssel von Goldstone lahm. Diese hatte die ESA benutzen wollen, um mit Giotto weiter Kontakt halten zu können, wenn der Komet und er fünf Stunden nach dem Encounter für Weilheim und Madrid untergehen würden. Mit zwei kleineren Schüsseln in Goldstone konnte die NASA die Lücke schließen.

Drei Tage vor dem Encounter hatten Uwe Keller und sein Kamerateam eine letzte Chance, ihr erblindetes Instrument wiederzubeleben. In der Nacht zuvor hatten die Kontrolleure gemerkt, daß sie die Kamera nicht vorbereiten konnten, ohne von einem Kommunikationsband in ein anderes umzuschalten, was die Bahnverfolgung kurz vor dem Encounter störte. Sie hatten Keller gesagt, er solle mit seinem Test bis nach dem Encounter warten, denn mit einem Funktionieren rechne er ja wohl nicht wirklich, oder?

Als Manfred Grensemann an einem grauen Darmstädter Morgen zum Kameratest kam, fand er den Raum der Wissenschaftler verlassen vor, nur in der Missionskontrolle wurde Wache gehalten. Gerhard Schwehm wußte, daß der Projektmanager böse sein würde, und er hatte einen Weg gefunden, die Verbindungen zur Sonde so zu ändern, daß der Test stattfinden konnte. Keller, der verstimmt in seinem Hotel packte, war alarmiert worden.

Normalerweise respektierte Grensemann das Urteil des Flugoperationsteams in den meisten Angelegenheiten, aber das war etwas anderes. Er hatte sich die technischen Begründungen für die Verschiebung des Kameratests angehört und dann ein Veto eingelegt: Solange es noch die geringste Chance gab, Bilder vom Kometen Grigg-Skjellerup zu erhalten, mußte sie genutzt werden.

Die lange Signallaufzeit zu Giotto vereitelte alle Hast, aber das Operationsteam änderte das Kommunikationsband für den Test so schnell es ging. Dann ging ein Kommando an die Kamera, direkt in die Sonne zu schauen. Wenn sie diese nicht sehen konnte, dann *mußte* sie blind sein.

Wie immer funktionierten die internen Systeme der Kamera einwandfrei, aber das Rohrstück klemmte weiter in der Öffung – warum hätte es auch herausfallen sollen? Alles, was Keller und sein Team von der Sonne sehen konnten, war ein wenig gestreutes Licht, ähnlich, wie sich Tageslicht um einen Schlafzimmervorhang herumstiehlt. Nach seiner Starrolle bei Halley würde Keller bei Grigg-Skjellerup nur ein Zuschauer sein.

Die anderen waren natürlich froh über das negative Ergebnis. Hätte die Kamera wie durch ein Wunder funktioniert, dann wäre die ganze Leistungsrechnung durcheinandergekommen. Um die 11 W für die Kamera zu bekommen, hätten zwangsläufig andere Experimente geopfert werden müssen. Und Fritz Neubauer freute sich besonders: Dieses Mal würden keine Interferenzspitzen des Kameramotors seine delikaten Messungen des kosmischen Magnetismus stören.

Kapitel 11

Die Symphonie des Grigg-Skjellerup

Unter den Giottowissenschaftlern hatte sich das Machtgefüge gründlich verschoben. Hatten bei Halley die Kamera und die Massenspektrometer, also die Instrumente der ersten Kategorie, die erste Geige gespielt, so waren sie jetzt entweder ausgefallen oder aus geometrischen Gründen unbrauchbar geworden. Die neue Mission hing jetzt von Experimenten ab, die seinerzeit zur Kategorie zwei oder drei gehört hatten.

Die Messungen am Staub versprachen, die evolutionären Veränderungen an Komet Grigg-Skjellerup im Vergleich zu Halley aufzuzeigen. War das Staub-zu-Gas-Verhältnis größer oder kleiner? War die Größenverteilung der Staubteilchen eine andere? Die Wissenschaftler, die 1990 die Giotto Extended Mission empfohlen hatten, erwarteten überdies eine Auskunft, wie groß das Staubrisiko in der Umgebung solch alter Kometen war, eine wichtige Frage, wenn man dort in der Zukunft eine teure Sonde hinschicken und gar landen sollte.

Tony McDonnells Staubeinschlagsdetektoren waren mit dem Staubschild Giottos verbunden, der bei dem zweiten Encounter ziemlich schräg zur Flugrichtung stehen würde. Käme Giotto dem Kometenkern nahe, wäre mit vielleicht einem Dutzend meßbarer Treffer zu rechnen. Anny-Chantal Levasseur-Regourds Halley-Optical-Probe-Experiment gewann dadurch an Bedeutung, konnte es doch durch Messung der Umgebungshelligkeit der Sonde in verschiedenen Farben nicht nur das Leuchten verschiedener Gase, sondern auch die Staubdichte der Koma messen.

Besondere Erwartungen galten dem Magnetometer von Fritz Neubauer und den Teilchendetektoren von Alan Johnstone, Henri Rème und Susan McKenna-Lawlor. Der Schwerpunkt der Giottomission hatte sich klar in die Plasmaphysik verschoben, also das Studium elektrisch geladener Gase und der dazugehörigen Magnetfelder. Für die breite Öffentlichkeit war dieses Thema nicht eben verständlich, für die Presse geradezu abstoßend und selbst für manch einen in der Raumfahrtgemeinde unattraktiv: „Sehr detailliert, sehr kompliziert und sehr langweilig", schalt ein prominenter europäischer Weltraumforscher die Giotto Extended Mission (GEM).

„Das könnte man ebenso über ein Bach-Konzert sagen, wenn man nichts von klassischer Musik hält", gab ein anderer Physiker zurück. Wer hatte recht? War es nur eine Frage des Geschmacks, ob man sich lieber das Bild eines Kometen an die Wand hängte oder den Melodien unsichtbarer geladener Teilchen lauschte, die in den Magnetfeldern des interplanetaren Raums ihre Spiralbahnen zogen? Nein, die Plasmaphysik war von den anderen Wissenschaften isoliert, trotz ihrer Beiträge seit den 20er Jahren. Damals war der Begriff „Plasma" für Pakete elektrisch geladenen Gases in Gebrauch gekommen, sei es in einer Leuchtstoffröhre, im Inneren eines Sterns oder dem Schweif eines Kometen. Wer an der Aufregung der Giottoplasmaphysiker über das bevorstehende Encounter mit Grigg-Skjellerup teilhaben wollte, mußte eine kulturelle Barriere überwinden und das Reich der zappeligen Teilchen betreten.

Plasma ist der Normalzustand des Universums, der vierte Aggregatzustand nach fest, flüssig und gasförmig. Die täglichen Protuberanzen auf der Sonne zeigen ebenso das oft seltsam anmutende Verhalten von Plasmen auf wie die grünen und roten Vorhänge der Polarlichter. Nur weil sie auf der Erde selten anzutreffen sind, erscheinen sie uns merkwürdig.

Obwohl als Ganze elektrisch neutral, sind die Plasmen innerlich voll von elektrischen Strömen und magnetischen Feldern. Die Zahl der negativen Elektronen und positiven Ionen – elektrisch geladenen Atomen und Molekülen – ist gleich, aber Hannes Alfvén in Stockholm war der turbulenten Liebesaffäre von Teilchen und Magnetismus auf die Spur gekommen. Bewegte geladene Teilchen erzeugen Magnetfelder, die umgekehrt wieder den Teilchen bevorzugte Bewegungsrichtungen vorschreiben – eine Rückkopplung, die Plasmen einen inneren Zusammenhalt verleiht, der gewöhnlichen Gasen fehlt.

Magnetismus ist die bestimmende Kraft, wenn Teilchen aus dem ferneren Weltraum vom starken Magnetfeld der Erde abgefangen werden und zu den leuchtenden Polarlichtern führen, aber die schnellen Teilchen des Sonnenwindes stehlen der Sonne selbst magnetische Felder und transportieren sie in den interplanetaren Raum. Jeder Zweifel über die vorherrschende Kraft verursacht Ärger. Das Plasma gerät in wilde Schwingungen, der Magnetismus gibt seinem Unbehagen in Form von Wellen Ausdruck. Geladene Partikel bewegen sich auf und nieder oder nach links und rechts, wenn magnetische Alfvén-Wellen vorbeikommen.

Plasma, das sich derart daneben benimmt, ist auch einer der Gründe, warum es so schwer ist, die Kernfusion der Sonne in magnetischen Flaschen auf der Erde nachzuvollziehen. Die sich windende Materie findet endlose Möglichkeiten, sich entweder abzukühlen oder aus dem magnetischen Käfig zu entkommen. In fortgeschrittenen Experimenten verdampfen kühle Pillen aus Fusionsbrennstoff in einem heißen Plasma, fast so wie Kometen, die in den Sonnenwind eindringen.

Die Entdeckung des Sonnenwindes – nämlich über das Verhalten von Kometenschweifen – machte die Plasmaphysik für Raumfahrtmanager attraktiver als für manchen Wissenschaftler. Teilchendetektoren und Magnetometer sind vergleichsweise billig und leicht und finden immer etwas zum Messen, wenn nicht gerade die Strahlungsgürtel der Erde oder des Jupiter, dann doch das stets veränderliche „Wetter" im interplanetaren Raum.

Das Plasma des Sonnenwinds ist mit seiner mittleren Geschwindigkeit von 500 km/s so viel schneller als Planeten oder Kometen in ihren Bahnen, daß sie in ihm wie ortsfeste Hindernisse in einem schnellen Gewässer scheinen. Sie teilen den Strom und erzeugen Bug- und Kielwellen. Planeten ohne Magnetfeld und Atmosphäre wie der Merkur sind für den Sonnenwind eine Kleinigkeit, aber der magnetische Schild der Erde ist zehnmal so groß wie der Planet selbst. Er hält den Sonnenwind zurück mit der gewölbten Magnetosphäre auf der sonnenzugewandten Seite, während sie auf der anderen Seite zu dem ausgedehnten Magnetschweif in die Länge gezogen wird. Die Geschwindigkeit des Sonnenwinds fällt abrupt, wenn dieser den Bugschock der Erde trifft, der sich vor ihr und an den Seiten in Form eines großen V nach hinten erstreckt. Den Bugschock, die Magnetosphäre und den Magnetschweif der Erde hatte Giotto bei seinem Erd-Swingby im Sommer 1990 direkt messen können.

Kometen erzeugen ihre großräumigen Störungen des Sonnenwinds auf andere Weise. Sie haben zwar keine Magnetfelder – wie Giotto in den Minuten nahe an Halleys Kern direkt feststellen konnte –, aber auch keine nennenswerte Schwerkraft, die entweichende Gase zurückhält, wie es auf der Erde der Fall ist. Wenn sie von der Sonne erwärmt werden, erzeugen sie einen Halo aus Atomen, Molekülen und Ionen, der den Sonnenwind im Umkreis von Millionen Kilometern regelrecht verschmutzt. Verunreinigte Plasmen kommen zwar auch in entstehenden und explodierenden Sternen vor, aber die Kometen bieten die einmalige Chance, die Prozesse in-situ, direkt vor Ort, zu untersuchen: Sie sind ein natürliches Plasmalabor.

In dem Raum vor einem Kometen sind die Verunreinigungen lediglich eine leichte Massenzunahme des noch gleichmäßig dahinströmenden Sonnenwindes. Nachdem Wasserdampf und andere Gases von einem Kometenkern entkommen sind, befreit die Ultraviolettstrahlung der Sonne Elektronen, so daß nun Ionen vorliegen, schwerer und langsamer als die typischen Wasserstoff- und Heliumionen des Sonnenwindes. Wenn diese Kometenionen auf das Magnetfeld des Sonnenwindes treffen, werden elektrische Felder induziert, die sie mitreißen und beschleunigen können: Diese

„Pick-Up-Ionen" spiralieren dann entlang der Feldlinien und reiben sich am normalen Sonnenwind, der langsamer und turbulent wird. Wenn die Pick-Up-Ionen ihre verlorenen Elektronen wiederfinden, können sie als neutrale Atome oder Molekülfragmente in Richtung des Kometen zurückschießen.

Nahe am Kern ist die Kometenkoma dicht genug, um den Sonnenwind gänzlich abzuhalten und um die magnetische Cavity zu bilden, die Giotto bei Halley durchquerte. Der abgewehrte Sonnenwind hat allerdings genug Kraft, die Cavity zur Gestalt einer Kaulquappe zu verformen. Geladenes Gas des Kometen findet seinen Weg in den Plasmaschweif durch die sogenannte Kontaktfläche, wo der magnetische Druck des Plasmas den Druck der Koma nach außen gerade aufhebt. Ein weiteres Phänomen ist schließlich die sogenannte Pile-Up-Region, die sich im Sonnenwind vor einem Kometen ausbildet. Der abgebremste Sonnenwind staut sich, wodurch die – imaginären – magnetischen Feldlinien enger zusammenrücken und die Feldstärke ansteigt. Manche Details all dieser Prozesse blieben allerdings noch Jahre nach den Beobachtungen der Vegasonden und Giottos bei Halley rätselhaft.

Die Plasmen gaben der Natur so viele Möglichkeiten, den Übergang vom reinen Sonnenwind zur reinen Kometenatmosphäre zu vollziehen, daß sich die Wissenschaftler noch nicht einmal auf die Namen, geschweige denn die physikalischen Mechanismen, der verschiedenen Plasmazonen Halleys einigen konnten. Innerhalb des Bugschocks, wenn er richtig identifiziert war, lag eine „Mystery Region" von 0,5 Mio. km Dicke, wo Henri Rèmes Elektronendetektor lange Ausbrüche relativ energiereicher Elektronen gesehen hatte. Andere Sensoren fühlten Salven energiereicher Ionen samt heftigen Schwankungen des Magnetfeldes. Die Theoretiker waren verwirrt.

Und nahe dem Herzen von Halley hatte es eine wahre Explosion energiereicher Teilchen gegeben, die in Susan McKenna-Lawlors Detektoren mehr als einhundertmal die normale Zählrate auslösten. Abgesehen von einem Beitrag durch geladenen Staub war die einzige Erklärung, daß die Magnetfeldkonzentration der Pile-Up-Region, vielleicht in Tateinheit mit der Feldstruktur des Kometenschweifs, hier Ionen in Massen beschleunigt.

Die Ungewißheit war so groß, wie wenn ein Meteorologe nicht sagen konnte, ob ein starker Wind von einem Tornado, einem Hurrican oder einem Waldbrand herrührte. Freilich war Halley ein gewaltiger Komet, um derartige Untersuchungen zum ersten Mal gerade hier durchzuführen. Die Plasmaphysiker wünschten sich einen anderen Kometen, weniger rauh als Halley und auch kompakter, so daß örtliche Böen im Sonnenwind die kometarischen Beiträge zur Turbulenz nicht überdeckten. Dann würde die Musik klarer zu hören sein.

11. Die Symphonie des Grigg-Skjellerup

Optimisten hielten Grigg-Skjellerup in beiderlei Hinsicht für ideal, auch wenn die Sonne und der Sonnenwind 1992 stürmischer waren als 1986. Der Größenunterschied der beiden Kometen versprach andere Vorteile: Grigg-Skjellerup würde nicht einfach eine verkleinerte Version von Halley sein. Verschiedene Prozesse sollten mit der geringeren Gasproduktion unterschiedlich stark reduziert sein, was beim Unterscheiden der Mechanismen hilft. Und einige Prozesse sollten bei Grigg-Skjellerup sogar stärker sein, weil der Sonnenwind mit dem kleinen Kometen schneller und näher am Kern zusammenstößt. Die magnetische Turbulenz außerhalb des Bugschocks könnte stärker sein. Und es mochte sogar Plasmaphänomene geben, die bei Halley gefehlt hatten.

Die Giottophysiker mußten ihre Erwartungen freilich im Zaum halten. Der Komet konnte ebensogut zu klein und schwach sein, um überhaupt gute Ergebnisse zu liefern. Mit seiner Gasproduktion lag Grigg-Skjellerup um einen Faktor von mindestens 100 unter Halley, und bereits bei Giacobini-Zinner, der aktiver als Grigg-Skjellerup war, hatte ICE kaum noch einen Bugschock im Sonnenwind festgestellt. Vielleicht hatte Grigg-Skjellerup überhaupt keinen. Seine magnetische Cavity um den Kern würde keine 200 km groß sein, anstelle der 8000 km bei Halley. Wahrscheinlich würde Giotto einfach vorbeifliegen.

Aber warum klagen? Fritz Neubauers Magnetometer würden auf jeden Fall einen schönen Kurvenverlauf der grundlegenden magnetischen Strukturen liefern, den Grundbaß sozusagen – unabhängig davon, was Grigg-Skjellerup am Tag des Encounters zu spielen gedachte. Alan Johnstones Plasmaanalysator würde die Holzbläser der häufigsten Ionen, warm oder kalt, hören, und Susan McKenna-Lawlors EPONA das Blech der energiereichen Teilchen. Wenn Henri Rèmes Elektronendetektor allerdings doch noch ausfallen sollte, nachdem ihn Halleys Staub durchschossen hatte, dann würden die Streicher fehlen.

Giotto und Grigg-Skjellerup trafen sich im Sternbild des Löwen, nahe der Richtung zum hellen Stern Regulus. Sie stiegen erst nach der Morgensonne über den Osthorizont in Bayern, wo die 30-m-Schüssel der Station Weilheim den Uplink für die Kommandos an Giotto durchführte. Mit fortschreitender Erddrehung konnte die 70-m-Antenne in Madrid Giotto eine Stunde später erfassen. Nach ihrer gediegenen Rolle bei den Reaktivierungen war sie jetzt Hauptdownlinkstation für die Signale der Sonde während des Encounters.

Wenn Giotto und sein Ziel im Westen untergingen, waren die europäischen mittsommerlichen Nächte zu hell für astronomische Beobachtungen, erst recht von einem so schwachen Kometen wie Grigg-Skjellerup. Die Sternwarte auf dem Calar Alto, die den Kometen im September 1991 wiedergefunden hatte, konnte ihn nicht länger verfolgen, und auch das Observatorium in Arizona nicht, das bei seiner Bahnverbesserung geholfen hatte. Die Beobachtung von Grigg-Skjellerup in den letzten Wochen vor dem Encounter lag in den Händen von Astronomen auf der südlichen Halbkugel, die den Kometen nach Sonnenuntergang mitten in ihrem Winter sehen konnten. Sternwarten in Australien und Neuseeland, wo auch Grigg und Skjellerup herstammten, spielten eine führende Rolle bei der Beobachtungskampagne, ebenso die Europäische Südsternwarte in Chile.

Die Unterstützung der Astronomen war jetzt noch wichtiger als beim Anflug Giottos auf Halley. Diesmal gab es keine Vegasonden, die Giotto den Weg in das Herz des Kometen zeigen konnten. Bei Grigg-Skjellerup mußte allein mit Hilfe von Beobachtungen von der Erde aus gezielt werden. Da der Kern selbst über die große Entfernung hinweg nicht auszumachen war, mußte seine Lage in der schwachen und verwaschenen Koma geschätzt werden. Nach den ersten Beobachtungsmonaten hatte seine Position noch eine Ungenauigkeit von rund 1000 km, die erst in den letzten Wochen und Tagen halbiert werden konnte.

Höchstens 2000 km sollte nach den Wünschen der Wissenschaftler der Abstand vom Kern betragen, und je weniger es waren, desto besser. Ideal wären 200 km Abstand auf der sonnenabgewandten Seite des Kerns, wo sich der Schweif bildet. In dieser Region war noch keine Kometensonde gewesen, war ICE doch in weit größerem Abstand vom Kern durch den Schweif geflogen. Da ein so genaues Zieles außer Frage stand, waren sich die Wissenschaftler einig, daß die Flugkontrolleure einfach auf den Kern selbst zielen sollten. Die Chancen, ihn tatsächlich zu treffen, lagen freilich bei rund 1:100 000, und das war auch gut so, wollten doch alle Messungen beim Eintauchen in die Koma wie auch bei ihrem Verlassen vornehmen.

Als Giottos Navigator hatte Trevor Morley zwei Ellipsen vor sich. Die kleinere mit einem maximalen Radius von 120 km umschloß alle möglichen Positionen Giottos zum Zeitpunkt des Encounters, basierend auf den Bahnverfolgungsdaten und ihren wahrscheinlichen Ungenauigkeiten. Der andere Ring drumherum hatte einen größten Radius von 600 km: Das waren die möglichen Positionen des Kometenkerns nach den letzten Ortsbestimmungen auf der Südhemisphäre.

„Auf den Kern zielen" hieß, die Zentren der beiden Ellipsen zur Deckung zu bringen. Die Bahn war bereits so gut, daß Giottos Ankunftspunkt nur um 145 km nach Westen geschoben werden mußte. Am Mittwoch, dem 8. Juli, zwei Tage vor dem Encounter, feuerten die radialen Düsen abwechselnd, während Giotto rotierte, und schubsten ihn auf die korrigierte Bahn.

Das ganze Manöver dauerte 52 Minuten, und die Frequenzänderungen des Sondensignals verrieten, daß der gewünschte Effekt nur um 2 % verfehlt worden war: Das entsprach 3 km am Zielpunkt, völlig unbedeutend. Morley war zufrieden, und er wußte nun auch den genauen Zeitpunkt der Ankunft: zwischen 15:30 und 15:31 Uhr Weltzeit am 10. Juli 1992.

Würde irgendjemand auf der Erde Grigg-Skjellerup zum Zeitpunkt des Encounters beobachten? Die Profis schüttelten den Kopf: Nur auf den Inseln Mauritius und La Réunion im Indischen Ozean war der Komet dann am dunklen Himmel zu beobachten, und dort gab es keine nennenswerten Observatorien.

Der Sonnenwind am 10. Juli war sehr ruhig, als ihn Giotto auf seinem Weg zum Kometen durchquerte. Das versprach ein sicheres Erkennen der Störungen, die Grigg-Skjellerup in dem Plasma anzurichten gedachte. Eine stürmischere Sonne hätte diese Beobachtungen vereiteln können, ebenso wie rauhe See die Bugwelle eines Schiffs unkenntlich macht.

Am Abend zuvor hatte Antonello Morani die Sonde für das Encounter bereitgemacht und dann den Uplinkkanal zwecks Stromsparens abgeschaltet. Bei der Reaktivierung im Mai hatte der Sondenoperationsmanager die Prozeduren aufgelistet, die bei Fehlfunktionen während des Encounters einzuleiten waren. Sollte die Sonde zu senden aufhören oder ein unverhoffter Staubhagel die Solarzellen beschädigen, wußte er, was er zu tun hatte. Aber bei manchen Problemen hieß es schlicht: „Handlung: keine (keine Redundanz)."

Giotto war bereit und lauschte, aber das erste Murmeln von Grigg-Skjellerup kam spät und war enttäuschend. Der Komet schien noch schwächer als vorausgesagt zu sein, als die Wissenschaftler die Daten von Giotto an jenem Freitagmorgen beobachteten. Um 9:30 Uhr Weltzeit, sechs Stunden und 300 000 km vor der größten Annäherung an den Kern, registrierte Alan Johnstones Plasmaanalysator die ersehnten Pick-Up-Ionen, die eine Verunreinigung des Sonnenwindes durch das Gas des Kometen verrieten. Aber schwere Ionen, die auf Wasserdampf vom Kometen zurückgeführt werden konnten, waren selten. Johnstone schätzte, daß Grigg-Skjellerup nur 60 kg/s freisetzte, weniger als ein Dreihundertstel der Produktionsrate Halleys. Er warnte seine Kollegen, daß die Störungen des Plasmas durch die Wechselwirkung mit dem Kometen ziemlich schwach sein konnten, vielleicht nur meßbar in ein paar Tausend Kilometer Umkreis des Kerns.

Aber als die Zeit fortschritt, belehrte ihn Grigg-Skjellerup eines besseren. Die Zählrate der Pick-Up-Ionen in Johnstones Instrument stieg schneller, als allein durch den sinkenden Abstand zum Kern erklärt werden konnte. Die anfängliche geringe Zählrate hatte von Gas hergerührt, das bereits mehrere Tage vom Kern unterwegs war. Aber der Komet war der Sonne in der Zwischenzeit nähergekommen und aktiver geworden: Das frischere Gas näher am Kern war dichter.

Mit einem Frühflug war aus München der dänische Astronom und Photoexperte der Europäischen Südsternwarte, Claus Madsen, nach Darmstadt geeilt, um im Raum der Wissenschaftler das neueste Photo von Komet Grigg-Skjellerup aus seiner Tasche zu zaubern. Um 00:05 Uhr Weltzeit hatte es der deutsche Kometenforscher Klaus Jockers mit dem größten Teleskop des chilenischen Observatoriums aufgenommen, und trotz Behinderungen durch den zunehmenden Mond, Cirren und geringe Höhe über dem Horizont zeigte das Bild die ersten Anzeichen eines staubigen Schweifs, fast genau nach hinten von der Erde wegzeigend.

Ins Münchener Hauptquartier der ESO war das Bild in digitaler Form übertragen worden, schließlich war es mit einer CCD-Kamera entstanden, und es machte keinerlei Unterschied, ob man es in Chile oder Deutschland auf den Computermonitor brachte. Jedes der Quadrate, aus denen sich das Bild zusammensetzte, war 630 km groß, was bei Giottos Geschwindigkeit 45 s entsprach. Insgesamt maß die sichtbare Koma 20 000 km, war aber in Richtung Sonne auf 30 000 km verlängert. Noch auf keinem Photo von Grigg-Skjellerup war so etwas gesehen worden: Der alte Komet schien den irdischen Eindringling mit flatternden Segeln begrüßen zu wollen.

„Jetzt hat Giotto das Sagen." Mit diesen Worten hatte der Dichter Dante seinen Freund, den Maler, in keinem geringeren Werk als der *Göttlichen Komödie* verewigt. Um die 680 Jahre später wollte die ESA der Welt auf bessere Weise von Giottos zweitem Encounter berichten, als es 1986 bei Halley der Fall war. Die Vorbereitungen für den großen Tag hatten schon begonnen, als Giotto noch in Hibernation war.

Ein Gewitter über Darmstadt hatte eine Wagner würdige Atmosphäre geschaffen, als führende Weltraumfunktionäre aus Washington und Moskau in Darmstadt ihre europäischen Entsprechungen aus Paris trafen, um Giottos Erlebnisse zu verfolgen. Zusammen mit Reportern und anderen Gästen bevölkerten sie den großen Konferenzraum des ESOC, der freilich nicht wiederzuerkennen war: Englische Ausstatter hatten ihn in ein funkelndes Fernsehstudio verwandelt, mit Sternen übersät und bunt angestrahlt.

Ein 1:1-Modell von Giotto rotierte auf einer Bühne neben einem Drahtmodell, das die erwarteten Plasmaphänomene um den Kometen illustrieren sollte. In der Mitte des Raumes waren die wissenschaftlichen Instrumente der Sonde ausgestellt, und auf einer großen Videowand konnten die Gäste vorbereitete Filmclips über Giottos bisherige Reise – darunter die dramatischen Details seiner ersten Reaktivierung – und Animationen der bevorstehenden Ereignisse sehen. Vor allem aber waren Live-Interviews

11. Die Symphonie des Grigg-Skjellerup 181

mit den Wissenschaftlern wie den Missionskontrolleuren zu sehen und zu hören, wobei die Kameraleute mit atemberaubenden Hürdenläufen in den engen Gängen von Konsole zu Konsole sprinteten.

Die Gäste waren, ohne es zu ahnen, Teilnehmer einer wissenschaftlichen Fernsehshow, die 90 Minuten lang Giottos größte Annäherung an Grigg-Skjellerup begleitete. Ein ehemaliger BBC–Produzent hatte sie für die ESA arrangiert, die sie kostenlos jeder Fernsehanstalt anbot, die zugriff. Die BBC machte davon Gebrauch, der – mit größeren Antennenschüsseln – europaweit zu empfangende Discovery-Channel und andere Stationen, in Deutschland allerdings, dem zentralen Ort des Geschehens, ignorierte man das Ereignis fast völlig.

Präsentiert wurde das Programm von der im britischen Fernsehen mit astronomischen Programmen bekannten Heather Couper, die hier ihre erste Live–Sendung erlebte. In einem leuchtend gelben Kleid kam sie auf die Bühne, wo bereits der Berner Physiker Johannes Geiss, einer der Väter von Giotto, Platz genommen hatte. Als wissenschaftlicher Verbindungsmann erklärte er grundlegende Fragen, interviewte die PIs im Raum der Experimentatoren und erläuterte den Fortschritt der Mission.

Was immer der Sonde im Laufe des Encounters widerfahren würde, die Gäste, die Presse und die Zuschauer zu Hause würden es praktisch genauso schnell erfahren wie die Missionskontrolleure und die Wissenschaftler. Die Brocken oft verwirrender Nachrichten, die während des Halleyencounters den Presseraum erreichten, waren ein Ding der Vergangenheit. Egal ob Giotto untergehen oder triumphieren würde: Die Sendung aus Darmstadt würde Europas bester Versuch bleiben, die Öffentlichkeit in Echtzeit über ein Ereignis im Weltraum zu unterrichten.

Die erste bemerkenswerte Entdeckung an Komet Grigg-Skjellerup kam zustande, als Giotto noch eine halbe Stunde oder 25 000 km von dessen Kern entfernt war. Fritz Neubauers Magnetometer registrierten ein periodisches Auf und Ab des interplanetaren Magnetfelds, das der Komet verursachen mußte. Diese Wellen waren viel gleichmäßiger und ausgeprägter als alle, die es bei Halley gegeben hatte. Die glatten Kurven mit Spitzen im Maximum, die sich auf Neubauers Datenschreiber schlängelten, hätten auch einem Labor nebenan anstatt der Kollision eines Kometen mit dem Sonnenwind 214 Mio. km entfernt entsprungen sein können.

Daß es solche Wellen geben konnte, die ihre Energie den geladenen Teilchen des Kometen entnehmen, wußten die Plasmaphysiker zwar in der Theorie, aber so klar gesehen hatte sie noch niemand. Ungefähr einmal pro Minute oder 1000 km erreichte das Magnetfeld einen Kamm, wie eine Welle auf dem Meer – und jeder Kamm hatte seinen Schaum, in Gestalt energiereicher Elektronen. Als Henri Rème auf seinem Monitor dieselben

Wellen trotz des beschädigten Detektors klar vorführen konnte, wußten auch die nervösesten Beobachter, daß die Mission zu Grigg-Skjellerup ein Erfolg war. Selbst wenn Giotto jetzt plötzlich ausfallen würde, so hatte man bereits etwas Neues in der Plasmaphysik gefunden.

Während alle anderen Sensoren die unmittelbare Umgebung der Sonde überwachten, schaute Anny-Chantal Levasseur-Regourds HOPE-Instrument rückwärts in die Ferne. Es hielt nach dem Leuchten von Grigg-Skjellerups Koma Ausschau. Bei 25 000 km sichtete HOPE bereits das charakteristische Licht geladener Kohlenmonoxidmoleküle und von Hydroxyl-Radikalen, den Überresten von Wasser. Und genau wie das letzte Bild der ESO vermuten ließ, machte sich auch Sonnenlicht bemerkbar, das an Staub gestreut worden war: 20 000 km vor dem Kern betrat Giotto Grigg-Skjellerups sichtbare Koma.

Zwanzig Minuten oder 17 000 km vor dem Kern begannen die Teilchendetektoren im Chor, höhere Zählraten zu melden. Susan McKenna-Lawlor bemerkte einen klaren Anstieg der energiereichen Partikel, Indiz für den Bugschock. Auch Alan Johnstone und Henri Rème hatten keinen Zweifel, daß der Bugschock des Kometen jetzt über ihre Instrumente spülte. Die Ausbrüche der Teilchenraten waren sauberer als bei Halleys Bugschock sechs Jahre vorher, und das Plasma war, wie erwartet, hinter dem Schock deutlich langsamer und kühler als im reinen Sonnenwind. Fritz Neubauer allerdings widersprach. Seine Magnetometer maßen eindeutig keinen Sprung der Feldstärke, wie er für einen Bugschock charakteristisch war – Grigg-Skjellerups erstes Mysterium.

Zu dem Zeitpunkt, als die Signale vom Passieren des mutmaßlichen Bugschocks die Erde erreichten, war Giotto schon 10 000 km weiter: 12 Minuten war schließlich die Signallaufzeit. Die Sensoren spürten die Nähe des Kometen nun immer stärker, und die Pile-Up-Region war erreicht, wo sich die Feldlinien des Sonnenwindes vor der verbotenen Zone der magnetischen Cavity stauen. Das Magnetfeld stieg auf einen höheren Wert als in Halleys Pile-Up-Region, während die Plasmatemperatur fiel. Unbeeindruckt drang Giotto weiter vor, in die hellste Region des Kometenkopfes. Der Kern war nahe, näher als bei Halley. Würde er jetzt dem Eindringling mit einer tödlichen Staubsalve das Ende bereiten?

Der Zeitpunkt der größten Gefahr kam, als der Himmel um Giotto abrupt heller wurde. Wolken sonnenbeschienenen Kometenstaubs badeten Giotto in einem Meer von Licht, zu dem auch die Emission von CO und OH beitrug. Für 15 Sekunden tat Grigg-Skjellerup gerade so, als sei er ein großer, bedrohlicher Komet. Aber dann ging das grelle Licht zurück, fast ebenso schnell, wie es angestiegen war.

11. Die Symphonie des Grigg-Skjellerup

Doch als die Sonde die dichteste Region der Koma durchquert hatte, war ein Kanal auffällig still geblieben – kein Pieps von den Mikrophonen des Staubdetektors. Der Staub, den HOPE so hell gesehen hatte, schien aus einem fein verstreuten Pulver zu bestehen. Die berechnete Kernpassage war bereits vorüber, und der etwas betrübt dreinschauende Tony McDonnell scherzte gerade mit Heather Couper über den „sauberen" Kometen, als der erste Staubtreffer auf DIDSY einen Punkt auf seinem Bildschirm hinterließ. „An event!" rief er aus, ein Ereignis, und im Darmstädter Publikum machte sich die Anspannung durch Beifall Luft. Kurz darauf meldete der Staubzähler noch zwei Einschläge, aber das war es auch schon.

Was McDonnell aber nicht wissen konnte, war, daß kurz vor seinen drei Staubtreffern von 100-, 20- und 2-Mikrogramm-Teilchen ein wesentlich größerer Brocken Giotto getroffen hatte: Seine Masse wird auf rund 30 *Milli*gramm geschätzt. Doch weil er die Sonde nahe dem oberen Rand erwischt hatte, entging er den Staubmikrophonen und machte sich auf ganz andere Weise bemerkbar: Giotto geriet, wie schon zu Halleys Zeiten, ins Taumeln.

Diesmal allerdings hielt sich der Effekt in Grenzen. Weil die Geschwindigkeit Giottos jetzt viel geringer war, konnte das Teilchen – der Whopper, wie es später getauft wurde – Giotto nur um ein Zehntel Grad aus seiner Rotationslage kippen und seine Umdrehungsrate leicht erhöhen. Giotto hatte keine Probleme, dies mit dem Entdrallmotor auszugleichen, gleichwohl gab es einen Datenausfall für ein paar Sekunden. Auch eine Bremsung der Sonde in ihrer Bahn durch dieses oder andere große Staubteilchen, wie sie bei Halley deutlich gewesen war, gab es diesmal nicht: Nach den Beobachtungen der Giotto Radio Science lag der Effekt hier bei unter einem Millimeter pro Sekunde.

Und doch sollte das eine erstaunlich große Teilchen „Whopper", das er selbst gar nicht hatte messen können, Tony McDonnell zusammen mit seinen drei Einfängen „Big Mac", „Bretzel" und „Barley" entscheidende Einblicke in das Wesen von Kometenkernen liefern. Wie er und seine Kollegen von DIDSY und der Radio Science ein knappes Jahr später in *Nature* ausführen sollten, bedeutete die Massenverteilung der Staubteilchen, daß Grigg-Skjellerup einen weit höheren Staub-zu-Gas-Anteil haben mußte, als man bisher angenommen hatte. Das aber paßte bestens zum neuen Bild der Kometenkerne, das Uwe Keller aufgrund seiner Bilder von Halley entwickelt hatte: Die „schmutzige" Komponente ist die entscheidende, der „Schnee" füllt nur die Lücken. Die vier namentlich bekannten Staubteilchen, die Giotto in der Koma von Grigg-Skjellerup begegneten, haben so an der modernen Vorstellung der Kometenkerne entscheidend mitgeformt.

Keines von Giottos Instrumenten hatte bei der Grigg-Skjellerup-Passage spürbaren Schaden genommen, und keines der Notfallszenarien, die Antonello Morani vorbereitet hatte, trat in Kraft. Mit kaum einem Kratzer war Giotto auch dem zweiten Kometen entronnen. „Er scheint unzerstörbar zu sein", stellte Howard Nye in seinem Schlußwort der Fernsehübertragung fest. „Er ist nun an zwei Kometen vorbeigeflogen, und ich glaube, den Kometen geht es jetzt schlechter als uns mit der Sonde."

Auf dem Weg aus der Koma Grigg-Skjellerups nach draußen maß Giotto weiter, und die bekannten Plasmaphänomene wiederholten sich in umgekehrter Reihenfolge, allerdings asymmetrisch. Der Bugschock war jetzt weiter draußen, und nun konnte Fritz Neubauer ihn klar in den Magnetometerdaten erkennen, was beim Flug in die Koma hinein nicht der Fall war: Neubauer setzte schließlich sogar durch, daß dort von einer sanfteren „Bug*welle*" und nur auf der anderen Seite von einem „Bug*schock*" gesprochen wurde. Anstatt gar keine derartigen Phänomene bei dem schwachen Kometen zu messen, wie Skeptiker befürchtet hatten, hatte Giotto gleich zwei verschiedene Formen des Übergangs vom normalen in den gestörten Sonnenwind vorgefunden und die Plasmaphysik ein weiteres Mal bereichert. Susan McKenna-Lawlors Fluktuationen der energiereichen Teilchenzählraten, die für vierzig Minuten im Kometenkopf angehalten hatten, endeten mit dem Bugschock.

Die Atmosphäre im Raum der Wissenschaftler schien jetzt noch aufgeregter zu sein als beim Halleyencounter. Während einige Experimentatoren weiter gebannt auf ihre Monitore schauten und das Getöse ignorierten, diskutierten andere aufgeregt die Resultate. Vor allem interessierte sie eine Frage: Wie nahe war Giotto dem Kern gekommen? Ohne eine Kamera ließ sich das nicht direkt sagen, und einige erinnerten sich, daß sie zu der Zeit, als Giotto noch ein kleiner Begleiter der großen amerikanischen Kometensonde sein sollte, genau zum Zweck der Kernabstandsmessung an Bord gekommen war. Die geringe Chance, daß Giotto den vorbeieilenden Kern mit dem Starmapper oder HOPE erhascht haben konnte, war nach dem ersten Eindruck der Daten nicht eingetreten.

So mußte die Vorbeiflugsdistanz also mit den Mitteln der wissenschaftlichen Deduktion bestimmt werden, und das möglichst noch für eine Pressekonferenz in einer Stunde. Im Flugdynamikraum hatte Trevor Morley das Gefühl, es mußten etwa 300 km sein. Neubauer konnte als untere Grenze 100 km angeben, denn Giotto war nicht in die magnetische Cavity gelangt. Der erste PI, der einen Tip abgab, war Anny-Chantal Levasseur-Regourd. Sie hatte kaum zu atmen gewagt, als der Himmel um Giotto dramatisch heller und wieder dunkler geworden war. So hatte sie es sich in der unmittelbaren Umgebung des Kerns auch vorgestellt, und durch Vergleich der tatsächlichen Meßkurve mit vorbereiteten Simulationen konnte sie die wahrscheinliche Minimaldistanz zu Grigg-Skjellerups Kern angeben.

Bereits Minuten nach dem Encounter wußte sie, daß es weniger als 250 km gewesen waren und der Zeitpunkt tatsächlich 15:31 Uhr Weltzeit. Später wurde die Zahl sogar auf 200 km reduziert – ein klarer Rekord verglichen mit den 596 km, die Giotto an Halley herangekommen war –, und das allein aufgrund erdgebundener Navigation. Zur der Frage, ob der Kern auf der sonnenzu- oder abgewandten Seite passiert worden war, konnte sie nichts sagen, aber Fritz Neubauer schloß aus seinen Magnetdaten, daß Giotto die Nachtseite des Kerns und das Plasma hinter ihm gesehen hatte. In die „mitternächtliche" Region, wo sich der Schweif bildet, war Giotto zwar nicht gelangt, doch den „Abend"-Quadranten scheint er passiert zu haben, von der Erde aus gesehen hinter dem Kometen und etwas östlich. „Die Struktur ist ziemlich kompliziert, verglichen etwa mit Halley", stellte Neubauer fest. „Da könnten noch andere Dinge in den Daten stecken."

Wie bei den Halleyresultaten, so sollten auch bei Grigg-Skjellerup weitere Überraschungen auftauchen, als die Auswertung der Messungen fortschritt. Nur mit viel Geduld ließen sich z. B. den Messungen des für diesen Kometen so ungeeigneten Ionenmassenspektrometers Informationen über Abbauprodukte von Wasser entlocken, und es gab Modulationen, die zu Neubauers Magnet-Wellen paßten. Doch an der Qualität der Plasmaphysik gab es keinen Zweifel. „Ein Encounter wie aus dem Lehrbuch" nannte Gerhard Schwehm später die Beobachtungen an Grigg-Skjellerup, der mit seiner klaren Ausprägung der Phänomene der neue Maßstab für die Kometenforschung geworden war.

Die oft verwirrenden Daten vom großen Halley wie auch dem kleinen Giacobini-Zinner konnten in seinem Licht neu untersucht werden. Manches Rätsel der Grigg-Skjellerup-Daten aber wird sich vielleicht nie lösen lassen, etwa ein zweites Helligkeitsmaximum, das HOPE kurz nach der Kernpassage gesehen hatte. Anny-Chantal Levasseur-Regourd sollte später zu der Erkenntnis gelangen, daß dies ein zweiter kleiner Kometenkern, wohl ein Bruchstück des großen, sein mußte und nicht etwa ein Staubjet –, aber beweisen lassen wird sich dieses aufregende Bild leider nie.

Gewitter und Regen waren in Darmstadt einem angenehmen Sommerabend gewichen. An einem langen Tisch mitten auf der Straße vor der engen Baracke der Instrumententeams feierten die Wissenschaftler und Flugkontrolleure ihren Erfolg mit einem Abendessen. Sie tranken Sekt einer örtlichen Kellerei, aus Flaschen mit dem „amtlichen" Giotto/Grigg-Skjellerup-Logo.

„Ja, ich habe wirklich gesagt, ‚Schaltet das verdammte Ding ab!'", gab David Dale zu, als er sich an den Morgen nach dem Giottoencounter mit dem Halleyschen Kometen erinnerte. „Sie dürfen nicht vergessen, daß wir mit dem Projekt sechs Jahre lang gelebt hatten. Nur die Manager weiter oben hatten den größeren Überblick."

Der Projektmanager der Halleymission war für das Grigg-Skjellerup-Ereignis nach Darmstadt gekommen, in der ungewohnten Rolle als Zuschauer. Abseits der Fernsehscheinwerfer und der hektischen Operationsräume feierten Dale und einige der anderen Schöpfer Giottos ein Wiedersehen. John Credland, der Schrecken der Experimentatoren, war da, wie auch der französische Ingenieur Robert Lainé, der nicht nur maßgeblich die Form Giottos entwickelt hatte. Ohne sein Beharren auf reichlichen Treibstoffvorräten für Giottos Düsen hätte es die Extended Mission nicht geben können.

Als Rüdeger Reinhard, der Projektwissenschaftler bei Halley, die neuen Ergebnisse der Experimente sah, die er seit ihrer Entwicklung zwölf Jahre zuvor kannte, konnte er die kurvigen Linien und Diagramme noch deuten. Die anderen Gäste bei Dales Wiedersehensfeier waren damit zufrieden, ihre tiefe Befriedigung darüber zu äußern, wie es niemand sonst konnte, daß das verdammte Ding immer noch funktionierte.

David Link und Rod Jenkins von British Aerospace konnten wirklich stolz auf Giotto sein. Ihr Kometeninterzeptor, wie sie ihn nannten, hatte die eigentliche Mission zu Halley einwandfrei erledigt. Dann hatte er die Mißhandlungen eines vollkommen improvisierten Winterschlafs samt Reaktivierung überstanden, von 1986 bis 1990 drastische Überhitzung, von 1990 bis 1992 starke Unterkühlung. Am Tag der Ankunft bei Grigg-Skjellerup hatte Giotto zehnmal länger im Weltraum zugebracht, als die Spezifikationen vorgesehen hatten, und war mit zu wenig Strom betrieben worden. Und doch hatte er auch seinen zweiten Kometen erobert, als ob er brandneu gewesen wäre.

Die Sonde hatte Glück gehabt, gewiß, aber es war verdient. An jenem schwarzen Donnerstag, dem 22. Februar 1990, schien das Glück den verwundeten Giotto zu verlassen, als er dreimal das Kommando, seine Düsen zu zünden, ignoriert hatte. Aber dann hatten ihn die Ingenieure geheilt, und Europa hatte die erste Wiederinbetriebnahme einer jahrelang abgeschalteten Raumsonde zu einem guten Ende führen können, gerade rechtzeitig für einen Erd-Swingby, der wiederum eine Ersttat war. Sah man von den Schäden ab, die eindeutig auf Halley zurückgingen, dann war eigentlich nichts an der Maschine zu finden, das nicht tadellos gearbeitet hatte. Wäre sie nicht mit derart peinlicher Sorgfalt in jedem Detail gebaut worden, dann hätte mancher Ausfall in einer lebenswichtigen Komponente das Ende sein können.

Dale drückte den Erfolg anders aus: „Wenn wir Giotto für diesen Tag entwickelt hätten", meinte er im Bezug auf den Triumph an Grigg-Skjellerup, „dann hätte er zweimal soviel gekostet."

Das Flugoperationsteam nahm elf Stunden nach der größten Annäherung an den Kometen die Kommandos an Giotto wieder auf, der Grigg-Skjellerup bereits 0,5 Mio. km hinter sich gelassen hatte. Am 11. Juli zwischen 2:20 und 3:00 Uhr Weltzeit wurden die wissenschaftlichen Instrumente eins nach dem anderen abgeschaltet, als erstes Anny-Chantal Levasseur-Regourds HOPE, von einem vorprogrammierten Timer gesteuert, als letztes Fritz Neubauers Magnetometer, das ein Radiokommando der Uplinkstation Perth zum Schweigen brachte. Die wissenschaftliche Mission zu Komet Grigg-Skjellerup war vorüber.

Und wieder wollte keiner Giotto endgültig aufgeben. Im Scherz war in Darmstadt schon länger der Wunsch zu hören gewesen, Giotto möge doch den Kern von Grigg-Skjellerup treffen, damit erst gar nicht über eine dritte Mission nachgedacht werden mußte. Man erinnerte sich noch gut der schlaflosen Tage und Nächte nach Halley, als unverhofft die Hibernation geplant und die Rückkehr zur Erde eingeleitet worden war. Jetzt lachte niemand mehr: der ESA-Wissenschaftsdirektor, Roger Bonnet, forderte Manfred Grensemann auf, Giotto eine Gnadenfrist von weiteren sieben Jahren einzuräumen.

Denn dadurch, daß das Schwungholen Richtung Grigg-Skjellerup so überaus genau gelungen war, hatte Giotto immer noch rund 15 kg Hydrazin in seinen Tanks. Und das reichte für eine Kurskorrektur hinter Grigg-Skjellerup, die ihn 1999 abermals zur Erde zurückführen würde. Auch diesmal konnte das natürliche Bestreben Giottos ausgenutzt werden, in Intervallen der Erde wieder nahe zukommen. Nun würden es acht Läufe um die Sonne sein, während die Erde neun absolvierte. Schon vor dem Kometenencounter waren die Manöver geplant worden und die Zündung der Triebwerke für den 13. Juli.

Doch das Managementteam verschob das Manöver. Erst wollte man sich über die tatsächlichen Möglichkeiten und ihre Kosten im klaren sein, und außerdem würde das Manöver einige Monate später etwas weniger des nun doch kostbaren Hydrazins benötigen. Denn *danach* würde so gut wie nichts mehr in den Tanks bleiben. Jedes Kilogramm zählte. Und für größere Operationen würde es vermutlich doch nicht reichen. Der mögliche Gewinn wog die Probleme und Kosten der Aufrecherhaltung des Teams und der Buchung der Bodenstationen nicht auf.

Am 21. Juli wies Darmstadt Giotto über die Station Weilheim an, seine Lage so zu ändern, daß er so genau wie möglich parallel zur Bahn stand, die Antenne mit ihrem Dreibein nach vorn. Dann brannten die axialen

Düsen für vier Stunden und verbrauchten 10 kg Treibstoff für die nötige Bahnänderung. Zwei Tage lang noch verfolgten die Bodenstationen die neue Bahn, dann schicke Antonello Morani die vorbereitete Kette von Kommandos für Giottos dritten Winterschlaf ab.

Diesmal war das komplizierter als bisher. Um sicherzugehen, daß die Sonde wirklich für die nächsten sieben Jahre in optimalem Zustand war, hielt man über die kleine Antenne selbst dann noch Kontakt, als die große schon von der Erde weggeschwenkt war. Am 23. Juli um 17:09 Uhr Weltzeit hieß es dann endgültig Arrivederci für Giotto.

Am 1. Juli 1999 soll die Sonde wieder auftauchen und zwischen der Erde und dem Mond hindurchziehen. Ohne eine Kurskorrektur vorher würde sie die Erde um 220 000 km um 2:40 Uhr Weltzeit verfehlen und den Mond um 160 000 km um 13:40 Uhr. Sieben Jahre waren eine lange Zeit für Überlegungen, was man dann mit Giotto anfangen konnte.

Eine Idee war, die Sonde einfach als technologisches Relikt zu betrachten und, so gut es ging, den Zustand ihrer Systeme nach 14 Jahren im Weltraum zu untersuchen. Dazu würde schon eine Teilreaktivierung kurz vor der Erdpassage genügen. Wie ging es den Solarzellen jetzt, wie den CCDs von Kellers Kamera? Das Einschalten einiger der Instrumente beim Erdvorbeiflug, wie im Jahr 1990 war eine andere Möglichkeit, und an Untersuchungen am Mond konnte man auch denken.

Leider hat Giotto keinen Treibstoffmesser an Bord, und alle Aussagen über die verbliebenen Vorräte sind Berechnungen aufgrund der bisher durchgeführten Manöver. Es *können* noch 7 kg Hydrazin in den Tanks sein, oder nur noch ein einziges. Jede anspruchsvollere Extended Extended Mission, wie etwa der Weiterflug zu einem dritten Kometen, wie ihn Howard Nye im Überschwang der Gefühle nur eine Viertelstunde nach dem Grigg-Skjellerup-Encounter live im Fernsehen vorgeschlagen hatte, erscheint da ausgeschlossen, aber hatte Giotto die Neinsager und Pessimisten nicht immer wieder überraschen können? Wer weiß, welch genialen Plan die Flugdynamiker bis Ende des Jahrhunderts – oder sagen wir 1997, wenn die Planungen für eine erneute Giottoerweckung beginnen müßten – aushecken? Und wer könnte sagen, ob die Natur nicht einen neuen Kometen in den Giotto immer noch zugänglichen Bereich des Sonnensystems schicken wird?

„Werden Sie also wieder hier sein, wenn Giotto an sein nächstes Ziel kommt?", wurde Susan McKenna-Lawlor in Darmstadt gefragt. „Wo sollte ich sonst sein?", war die Antwort der Irin.

Einige Wochen nach Giottos vorläufiger Stillegung setzte der US-Space Shuttle Atlantis die Plattform EURECA in einer Erdumlaufbahn aus. Das ESOC hatte weiter genug zu tun, ganz abgesehen von der routinemäßigen

11. Die Symphonie des Grigg-Skjellerup

Überwachung von über einem Dutzend europäischer Satelliten. Dieselbe Shuttlemannschaft kämpfte auch mit einem Satelliten an einem Seil, einer Idee desselben Giuseppe Colombo, der bei der Realisierung wie der Namensgebung Giottos maßgeblich mitgewirkt hatte.

Exakt 500 Jahre zuvor, im Sommer 1492, war ein anderer Colombo mit Vornamen Cristoforo zu seiner Reise nach Westen aufgebrochen, und die Taten der europäischen Entdecker und Erfinder blieben auch in den kommenden Jahrhunderten mit Gewalt und Zwietracht verbunden. Auch diese Geschichte von Europas erstem Aufbruch ins Sonnensystem begann in den Trümmern des Zweiten Weltkriegs. Aber wenn jemand immer noch zweifeln sollte, daß Menschen vieler Nationen, deren Eltern noch zu Feinden gemacht worden waren, in Harmonie zusammenarbeiten können, dann sollte man ihm von Giotto erzählen.

Die Ingenieure und Wissenschaftler waren den Politikern um Jahrzehnte voraus. Die Komponenten der Sonde kamen aus zehn verschiedenen Ländern, die wissenschaftlichen Instrumente aus beinahe ebenso vielen. Die Ariane, die Giotto auf den Weg gebracht hatte, war eine französische Initiative, drei der vier Projektmanager und -wissenschaftler Deutsche. Ein britischer Sondenoperationsmanager flog Giotto in den Halleyschen Kometen, ein junger Italiener durch Grigg-Skjellerup. Das Management eines so multinationalen Unterfangens würde viele Geschäftsleute in die Verzweiflung treiben – für die ESA war es normal, wie auch für andere große Forschungsvorhaben, bei denen ganz Europa an einem Strang zog.

Und sollte jemand annehmen, derartige multinationale Aktionen seien von Natur aus schwerfällig und bürokratisch, so sei er daran erinnert, daß Europa Giotto sehr schnell auf den Weg gebracht hatte, unter dem Zeitdruck Halleys und dem amerikanischen Wankelmut zum Trotz. Dieser Elan war 1986 immer noch da, erkennbar an der spontanen Entscheidung, die Sonde kurzerhand nicht sterben zu lassen. Wie David Dale zu sagen pflegt: „Giotto sind die Menschen." Sie sind die wahren Repräsentanten von Europas neuer Renaissance.

Und vor allem anderen ist Giotto eine wissenschaftliche Mission. Alle Leistungen der Technik und des Managements stellt das in den Schatten, was Giotto geliefert hat: einen wahren Schatz neuen Wissens. Sein Glanz rechtfertigt all die Schlaflosigkeit und den Streß in Bristol und Toulouse, den Tulpenfeldern von Noordwijk, dem Regenwald von Kourou und an den Computern von Darmstadt – und auch in den Labors, die jetzt den Kathedralen als Verkörperung des höchsten Geistes des alten Kontinents Konkurrenz machen.

„Diese Leistung stellt die ESA an die Spitze der Kometenforschung", erklärte Roger Bonnet über die doppelte Mission Giottos. Die Erkenntnisse, die Giotto und seine Kameraden über das Wesen der Kometen geliefert haben, sind so umwerfend, daß die Wissenschaftler bereits ungeduldig auf die nächste Kometenmission warten.

Kapitel 12

Kinder der Kometen

In früheren Jahrhunderten schienen die Kometen die interessantesten Objekte am Himmel zu sein, weil sie groß waren und sich bewegten. Nun faszinierten sie die Wissenschaftler, weil ihre Kerne so klein waren. Kaum durch Hitze oder Druck verändert enthalten sie die Bestandteile, aus denen sie vor Milliarden von Jahren entstanden sind. Diese wandernden Zeitmaschinen sind komplexer in ihrer Zusammensetzung als alle jemals untersuchte tote Materie. Die fundamentale Erkenntnis der Giottomission und anderer jüngerer Untersuchungen ist, daß die Kometen wahrscheinlich den Schlüssel zu unserer eigenen Existenz enthalten. Auf eine gewisse Weise, die allerdings noch genauer erforscht werden muß, sind wir die Kinder der Kometen.

Mehr prosaisch gesprochen sollten genauere Untersuchungen kometarischen Materials durch eine künftige Sondenmission sicherere Informationen zu den folgenden bedeutenden Themen liefern:

1. Ursprung der chemischen Elemente,
2. Ursprung des Sonnensystems,
3. Ursprung der Meere und der Atmosphäre der Erde,
4. Ursprung der organischen Verbindungen auf der Erde,
5. Urspung des Lebens, und
6. Urspung und den Charakteristika von erdbedrohenden Objekten.

Anfang des 21. Jahrhunderts wird die ESA-Raumsonde Rosetta einen Kometen aufsuchen, der noch in den kalten Regionen fern der Sonne schläft. Diese Mission ist in einem nachfolgenden Ausblick beschrieben, der auch erklärt, warum das ursprüngliche Konzept, mit Rosetta Proben von Kometenmaterie zur Erde zu bringen, nicht realisiert werden konnte. Statt dessen wird die Sonde den Kometen beschatten, während er sich der Sonne nähert und Gas und Staub zu spucken beginnt. Auch wenn die Sonde niemals so vollständig mit ausgefeilter Meßtechnik ausgestattet werden kann wie ein Labor auf der Erde, so wird Rosetta doch viele Monate für seine Untersuchungen Zeit haben, verglichen mit den Minuten, die Giotto in der inneren Koma Halleys blieben. Weit detailliertere und genauere Informationen dürfen erwartet werden.

Dieses Kapitel bewertet die Kometenforschung nach Giotto und zeigt, wie besseres Wissen bei der Klärung der genannten Themen helfen und letztlich zum Verständnis der Verwandtschaft zwischen den Menschen und Kometen und dem Universum als Ganzem beitragen kann. Die Zusammensetzung unserer eigenen Körper soll dabei als Ausgangspunkt dienen.

Unserer Chemie nach zumindestens sind wir außerirdisch. So wie das restliche Leben auf der Erde nutzen wir Elemente, die im Weltall häufig, auf unserer felsigen Heimat aber selten sind. Die Tabelle der häufigsten Atome sieht so aus:

Erdkruste: Sauerstoff – Silizium – Aluminium – Magnesium – Eisen
Sonne: Wasserstoff – Helium – Sauerstoff – Kohlenstoff – Stickstoff
Halley: Wasserstoff – Sauerstoff – Kohlenstoff – Silizium – Stickstoff
Menschlicher Körper: Wasserstoff – Sauerstoff – Kohlenstoff – Stickstoff – Kalzium.

In der konventionellen Sichtweise hatte das Leben eben Glück, die notwendigen Elemente in begrenzter Menge auf der Erde vorzufinden. Aber was wäre, wenn Beiträge aus dem Kosmos den Planeten mit den Grundbausteinen des Lebens versorgt hätten?

Der Ursprung der chemischen Elemente (vom Urknall bis vor 4,6 Mrd. Jahren)

Daß wir letztlich aus Sternenstaub bestehen, darüber wird erst seit den 50er Jahren nachgedacht, als die Astro- und Kernphysik der Elementsynthese in Sternen verschiedener Größe auf die Spur kam. Neu ist die Möglichkeit, sogar die genauen Sterntypen zu bestimmen, die unsere eigenen Elemente geliefert haben dürften: Die „Sternarchäologen" haben bereits mit der Substanz in Meteoriten Wunder gewirkt, aber Kometenmaterie sollte ihnen eine noch viel reichere Informationsquelle bieten.

Der Urknall selbst, an dem, gewissen Wellen der Kritik in der populären Presse zum Trotz, kaum ein moderner Astrophysiker zweifelt, hat unsere Wasserstoffatome wie auch etwas Helium geschaffen, aber praktisch alle anderen Elemente wurden in den nuklearen Öfen der Sterne geschmiedet. Das Licht der Sonne wie der meisten Sterne stammt von den Kernfusionen, die ihren Wasserstoff zu Helium verschmelzen. Wenn einem alternden Stern sein Wasserstoff im Kern ausgeht, verbrennt er das Helium zu Kohlen- und Sauerstoff, die wiederum zu Neon, Magnesium, Silizium, Schwefel und Eisen verschmelzen. Kohlenstoff- und sauerstoffreiche Sterne reichern den interstellaren Raum mit Körnchen aus Kohlenstoff, Silikaten und Siliziumkarbid an.

So stellt die Natur die häufigeren Elemente her. Elemente, die schwerer sind als Eisen und Nickel, erfordern drastischere Maßnahmen. Riesensterne führen ein kurzes, aber helles Leben und explodieren als Supernovae, die zwar nur die häufigeren Elemente in den Weltraum blasen, aber sie in subatomaren Teilchen baden. So entstehen Atome aus dem ganzen Periodensystem der Elemente, bis zum Uran und noch darüber hinaus.

Die Produkte dieser Alchimie verunreinigen das ursprüngliche Wasserstoffgas mit Körnchen von eisigem, kohlenstoffreichem und felsigem Sternenstaub und mit Molekülen, die mit Radioteleskopen nachgewiesen werden können. Dunkle Staubwolken versperren den Blick zu den fernen Sternen in der Milchstraße. Dank der Generationen von Sternen, die explodiert sind, bevor das Sonnensystem entstand, war die Molekülwolke, aus der die Sonne geboren werden sollte, nicht nur mit den Elementen für felsige Planeten wie unsere Erde, sondern auch den Ingredienzien für lebende Organismen angereichert. Die Schwerkraft löste den Kollaps der Mutter-Wolke aus und formte aus ihr die Sonne und ihre Planeten, während sich die Spuren zu den alten Sternen verloren. Ein Eisenklumpen z. B. enthält wahrscheinlich Atome von einem Dutzend anonymer Sterne.

Das war der Stand der Dinge, bis die Wissenschaftler die seltsamen, weißen Körnchen aus einem Meteoriten unter die Lupe nahmen, der 1969 in Mexiko niedergegangen war. Viele der Stein- oder Metallbrocken, die vom Himmel fallen, entstanden bei Kollisionen zwischen den Asteroiden zwischen Mars und Jupiter. Hitze und Druck haben das Material bereits verändert. Aber manche Meteoriten, die reich an Kohlenstoff sind, scheinen eine andere, sanftere Vergangenheit zu haben, und manche mögen sogar die Reste ehemaliger Kometen sein.

Der mexikanische Allende-Meteorit war ein solcher kohliger Körper, und die weißen Körnchen stellten sich als älter heraus als der Meteorit selbst – sogar älter als die Sonne und die Erde. Ihre atomare Zusammensetzung verriet, daß sie aus dem Staub eines Sterns entstanden waren, der kurz vor der Entstehung des Sonnensystems explodiert war und der vielleicht den entscheidenden Kollaps ausgelöst hatte.

Diese Körnchen waren bis zu einem Zentimeter groß. Ein zweiter Durchbruch in der stellaren Archäologie fand 1987 statt, als eine Gruppe um Edward Anders an der Universität von Chicago in meteoritischem Material uralte Körnchen fand, die nur mit starken Mikroskopen zu sehen waren. Neben Graphit- und Siliziumbröckchen gab es auch winzige Diamanten, „kaum groß genug für den Verlobungsring eines Bakteriums", wie es Anders ausdrückte.

Ein Meßgerät, eine Ionenmikrosonde, fand in jedem Körnchen die chemischen Abdrücke einzelner Sterne. Keine zwei Sterne haben exakt die gleichen Mengenverhältnisse ihrer Elemente und Isotopen, d. h. Atomen desselben Elements mit verschieden vielen Neutronen. Die Variationen unterscheiden die Körnchen vom chemischen Mittelwert des Sonnensystems und voneinander. Atomare Unreinheiten durch Treffer Kosmischer Strahlung während der Jahrmilliarden, die jedes Korn durch den Weltraum irrte, erlauben eine Abschätzung seines Alters. Hunderte individueller Sterne sollten bald unterscheidbar sein.

Ein Komet ist ein besserer Speicher für solche präsolaren Körnchen als Asteroiden und Meteoriten. Anders war daher ein starker Verfechter der ESA-Pläne für die Rosettamission, die eine Kometenprobe zur Erde bringen sollte. Sein Kollege Ernst Zinner von der Washington-Universität in Missouri, der die Untersuchungen der Meteoritenkörnchen mit der Ionenmikrosonde geleitet hatte, war an der wissenschaftlichen Vorbereitung beteiligt. Jetzt kann die Analyse der präsolaren Körnchen leider nur noch aus der Ferne erfolgen, während Rosetta den Zielkometen umkreist. Gleichwohl sollte die Mission die Sternarchäologie über ihr jetziges Pionierstadium weit hinausbringen können.

Wo die Atome des Sonnensystems herkommen, ist aber nur ein Teil der Erkenntnisse, die der Sternenstaub in einem Komet vermitteln sollte. Die Astronomen werden manche Aspekte der Sternexplosionen und auch der Sternentstehung und der interstellaren Materie besser begreifen, wenn sie mit dem Material direkt experimentieren können. Die Elementsynthese wird direkt greifbar – und vielleicht findet sich auch das eine oder andere Körnchen, das mit 10 oder mehr Milliarden Jahren fast so alt ist wie die Milchstraße selbst und über ihre ganz frühe Chemie Auskunft gibt.

Der Ursprung des Sonnensystems
(vor 4,6 – 4,5 Mrd. Jahren)

Wenn nun die Elemente im Raum verteilt worden sind, so stellt sich als nächstes die Frage, wie sie zur Sonne und den Planeten, inklusive der Erde, zusammengefunden haben. Hier sind die Kometen wichtig, weil sie wahrscheinlich als einzige Erinnerungsstücke noch Staub und Gas des solaren Urnebels enthalten, der die junge Sonne umgab und aus dem die Planeten geboren wurden. Neue Sterne entstehen in unserer heutigen Milchstraße vielleicht einer pro Jahr, und die meisten Phasen dieses Prozesses können irgendwo am Himmel beobachtet werden.

Da sind zunächst die dichten Molekülwolken, in denen die komplexen Kollapsprozesse ablaufen, begleitet von erstaunlichen Materiestrahlen (Jets) nach außen. Wenn die Sterne dann Gestalt angenommen haben, dann sind sie, wie Infrarotteleskope zeigen, oft von staubigen Scheiben umgeben. Im solaren Urnebel, der die junge Sonne umgab, enthielt der Staub die felsigen und eisigen Beiträge aus dem interstellaren Raum. Der Staub sammelt sich dann in den Modellrechnungen zu Klumpen, aus denen Vorplaneten, „Planetesimals", entstehen, die bei Zusammenstößen schließlich die heutigen Planeten formen. Wo das nicht gelang, weil die Schwerkraft Jupiters immer wieder dazwischenfuhr, im Asteroidengürtel zwischen ihm und Mars, bilden die Kleinplaneten noch heute Überreste dieser Prozesse, die vielleicht in den Mond- und Ringsystemen der großen Planeten analog ablaufen. Der einzelne und ungewöhnlich große Mond der Erde wird heute meist als Folge des Einschlags eines späten Planetesimals von Marsgröße auf die junge Erde gedeutet.

Eis konnte in der heißen Innenregion des solaren Urnebels nicht überdauern. Hier waren die Festkörper steiniger Natur, mit hohem Anteil an Silizium, Sauerstoff und Eisen. Wasser hielt sich nur in Form mit ihm chemisch verbundener Kristalle. Aus diesen „strengflüssigen" Festkörpern entstanden schließlich die terrestrischen Planeten Merkur, Venus, Erde, Mars und die meisten Asteroiden. Hinter dem Asteroidengürtel dagegen beginnt die kosmische Antarktis, wo Eis im solaren Urnebel überwog. Es könnte das Hauptbaumaterial für die Kerne der Riesenplanten Jupiter, Saturn, Uranus und Neptun sein; vor allem die ersten beiden waren massereich genug, um große Mengen Wasserstoff und Helium aus dem Urnebel an sich zu ziehen.

Kometen sind nun mikroplanetare Überbleibsel von dieser äußeren Region, wo sie bei der Geburt des Sonnensystems in unvorstellbarer Zahl vorkamen. Eine Billion von ihnen würde Uranus oder Neptun nicht aufwiegen. Um den Himmel von ihnen zu reinigen, bedurfte es der Swingbys und Kollisionen mit den großen, fernen Planeten. Viele Kometenkerne wurden gleich ganz aus dem Sonnensystem geworfen, aber es fanden sich genug auf den ausladenden Orbits der Oortschen Wolke wieder, um das innere Planetensystem noch für Jahrmilliarden mit Nachschub versorgen zu können.

Wie könnte eine detailliertere Analyse von Kometenmaterie diese Vorstellungen beweisen oder modifizieren? Seine Zusammensetzung bietet einen einmaligen Schnappschuß des solaren Nebels in der Region, wo der Komet entstand. Erkenntnisse über die im Eis gefangenen Gase geben Hinweise auf ihren Abstand von der Sonne. Für Halley gibt es bereits eine grobe Antwort. Giottos Massenspektrometer bestätigten, daß Kohlenmonoxid nach Wasserdampf der häufigste Bestandteil seiner Koma war. Ein Teil wird von den Staubteilchen gekommen sein, aber der Rest des CO entstammt dem Eis des Kerns. Eis, das sich aus Wassermolekülen bei sehr geringen Temperaturen unter 137 K oder −136 °C bildet, hat keine kristalline Form, sondern ist irregulär, „amorph", und kann andere Moleküle einlagern.

Laborexperimente haben diese Einlagerung von Gasen in Eis bei niedriger Temperatur nachvollziehen können. Der CO-Anteil Halleys zeigt demnach, daß der Kern bei 50 K (−223 °C) erstarrte. Diese Temperatur spricht für einen Geburtsort Halleys in der Uranus-Neptun-Region des solaren Urnebels, 20–30mal soweit von der Sonne entfernt wie die Erde. Wenn Halley aus einzelnen Blöcken besteht, die sanft zueinanderfanden, wie Uwe Keller aus den Giottoaufnahmen geschlossen hatte, dann sprach das für eine ähnlich große Sonnendistanz, wo die Umlaufgeschwindigkeiten nur noch sehr gering sind.

Giottos schnell erhaschte Eindrücke von Halleys Koma sind viel ungenauer als eingehende Untersuchungen durch eine Sonde, die einen Kometenkern viele Monate lang begleitet. Noch wichtiger aber sind die Untersuchungen direkt auf der Oberfläche des Kometen, die eine Landekapsel Rosettas durchführen soll, beginnen sich doch die Gasmoleküle und der Staub sofort zu verändern, so wie sie in die Koma eintreten. Die aufregenden Beobachtungen *an* dem Kometen haben erst recht die Neugier geweckt, wie es *auf* oder gar *in* einem Kometenkern aussieht. Aber so geschieht das eigentlich immer in einem produktiven Wissenschaftszweig: Neue Antworten werfen noch mehr Fragen auf.

Da Kometen Geschöpfe des äußeren Sonnensystems sind, mag jeder Zusammenhang mit dem Ursprung der Erde als bestenfalls indirekt erscheinen. Aber die Swingbys an den großen Planeten haben auch eine erkleckliche Anzahl Kometen ins innere Sonnensystem umgeleitet, und für mehrere hundert Millionen Jahre muß es vor Kometenschweifen nur so gestrahlt haben. Was die dann unvermeidbaren Zusammenstöße für die junge Erde bedeutet haben müssen, wird im nächsten Abschnitt klar werden. Die junge Sonne spielt aber auch eine andere Rolle als heute.

Wie andere neu entstandene Sterne auch muß sie durch eine sogenannte T-Tauri-Phase gegangen sein, bei der ihr Sonnenwind wesentlich stärker war als heute. Wie ein Hurrican muß er durch das Sonnensystem gefegt sein. Der T-Tauri-Wind war stark genug, um alle ursprünglichen Flüssigkeiten und Gase von den Oberflächen der Erde und der anderen erdähnlichen Planeten zu vertreiben. Die heutigen Ozeane und die Atmosphäre der Erde müssen also zu einer späteren Zeit entstanden sein, als sich die Sonne besser benahm. Die Frage stellt sich, wo dieser zweite, haltbarere Vorrat an Flüssigkeiten und Gasen herkam.

Der Ursprung der Ozeane und der Atmosphäre der Erde (von vor 4,5 – 4 Mrd. Jahren)

Unter den Weltraumforschern breitet sich die Auffasssung aus, daß das Wasser in den Meeren und in der Atmosphäre, in den Eisflächen, Flüssen, Seen usw. größtenteils vom Eis von Kometen stammt, die auf die junge Erde geregnet sind. Leben wäre unmöglich ohne die flüchtige Materie an der Erdoberfläche. Die Pflanzen wachsen, indem sie mit Hilfe der Sonne Wasser mit Kohlendioxid verbinden, während Bakterien sie mit Stickstoff aus der Luft versorgen. Tiere verbrauchen den Sauerstoff, um aus ihrer Nahrung Energie zu gewinnen, aber sie benötigen Wasser mindestens ebenso dringend. Wo das Wasser und die Gase herkamen, ist daher eine bedeutende Frage.

Bereits drei Jahrzehnte lang wurde gelegentlich darüber spekuliert, ob die Erde und die anderen kleinen Planeten und Monde ihren Vorrat an Dämpfen, Flüssigkeiten und Eisen nicht von einschlagenden Körpern erhalten haben könnten. Das schien zunächst buchstäblich weit hergeholt, aber Giotto hat der Idee neue Nahrung gegeben, und künftige Kometenmissionen könnten eine klare Antwort geben.

In der Geologie wird bislang davon ausgegangen, daß Ozeane und Atmosphäre von vulkanischen Ausgasungen aus dem Erdinneren stammen: Das Aufbrechen wasserhaltiger Kristalle in tiefem Felsen soll das Wasser freigesetzt haben. Vulkanische Gase enthalten in der Tat Wasserdampf, aber das Wasser ist zum größten Teil vorher von der Erdoberfläche in die Kruste gesickert. Um die Riesenmengen Wasser in den Ozeanen zu erklären, muß daher ein gewaltiges Extrapotential angenommen werden, das sich aus dem Erdinneren entleert hat.

Die Vorstellung, daß Kometen zumindest einen bedeutenden Teil des Wassers beigesteuert haben, ist da nicht unbedingt spekulativer, noch sprechen die Beobachtungen bei Halley dagegen. Auf jeden Fall läßt sich sagen, daß Komet und Erde dieselbe Art von Wasser tragen. Denn jedes 12 700ste Wasserstoffatom im irdischen Wasser gehört der schwereren Sorte, dem Deuterium, an. Das ist nach den letzten Messungen dreimal mehr als im Universum insgesamt üblich und mehr als fünfmal soviel wie auf Jupiter oder Saturn, die den größten Teil ihres Wasserstoffs direkt aus dem solaren Urnebel gewonnen haben. Der Deuteriumanteil in Halley, den Giottos Neutralmassenspektrometer bestimmen konnte, ähnelt dagegen dem irdischen. Peter Eberhard und seine Mitarbeiter stellen zumindest fest, daß dies der Kometen-Ozean-Hypothese „nicht widerspricht".

Moleküle, die Deuterium statt gewöhnlichem Wasserstoff enthalten, sind etwas schwerfälliger. Das macht es möglich, daß sie sich unter bestimmten Umständen anreichern. Das ist z. B. in den kühlen Molekülwolken der Fall, wo es einen noch höheren Deuteriumanteil als auf der Erde gibt. Die festen Bestandteile des solaren Urnebels könnten mithin auf kalte, interstellare Staub- und Eisteilchen zurückgehen.

In der Sichtweise von Tobias Owen aus Honolulu, einem bekannten Erforscher von Planetenatmosphären, bildeten diese festen Bestandteile ein Reservoir unabhängig vom Deuterium-armen Gas, das in den Nebel kam. Als Analogon können der Gasplanet Saturn und sein Eismond Titan gelten, der eine bemerkenswert dichte Atmosphäre besitzt: Hier ist das Methan zehnmal reicher an Deuterium als das Methan Saturns. Es ist, als ob Saturn seinen meisten Wasserstoff aus der Gasphase des Urnebels entnommen hat, Titan dagegen aus der festen.

So gesehen beantwortet die Deuteriumähnlichkeit zwischen den irdischen Ozeanen und Halley die Frage des Ursprungs nicht. Wasserhaltige Mineralien, wie sie in die Urerde eingebaut wurden, kommen auch in Meteoriten vor, wo der Deuteriumanteil wie generell in den Festkörpern des Sonnensystems angereichert ist. Aber indirekte Hinweise auf kometarischische Beiträge zu den Ozeanen findet Owen, wenn er den Ursprung der Erdatmosphäre zurückverfolgt.

Das Leben hat deren Zusammensetzung stark beeinflußt, und so zeichnen die Edelgase ihre Geschichte besser nach. Helium, Argon und Radon stammen überwiegend aus dem radioaktiven Zerfall von instabilen Elementen im Erdinneren. Neon, Krypton und Xenon dagegen brauchen eine mehr kosmische oder geochemische Erklärung, ebenso das leichte Argonisotop 36. Diese Edelgase sind auf der Erde viel seltener als auf der Sonne, und ihre Verhältnisse untereinander sind ebenfalls andere. Argon-36 ist auf der Sonne rund 100 000mal häufiger als Xenon-132, während der Faktor auf der Erde nur 1000 beträgt. Die Venus dagegen hat einen höheren Argon-36-Anteil, eher wie die Sonne.

Owen kann dieses zunächst verwirrende Muster durch die Lieferungen von Kometen erklären, unterstützt durch die Laborversuche zum Gaseinfang in Eis. Angenommen, man wolle Kometeneis benutzen, um der jungen Erde Krypton, Xenon und Argon im heute beobachteten Mengenverhältnis zuzuführen. Bei welcher Temperatur im Urnebel sollte das Eis entstanden sein? Und siehe da, die Antwort ist 50 K, −223 °C – just die Temperatur, bei der der Halleysche Komet entstand, wie man aus seinem Kohlenmonoxidanteil gelernt hatte.

Solche „genetischen Fingerabdrücke" sind ein empfindliches kosmisches Thermometer. Bereits bei einer um wenige Grad abweichenden Temperatur würde schon die Argonmenge nicht mehr stimmen. Und das wiederum liefert für Owen die Erklärung des hohen Argonwerts der Venus: Ein Riesenkomet, der bei höchstens 30 K im Urnebel entstand, hätte genug zusätzliches Argon einpacken können, um der Venus mit einem einzigen

Einschlag die heutige Quote zu geben. Rund 120 km müßte dieser Kern groß gewesen sein, zwar größer als Halley aber kleiner als der Komet Chiron, der in großer Entfernung um die Sonne zieht und auf 200 km Größe geschätzt wird.

Argon-36 macht 44 ppm (Millionstel Massenanteile) der Erdatmosphäre aus, das sind 22 Mrd. t. Bei einer Anlieferung per Kometenpost müßte gleichzeitig eine erheblich größere Menge Wassereis die Erde erreichen – könnte es 100 Mio. mal soviel sein, was den 1,4 Mrd. Mrd. t Wasser entspräche, die es gegenwärtig auf der Erde gibt? Selbst dann hinge noch viel vom Zustand des Eises auf dem von Rosetta besuchten Kometen ab, denn Kometeneis verliert bereits bei 137 K, −136 °C, viele der eingeschlossenen Gasmoleküle.

Das „Zeitalter der Kometen" sollte der Zeitraum gewesen sein, in dem das Kometenwasser die Erde erreichte. Eine der Hauptentdeckungen der modernen Mondforschung ist, daß im Zeitraum von vor 4,4 bis vor 3,8 Mrd. Jahren ein intensives Bombardement von Asteroiden und Kometen auf den Erdtrabanten niederging. Die meisten, heute sichtbaren Krater sind dabei einstanden. Die Erde muß in der gleichen Zeit ein weit schwereres Bombardement erlebt haben, zieht ihre stärkere Schwerkraft doch vorbeiziehende Asteroiden und Kometen an und läßt sie auch mit größerer Energie einschlagen. Die starken Kräfte der Erosion auf der Erde wie auch Plattentektonik und Vulkanismus haben die Spuren dieser Epoche gründlich getilgt, aber Wasser und Gase sollten davon zeugen. Und es fällt auf, daß die frühesten Lebensspuren aus einer Zeit vor 3,8 Mrd. Jahren stammen, als die meisten Einschläge erfolgt waren (wie man aus der Untersuchung des Mondgesteins weiß). Die Erde muß damals schon gut gewässert gewesen sein.

In Gestalt großer Körper hat die Erde während des „Heavy Bombardement" grob geschätzt 10 Mrd. Mrd. t Material getroffen. Wenn die Hälfte davon Kometen waren, jeder Komet zur Hälfte aus Wassereis bestand und bei den Einschlägen die Hälfte des Materials nicht wieder in den Weltraum zurückgeschleudert wurde, dann sind etwa 1 Trio. t Wasser auf die Erde gestürzt. Das ist zwar nur eine vage Abschätzung, aber die Ähnlichkeit mit den 1,4 Trio. t Wasser auf der heutigen Erde fällt durchaus ins Auge.

„Ein Planet, der Leben beherbergen soll", sagt Owen, „muß nicht nur den richtigen Abstand von der Sonne haben, auch die Größe muß stimmen." Auf kleinen Planeten und Monden reicht die Schwerkraft nicht, um Atmosphären festzuhalten. Früher wurden nur die Sonnenwärme und das Innere der Planeten als Kräfte gesehen, die Gase vertreiben konnten, aber im neuen, Bild von den gewaltvollen Verhältnissen im frühen Sonnensystems kommt auch die Energie der Einschläge in Betracht, um Planeten die

Atmosphären zu rauben. Ein einziger schwerer oder schneller Einschlag kann das Reservoir, das vorher viele kleinere herangeschafft hatten, wieder entfernen.

Der Mars könnte ein solcher Fall sein. Seine Atmosphäre ist weit weniger dicht als die der Erde, und Owen sieht hier „Impakt-Erosion" am Werk. Diese Möglichkeit macht das Bild der Atmosphären-Evolution noch komplizierter: Sogar wenn die Erde selbst Gase in die frühe Atmosphäre abgab, dann könnten sie während des Heavy Bombardement wieder verlorengegangen sein. Dieser und viele andere Aspekte sollten es klar gemacht haben, daß die Frage „Woher kamen die Ozeane und die Atmosphäre?" keine einfache Antwort hat, und ebenso wenig wie man eine mögliche Spenderrolle der Kometen rundweg abstreiten kann, darf man der Erde die Fähigkeit absprechen, selbst Gase freigesetzt zu haben. Die Geschichte der Ozeane und der Atmosphäre muß Schritt für Schritt und Zeitalter für Zeitalter geschrieben werden. Erst dann können wir sagen, wieviel des Wassers im Bier einst aus dem Raum um den Uranus gekommen ist.

Die Rosettamission wird dabei helfen. Sie wird die Edelgase und ihre Isotope Atom für Atom zählen und den Fingerabdruck schärfer machen. Auch der Saturnmond Titan ist ein Schlüsselziel für die Prüfung der Kometenhypothese, und auch auf ihm will Europa mit der Cassini/Huygens-Mission Anfang des 21. Jahrhunderts eine Instrumentenkapsel landen. Das Urteil über den Anteil der Kometen an den flüchtigen Bestandteilen der Erde muß mithin noch ein paar Jahrzehnte warten. Zuversichtliche Weltraumforscher wie Owen sagen voraus, daß die Antwort „der größte" heißen wird.

Der Ursprung der organischen Verbindungen auf der Erde (gleicher Zeitraum)

Da Wasser 59 % der Masse des menschlichen Körpers ausmacht, würde uns die Bestätigung seines kometarischen Urspungs bereits zur Hälfte als „Kinder der Kometen" ausweisen. Aber das Leben ist vor allem ein chemischer Trick von Kohlenstoffatomen. Sie haben die Fähigkeit, miteinander und mit Wasserstoff, Sauerstoff, Stickstoff und anderen Elementen Moleküle fast unbegrenzter Komplexität und Raffinesse zu bilden.

Das Leben begann, jedenfalls nach dem Standardmodell, in einer sogenannten Ursuppe. Diese bestand aus Wasser, das mit bereits ziemlich komplizierten Kohlenstoffverbindungen angereichert war, ihrerseits die Ergebnisse präbiotischer chemischer Reaktionen. Bereits in den 20er Jahren stellte sich Alexander Oparin in der Sowjetunion vor, daß die ersten Organismen in dieser Suppe ganz von selbst entstanden und sie zu verspeisen begannen, bis sie andere Nahrungsquellen fanden. Die Frage, wo diese Kohlenstoffverbindungen herkamen, läßt sich von denen nach dem Ursprung der Atmosphäre (vorheriger Abschnitt) und des Lebens (nächster Abschnitt) trennen. Unabhängig davon, ob Kometen an diesen Episoden beteiligt waren, lassen sich Argumente für einen Kometenbeitrag zur Ursuppe finden.

Viele Jahre galt als ausgemacht, daß die UV-Strahlung der Sonne sowie Gewitterblitze die entscheidenden chemischen Reaktionen ausgelöst haben. In einem berühmten Experiment in Chicago vor rund 40 Jahren führten elektrische Funken in einer Flasche mit einfachen Gasen zur Bildung eines braunen Belages, der Aminosäuren, die Untereinheiten von Proteinmolekülen, enthielt. Doch die Gasmischung am Anfang, die aus wasserstoffreichen Verbindungen wie Methan (Kohlenstoff + Wasserstoff) und Ammoniak (Stickstoff + Wasserstoff) sowie Wasserstoff selbst bestand, entspricht nicht mehr den aktuellen Vorstellungen von der frühen Atmosphäre der Erde. Der Kohlenstoff lag wahrscheinlich eher als Kohlendioxid und der Stickstoff als reines Gas vor. Eine Bildung komplexer Kohlenstoffverbindungen verläuft in dieser Umgebung wesentlich schlechter als in der Chicagoer Mixtur. Eine Anlieferung der Kohlenstoffverbindungen aus dem Weltraum scheint eine bessere Quelle für die Würze der Ursuppe zu sein.

Giotto wie die Vegasonden hatten festgestellt, daß Halley reich an Kohlenstoffverbindungen ist. Aber Einschläge von Kometen auf die junge Erde wären ein schlechter Weg, um sie anzuliefern. Die unvermeidliche Hitze würde sie zerstört haben. Der Schock in der Atmosphäre würde allerdings die Bildung anderer Kohlenstoffverbindungen aus Bestandteilen der Atmosphäre selbst fördern und so die bereits durch Gewitter und UV-Strahlung entstandenen ergänzen.

Die größte extraterrestrische Quelle von Kohlenstoffverbindungen könnten aber die interplanetaren Staubteilchen sein, die die Erde ständig aufsammelt. Viele davon stammen aus Kometenschweifen, und sie treten je nach Geschwindigkeit mehr oder weniger sanft in die Atmosphäre ein. Christopher Chyba und Carl Sagan von der Cornell-Universität schätzen, daß viel mehr Material die Erde in Form von Staub denn durch direkte Kometeneinschläge erreicht hat. Und sie berechneten auch, daß die extraterrestrischen Kohlenstoffverbindungen mengenmäßig den in der Ursuppe selbstgekochten überlegen waren, falls weniger als 10 % der Uratmosphäre Wasserstoffgas war.

Die direkteste Methode, der Natur der interplanetaren Staubteilchen auf die Spur zu kommen, ist, sie mit Flugzeugen in der Stratosphäre einzufangen. Typischerweise machen Kohlenstoffverbindungen ein Zehntel ihrer Masse aus. Größerer Mengen dieser Verbindungen sollte Rosetta direkt auf dem Kometenkern habhaft werden, und das in besserer Qualität, denn die interplanetaren Staubteilchen haben auf ihrem Weg zur Erde durchaus Veränderungen durch das Strahlungsfeld im interplanetaren Raum erlitten wie auch beim Eintritt in die Atmosphäre.

Der Ursprung des Lebens
(vor ca. 4 Mrd. Jahren)

Auf welche Daten von Rosetta werden die Wissenschaftler Anfang des 21. Jahrhunderts wohl am gespanntesten warten? Sicherlich auf Entdeckungen, die andeuten könnten, daß wir unser Leben selbst einem Kometen verdanken. Von allen Ideen, die Wissenschaftlern beim Auswerten der Halleydaten gekommen sind, ist die kühnste, daß ein einschlagender Komet den Beginn des Lebens ausgelöst haben könnte, indem er die entscheidenden Ingredienzien in die Ursuppe gab.

Diese Hypothese geht über die Vorstellung hinaus, daß Kometen und ihr Staub Beiträge zum Vorrat der jungen Erde an flüchtigen Substanzen und Kohlenstoffverbindungen geleistet haben. Sie ist eine Art Gegengewicht (aber kein Widerspruch) zu der verbreiteten Auffassung, daß Kometen und Asteroiden gelegentlich die Evolution des Lebens mit großen Einschlägen in neue Bahnen lenken. Und sie macht die Kometenchemie zu mehr als nur einer astronomischen Kuriosität.

Einer ihrer Vertreter ist Jochen Kissel, der mit seinen Instrumenten die Zusammensetzung von Halleys Staub analysierte. Der große Physiker mit Bürstenhaarschnitt aus dem MPI für Kernphysik in Heidelberg war immer so etwas wie ein Außenseiter in der Giotto-Wissenschaftsarbeitsgruppe gewesen. Das hing teilweise damit zusammen, daß er sich auch um seine Geräte auf den beiden Vegasonden kümmern mußte, und teilweise mit seinem Temperament.

In einem früheren Kapitel war davon die Rede gewesen, wie Kissel und sein Chemiker-Kollege, Franz Krueger, aus den Sondendaten auf eine Fülle von Kohlenstoffverbindungen geschlossen hatten. Auf der Grundlage dieser Entdeckungen formulierten sie ihre Vorstellungen darüber, wie das Leben auf der Erde begann – eine Hypothese, die wie ihr Komet in ein Meer von Meinungen und Vorurteilen über den Ursprung des Lebens einschlug.

Alle Wunder des lebendigen Planeten gehen auf eine Verschwörung unter kettenartigen Kohlenstoffverbindungen zurück, Nukleinsäuren, die Informationen enthalten, und Proteinen, die als Enzyme den Großteil der Arbeit tun, der Organismen am Leben erhält. Der genetische Code, der dabei verwendet wird, ist bei allen Lebewesen identisch, sei es ein Bakterium, eine Rose oder ein Wal. Das legt nahe, daß alle von denselben einfachen Vorläuferzellen aus der Ursuppe abstammen. Aber selbst in seiner einfachsten Ausprägung ist Leben ein ausgeklügeltes Kunststück, das leicht danebengehen kann.

In den 70er Jahren hatte der deutsche Chemiker Manfred Eigen die Theorie entwickelt, daß der urigste Vorgänger allen Lebens ein sogenannter Hyperzyklus kooperierender Moleküle war. Er nahm an, daß sich in der Ursuppe eine Gruppe Nukleinsäuren und Proteine zusammenfanden und dann auf Kosten anderer Moleküle vervielfältigten. Laborexperimente zeigten tatsächlich, daß Nukleinsäuren spontan entstehen und ihre Rivalen an Reproduktionsfähigkeit überholen können. Zuerst klappte diese Evolution im Reagenzglas nur, wenn ein Protein als replikationsförderndes Enzym vorhanden war, aber dann zeigte sich, daß bereits das Element Zink genügt.

Die Nukleinsäuren von Eigen sind nicht die berühmte DNS, Desoxyribonukleinsäure, in der die Erbanlagen gespeichert sind, sondern ein bescheidener Verwandter, die RNS, Ribonukleinsäure. Die stammesgeschichtlich ältesten Moleküle in unserem Körper bestehen aus dieser RNS und könnten „lebende Fossilien" des Vorgängers allen Lebens sein. Die RNS sorgt für das Lesen der DNS und die Produktion von Proteinen, Untereinheiten katalysieren häufig lebenswichtige chemische Reaktionen. Eigens Vorstellungen von der RNS als Schlüssel zum Ursprung des Lebens gewannen Anfang der 80er Jahre an Einfluß, als entdeckt wurde, daß auch die RNS allein bereits gewisse chemische Reaktionen katalysieren kann. Sie hat enzymartige Kräfte, die man bis dahin nur Proteinen zugeschrieben hatte.

Gleichwohl blieben andere Forscher dabei, daß die Proteine und nicht die Nuklcinsäuren die Vorläufer des Lebens waren. Einige Hypothesen schlagen Mineralien als Katalysatoren des frühen Lebens vor oder gar als dessen erste Ausprägung in Gestalt sich selbst reproduzierender Kristalle. Aber die Frage danach, ob das Ei oder die Henne zuerst da waren (also die Proteine oder die Nukleinsäuren), sind nicht das Hauptproblem für alle, die eine eigenständige Entstehung des Lebens auf der Erde annehmen.

Ganz abgesehen von der genauen Abfolge der Ereignisse mußte sich durch Zufall eine unwahrscheinliche Ansammlung von aktiven Chemikalien zusammenfinden, und selbst wenn zufällige Reaktionen für hunderte von Millionen Jahren in jedem Wassertropfen der Welt ablaufen würden, gab es genug unangenehme, chemische Gesetzmäßigkeiten, die den entscheidenden Schritt zum Leben zu vereiteln trachteten. Die aktiven Moleküle mußten einerseits viel stärker in der Suppe konzentriert sein als ihre Nahrung, doch immer wenn eine günstige Konstellation auftrat, dann nur für einen Moment, bevor sie die thermodynamischen Gesetze der Unordnung wieder auslöschten.

Überdies benötigen die RNS wie Proteine konzentrierte Energie zu ihrer Bildung, doch durfte die Ursuppe andererseits nicht zu heiß werden, sonst zerfielen die delikaten Kettenmoleküle. Das Leben heute verschafft sich kühle Energie, indem es Sonnenstrahlung einfängt oder sich von energiereichen Molekülen anderer (ehemaliger) Lebewesen ernährt. Die nötige Energie in eine primitive Zelle auf der jungen Erde zu schaffen, scheint so unvorstellbar wie ein Auto mit lauwarmer klarer Brühe anzutreiben.

Krueger und Kissel waren nicht die ersten, die extraterrestrische Hilfe bei der Entstehung des Lebens auf der Erde bemühten. Seit 1907 hat manch ein prominenter Wissenschaftler derartige Hypothesen aufgestellt, mehr oder weniger ernstgemeint. Keiner, der Bakteriensporen von anderen Planeten zur Erde reisen ließ, sei es durch natürliche Prozesse oder die Mithilfe intelligenter Lebensformen, beantwortete freilich die Frage, wie das Leben denn auf dem *anderen* Planeten entstanden sein mag.

Wie die Halleysonden gezeigt hatten, sind die Bestandteile von Kometen chemisch hungrig und reagieren heftig, wenn man sie mit Wasser oder anderen warmen Substanzen in Berührung bringt. Krueger und Kissel stellen sich einen Kometen vor, der seine himmlischen Kohlenstoffverbindungen plötzlich und in kleinen Paketen in den Ozean der jungen Erde entläd. Der Kontrast zwischen der öden Ursuppe und der Kometenmaterie mag dann die chemische Energie für den Aufbau neuer Substanzen geliefert haben – genau das, was das Leben brauchte.

Stellen Sie sich einen Kometen vor, der in die Atmosphäre der frühen Erde schießt. Es gibt eine Explosion, und das meiste Material verdampft. Fragmente fallen in den tiefen Ozean, wo sie langsam tiefer sinken. Darunter sind flockige Mineralkörner von nur wenigen Mikrometern Größe, die eine Schicht reaktionsfreudiger Kohlenstoffverbindungen bedeckt, wie sie in Halleys Staub nachgewiesen wurden. Ein fußballgroßes Stück Komet, das den Impakt überstanden hat und in den Ozean gefallen ist, enthält eine Billiarde solcher Körner.

Im Prinzip würde ein einziges Körnchen mit der richtigen Chemie ausreichen, um die Entstehung von Leben auf der Erde auszulösen. Die Oberflächen seiner mineralischen Komponente, reich an Metallionen, können chemische Reaktionen fördern. Zink, das ebenfalls bei Halley gesehen wurde, hilft beim Aufbau von RNS-Strängen. Das flockige und poröse Mineralkörnchen bildet ein natürliches Behältnis für große, aktive Moleküle, die hier in hoher Konzentration vorliegen können – im Gegensatz zur verdünnten Ursuppe. Die Poren lassen aber kleine Moleküle aus der Suppe herein, welche die Reaktionen gewissermaßen ernähren, darunter Aminosäuren, aus denen Proteine gemacht werden können.

Die magische Mischung der Materialien muß dann ihre eigenen Behältnisse schaffen, um nicht ewig an das Körnchen gefesselt zu sein. Die elektrochemischen Unterschiede zum umgebenden Meerwasser ermuntern Fettmoleküle, sich um die konzentrierten Chemikalien zu legen, womit eine primitive Zellwand entstanden ist. Genau wie das Mineralkörnchen schützt die fettige Hülle die RNS, während sie kleine Moleküle herein- und herausläßt.

Die zellartige Blase wächst und spaltet sich bald in neue, die jeweils Kopien der wichtigsten RNS-Stränge enthalten. Wenn sie erfolgreicher sind als alles, was von anderen Körnchen ausgeht, dann können die Nachfahren binnen einiger Monate einen ganzen Ozean übernommen haben. Und wenn ein Komet das Kunststück nicht fertiggebracht hat, weil vielleicht sein Aufschlag doch zu gewalttätig war, dann wird bald ein anderer kommen. Noch dauert ja das Zeitalter der Kometen an, in dem das Leben begann. Denn kaum war es vorbei, vor 3,8 Mrd. Jahren, gab es bereits komplizierte Bakterien- und Algenzellen, wie Fossilien andeuten, und die geochemischen Besonderheiten des fossilen Kohlenstoffs zeigen weitverbreitetes Leben an. Vor 3,5 Mrd. Jahren war die Erde bereits ein gut besiedelter Platz im Kosmos.

Das Leben beginnt schnell und ohne Probleme, wenn diese Hypothese stimmt. Es müßte auf jedem Planeten einsetzen, der flüssiges Wasser besitzt und von Kometen getroffen wird. Auch wenn die Erde in unserem Sonnensystem als einziger Planet diese Voraussetzungen erfüllt (heute jedenfalls – dem Mars schreiben viele eine feuchte Vergangenheit zu), so gäbe es jeden Grund zu der Annahme, daß einige Planeten anderer Sterne in der Milchstraße ebenfalls von Lebewesen bewohnt werden. Ob darunter allerdings auch intelligente Arten sind, die Kontakt mit Radioastronomen auf der Erde suchen, ist eine ganz andere Frage.

In der Krueger-Kissel-Hypothese könnte man die Erde als Mutter und den Kometen als Vater des Lebens betrachten: Keine Seite könnte lebende Zellen ohne die andere erzeugen. Die Hypothese würde uns mehr zu Kindern der Kometen machen als die Vorstellung, daß wir aus kometarischer Materie bestehen, oder daß Kometeneinschläge unsere Evolution erst ermöglichten. Der Ursprung des Lebens ist viel zu wichtig, um auf die leichte Schulter genommen zu werden, und viele andere Theorien wie auch wilde Spekulationen sind aufgetaucht und wieder verschwunden. Ob richtig oder falsch, diese Version über den Beginn des Lebens ist ein gewichtiger Grund mehr, die Materie eines Kometen mit den besseren Möglichkeiten Rosettas unter die Lupe zu nehmen.

Die Herkunft der erdbedrohenden Objekte
(von 4 Mrd. Jahren in der Vergangenheit bis in die Zukunft)

Bald nach der Entstehung des Lebens endete das Zeitalter der Kometen. Der Regen von Kometen und Asteroiden auf die Erde ließ rapide nach, aber ganz aufgehört hat er nie, und er wird auch in der Zukunft weitergehen, wenn die Menschheit nicht eingreift. In noch einer weiteren Bedeutung können wir uns als Kinder der Kometen verstehen, wenn man ihren möglichen Einfluß auf die Evolution selbst betrachtet.

Wir Menschen sind ein höchst unwahrscheinliches Produkt von zufälligen Schritten der Evolution. Die Natur hat mit völliger Gleichgültigkeit die Trilobiten, Tyrannosaurier etc. entstehen und wieder verschwinden lassen, ebenso wie Millionen anderer Arten. Zumindest einige Erdgeschichtler sehen bei ausgewählten, manche sogar bei vielen Massenextinktionen kosmische Körper am Werk. Wenn das stimmt, dann hätte nur ein Asteroid oder Komet die Erde zu verfehlen brauchen, und wir wären nicht hier. Die Evolution wäre dann andere Wege gegangen. Und ein großer Einschlag, das ist unbestritten, könnte das Experiment Menschheit zu einem abrupten Ende bringen.

Seit Edmond Halley selbst vor 300 Jahren vorgeschlagen hatte, daß der Einschlag eines großen Kometen für die biblische Flutgeschichte verantwortlich sein könnte, waren sich die Astronomen der Gefahr kosmischer Verkehrsunfälle bewußt. Die Entdeckung des Asteroiden Apollo im Jahre 1932, des ersten dunklen Kleinplaneten in der Nähe der Erde, führte noch eine neue Gefahrenklasse ein.

Da die Erde im Gegensatz zum Mond ihre Einschlagskrater wieder zerstört, sind sie hier viel schwerer zu finden. Über einhundert solcher Krater sind mittlerweile bekannt, mit Durchmessern von bis zu 200 und in einem Fall möglicherweise 300 km. Dies ist der wahrscheinliche Meteoritenkrater von Chicxulub in Mexiko, der mit dem großen Artensterben vor 65 Mio. Jahren praktisch zeitgleich entstanden ist, der beste, aber leider auch der bislang einzige Fall, wo ein direkter Zusammenhang naheliegt. Bei allen anderen Massenextinktionen fehlt entweder ein dazugehöriger Riesenkrater völlig – was wegen deren schneller Zerstörung durch zahlreiche Prozesse jedoch nichts beweist –, oder es gibt nur verdächtig außerirdisch erscheinende, chemische Spuren in den Sedimenten; oft weist überhaupt nichts auf eine kosmische Ursache hin.

Während sich die Planetenforscher angesichts der Kraterfülle auf allen erosionsarmen Körpern des Sonnensystems ohne Probleme mit außerirdischen Ursachen des häufigen und plötzlichen Verschwindens zahlreicher Tiergruppen anfreundeten, blieben die Biologen und Paläontologen durchweg skeptisch. Mitte der 80er Jahre, als sich die Beweise für den großen Einschlag vor 65 Mio. Jahren zu häufen begannen, wurde sogar postuliert, daß sich ein Artensterben dieser Größenordnung alle 26 Mio. Jahre wiederholt. Als Erklärung für diese weithin als widerlegt betrachtete Periodizität des Artensterbens kamen nur Kometen in Frage, die von einem wiederkehrenden Mechanismus, etwa einem störenden Stern („Nemesis") auf einer fernen Umlaufbahn um die Sonne, in Scharen aus der Oortschen Wolke ins innere Sonnensystem gelenkt wurden. Weder wurde freilich dieser „Todesstern" gefunden, noch könnte seine Bahn über Jahrhundertmillionen hinweg stabil sein.

Um die großen Massenextinktionen zu erklären, bedarf es freilich keiner Kometenschauer. Die erdnahen Asteroiden Betulia und Ivar haben 8 km Durchmesser. Halley ist noch größer und umrundet die Sonne zudem in umgekehrter Richtung. Objekte dieser Art könnten ohne weiteres globale Katastrophen auslösen, aber zum Glück ist dies bei allen *bekannten* Mitgliedern des Sonnensystems in den nächsten Jahrhunderten ausgeschlossen.

Eine aktuelle Abschätzung des Risikos durch noch nicht entdeckte Objekte lieferte 1992 ein Workshop der NASA, der im Auftrag des amerikanischen Kongresses tätig geworden war. Demnach steht den 200 bekannten (und ungefährlichen), erdnahen Kleinplaneten zivilisationsbedrohender Größe die zehnfache Zahl noch unbekannter entgegen. Die kleine Zahl kurzperiodischer Kometen wie Grigg-Skjellerup, die gelegentlich der Erde nahekommen, erhöht das Risiko nur um 1%, was aber nicht für neue Kometen auf Bahnen aus den Tiefen des Sonnensystems gilt.

Nach der Definition des NASA-Workshops ist ein für den Fortbestand der menschlichen Zivilisation kritischer Einschlag („Schwelle zur Globalen Katastrophe") von einem Asteroiden ab grob 1 km Durchmesser zu erwarten, der eine Impaktenergie von über 100 000 Mt TNT entwickelt. Solche Ereignisse gibt es im Mittel alle 100 000 Jahre, wobei drei Viertel von erdnahen Asteroiden herrühren, das letzte Viertel aber von langperiodischen Kometen, die „aus heiterem Himmel" mit höheren Geschwindigkeiten als ein typischer Asteroid angeschossen kommen.

Durch die nächste Mission zu einem Kometen wird das Risiko durch Impakte generell besser einschätzbar werden, sowohl in der Vergangenheit als auch in der Zukunft. Manche erdnahen Asteroiden sind durch Chaos im Sonnensystem aus dem Asteroidengürtel hierher gewandert. Sind andere aber wirklich tote Kometenkerne, wie manche glauben? Eine bessere Untersuchung kometarischen Materials sollte die Frage beantworten helfen, ob Kometenkerne auch dann im wesentlichen intakt bleiben, wenn sie nach mehreren Besuchen der Sonne ihr Eis verloren haben. Uwe Kellers Interpretation der Giotto-Bilder legt das nahe.

Die physische Festigkeit der Kometenmaterie sollte auch eine Vorstellung davon geben, wie sie sich beim Auftreffen auf die Erde und bereits auf deren Atmosphäre verhalten wird. Ein Kometenkern ist auch in der neuen Interpretation immer noch wesentlich zerbrechlicher als ein Asteroid. Kleine Exemplare explodieren bereits hoch in der Atmosphäre, größere zerbrechen vermutlich in mehrere kleinere, was Mehrfachkrater desselben Alters in der Erdkruste erklären würde.

Kleine Fragmente eines Kometen und selbst eines brüchigen Asteroiden enden allerdings in einer kräftigen Explosion hoch über dem Erdboden, einem sogenannten Airburst. Die lange Zeit mysteriöse Explosion des Jahres 1908, die in der sibirischen Tunguskaregion ganze Wälder fällte, aber keinen Krater hinterließ, wird jetzt als ein solcher Airburst von einem ca. 60 m großen, steinigen Asteroiden gedeutet, mit immerhin einer Explosionsenergie von 12 Mt TNT. Eine solche Explosion über einer Stadt würde sie in Schutt und Asche legen und Hunderttausende das Leben kosten. Ereignisse dieser Größenordnung und die äquivalenten Einschläge dichterer Asteroiden, etwa dem, der den nur kilometergroßen Meteor Crater in Arizona schuf, sind wesentlich häufiger als die global bedeutsamen und kommen alle paar Jahrhunderte vor. Vorher entdecken lassen sich die im kosmischen Maßstab winzigen Körper mit heutiger Technik nicht.

Dagegen wären die ganze Erde bedrohende Kandidaten unter den hochgerechnet 2000 noch unbekannten Kleinplaneten der 1-km-Klasse mit relativ bescheidenen Mitteln ausfindig zu machen. Der NASA-Workshop schlug ein Netz speziell für die Asteroidensuche ausgelegter Teleskope mit dem Namen Spaceguard vor – ein Name, der aus einem Roman von Arthur C. Clarke stammt. Denn ein bedrohlicher Asteroid hat eine über Jahrhunderte gut voraussagbare Bahn und würde aller Wahrscheinlichkeit nach früh genug entdeckt, um Gegenmaßnahmen zu planen. Die bevorzugte Methode, die – allein schon aus Kostengründen vorerst nur auf dem Papier – erwogen wird, erfordert eine Aufheizung einer bestimmten Stelle des Körpers, sei es durch eine Nuklearexplosion über der Oberfläche oder von riesigen Sonnenspiegeln gebündeltes Licht. An der erwärmten Stelle sollte sich dann ein Gasstrahl, ähnlich wie der Jet eines Kometen, ausbilden, der die Bahn des Körpers ausreichend verändert. Eine preiswerte Alternative wäre das Anbringen eines großen Sonnensegels auf dem Asteroiden: Der Strahlungsdruck der Sonne würde dann die Arbeit erledigen.

Viel schnellere Maßnahmen wären freilich erforderlich, wenn ein langperiodischer Komet auf Kollisionskurs mit der Erde entdeckt werden sollte. Er würde vermutlich erst wenige Monate vor dem Einschlag sichtbar. Hier wäre die einzige Maßnahme ein Angriff direkt auf den Kern, sei es mit einer sehr massereichen Raumsonde oder mit einem Nuklearsprengkopf – und die Weltraumingenieure, die ein derartiges Abwehrsystem in Stellung bringen wollten, benötigten jedes noch so kleine Wissensdetail über den Aufbau von Kometenkernen, sei es von Giotto oder jeder späteren Mission. Gegen allzu große Vorbereitungen für diesen sehr unwahrscheinlichen Fall haben sich inzwischen Weltraumforscher wie Carl Sagan zu Wort gemeldet. Denn wenn so ein Asteroiden-Umleitungssystem erst einmal existiert, dann könnte es genauso gut eingesetzt werden, um einen ursprünglich harmlosen erdnahen Kleinplaneten auf Kollisionskurs mit der Erde zu bringen …

Bildteil III

Bild 1, Bild 2. Giottos Stunde des Triumphs, festgehalten in *einem* Bild – zwar noch in verwirrender Falschfarbendarstellung, aber ein überzeugender Beweis, daß die unter so großen Mühen entstandene Kamera funktioniert hat. Uwe Keller präsentiert hier Stunden nach dem Encounter in Darmstadt eine Aufnahme von Halleys Koma (verschiedene Farben entsprechen verschiedenen Helligkeiten) und Kern (der lediglich als Delle in den Linien gleicher Helligkeit erscheint), die Minuten vor der engsten Begegnung entstanden war. Projektmanager Dave Dale hält da gerne das Mikrophon, und Plasmaforscher Alan Johnstone zückt schon die Kamera. (Bild 1: MPAE; Bild 2: MPG)

Bild 3, Bild 4. So sahen die Bilder von Halleys Kern in nahezu unverarbeiteter Form aus: kontrastarm, unscharf und verrauscht – in den Tagen nach dem Encounter war das alles, was aus dem Max-Planck-Institut für Aeronomie nach draußen drang. Doch die Verarbeitung der Daten von der Halley Multicolour Camera, auf die Uwe Keller unten einen prüfenden Blick vor dem Start wirft, hatte in Katlenburg-Lindau längst begonnen. (Bild 3: MPAE; Bild 4: MPG)

Bild 5, Bild 6. ... und die Ergebnisse konnten sich etwa ein Jahr später sehen lassen. Nach der Entfernung von Bildfehlern aller Art und „Nachschärfung" im Computer entstand die unten dargestellte Anflugsequenz auf Halleys Kern, und aus solchen bearbeiteten Aufnahmen aus verschiedener Distanz ließen sich zu guter Letzt Bilder wie das obige zusammensetzen. Schärfer wird die Menschheit Halleys Kern vor Mitte des nächsten Jahrhunderts nicht zu sehen bekommen. (Bilder: MPAE)

Bild 7, Bild 8. Bearbeitungstechniken anderer Art erlauben es auch, die genaue Lage der einzelnen Staubjets in Halleys innerer Koma aus HMC-Bildern etwas größerer Distanz abzuleiten (oben), wie sie von den wenigen aktiven Gebieten auf der Kernoberfläche (unten) ausgehen. (Bilder: H.U. Keller)

Bild 9, Bild 10. Zu dieser Zeit war Giotto aber längst auf dem Weg zu seinem zweiten Kometen, auf verschlungenen Pfaden, die fast ausschließlich von den Schwerkraftfeldern im Planetensystem diktiert wurden (oben). Das Encounter mit Grigg-Skjellerup beging das ESOC mit einer angemessenen Feier, in die die Livedaten der Plasma- und Staubinstrumente eingespielt wurden. Auf der Großprojektion in diesem Augenblick Johannes Geiss, einer der „Väter" von Giotto. (Bild 9: ESA; Bild 10: DF)

Bild 11. Einige markante Stellen des Kometenkerns werden in Ausschnitten gezeigt. Die Darstellungen sind jeweils in der Kontrastspreizung optimiert, aber nicht durch Filter verstärkt. Im Uhrzeigersinn sieht man die *Hügelkette* (Chain of Hills), den *Krater* (Crater), die *Aktivitätsstelle* (Active Region), den *Hügel* (Hill), die *Zentrale Senke* (Central Depression), den *Berg*, den *Abbruch* (Ridge) und den *Hellen Fleck* (Bright Patch). Die Lage der Ausschnitte und der Maßstab ergeben sich aus dem zentralen Bild. (Bild: H.U. Keller)

1

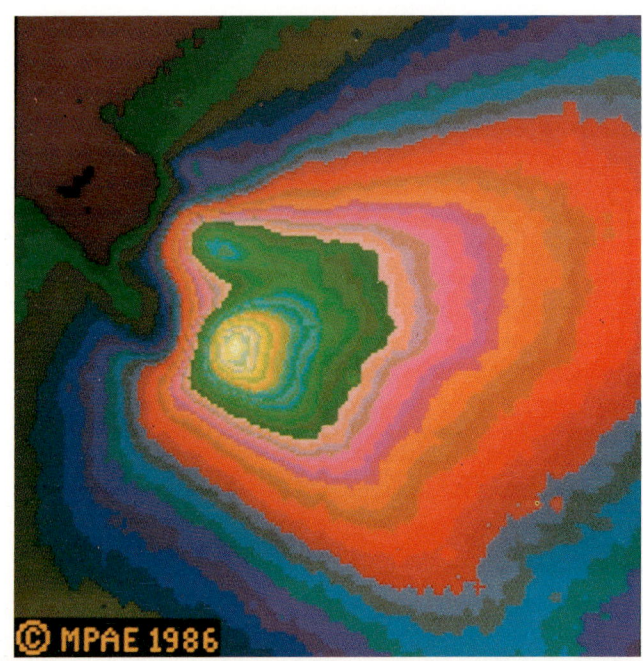

2

3

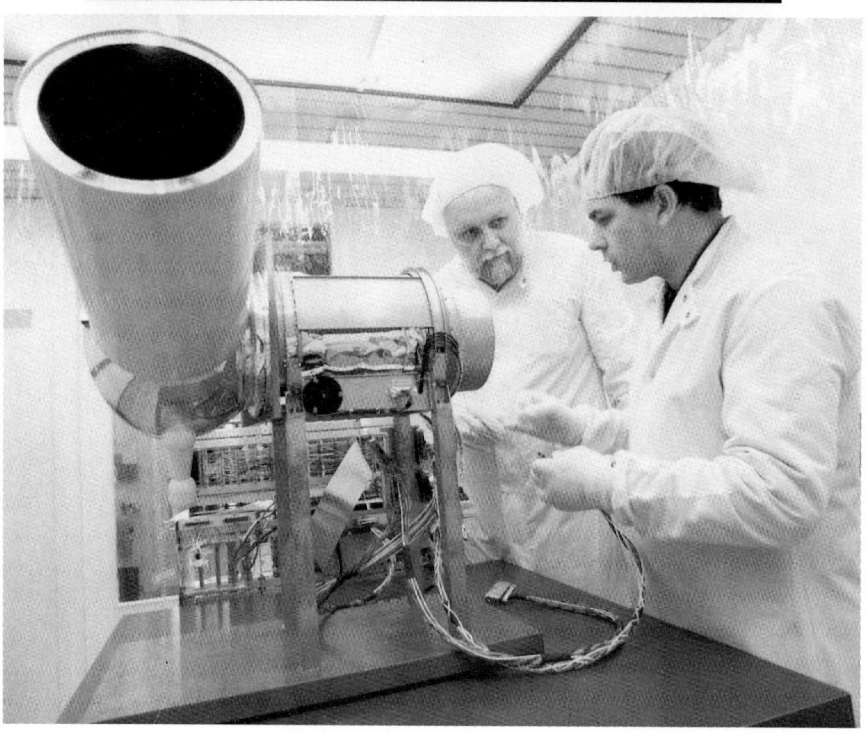

4

5

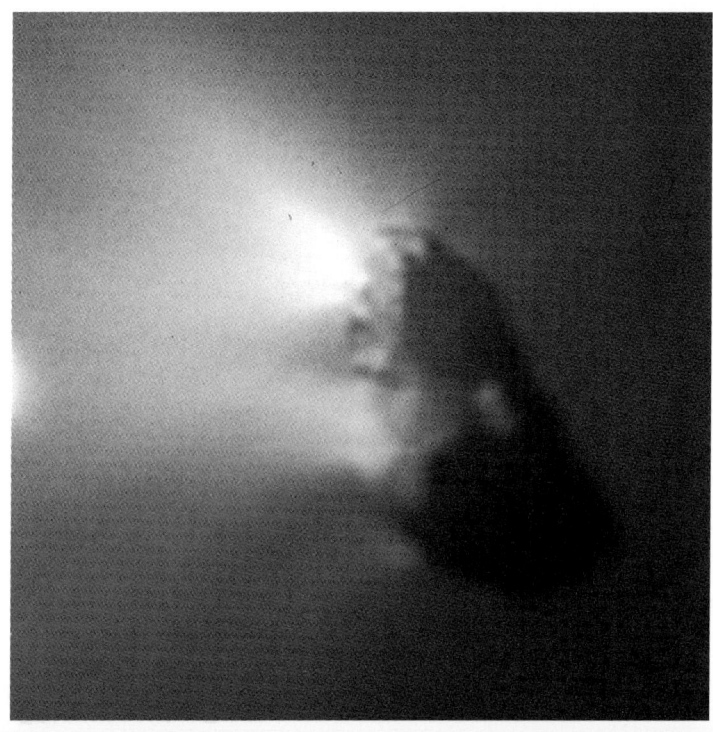

6

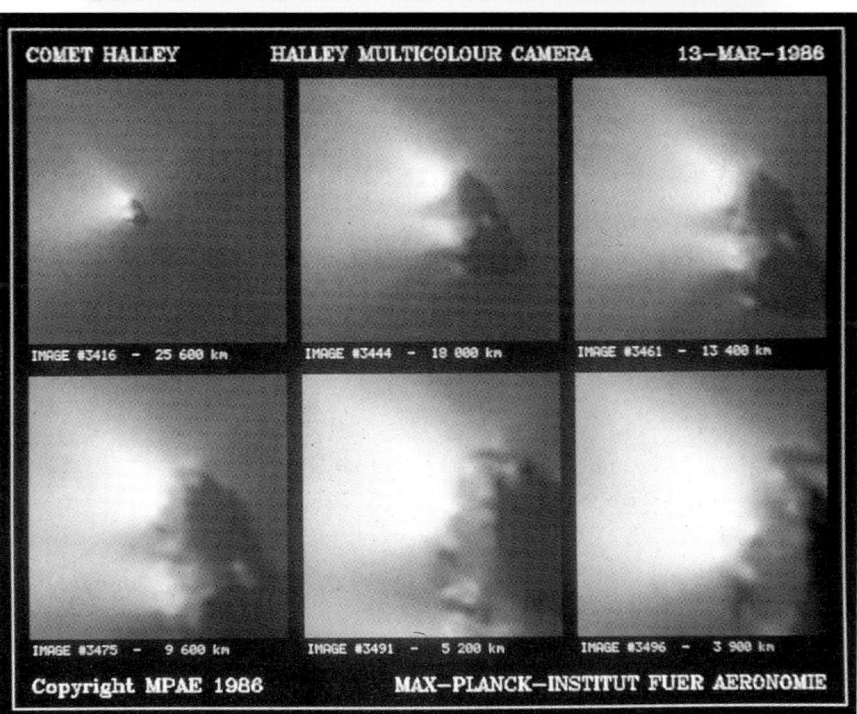

COMET HALLEY   HALLEY MULTICOLOUR CAMERA   13-MAR-1986

IMAGE #3416 - 25 600 km   IMAGE #3444 - 18 000 km   IMAGE #3461 - 13 400 km

IMAGE #3475 - 9 600 km   IMAGE #3491 - 5 200 km   IMAGE #3496 - 3 900 km

Copyright MPAE 1986   MAX-PLANCK-INSTITUT FUER AERONOMIE

7

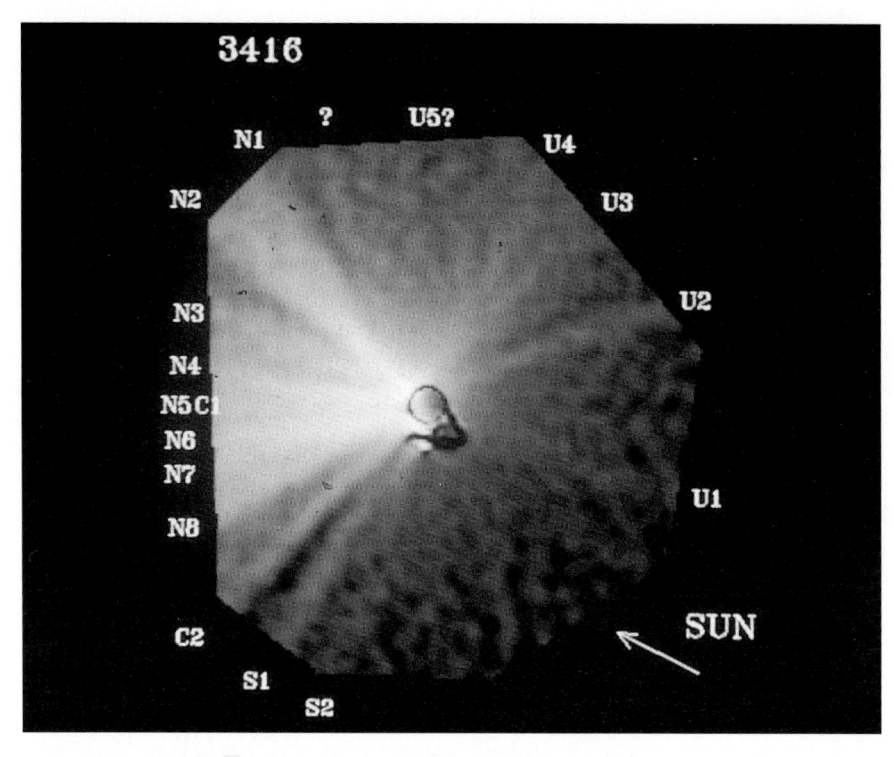

3416

N1 ? U5? U4
N2   U3
N3   U2
N4
N5 C1
N6
N7   U1
N8

C2
S1
  S2

SUN

8 Der Kern des Kometen Halley

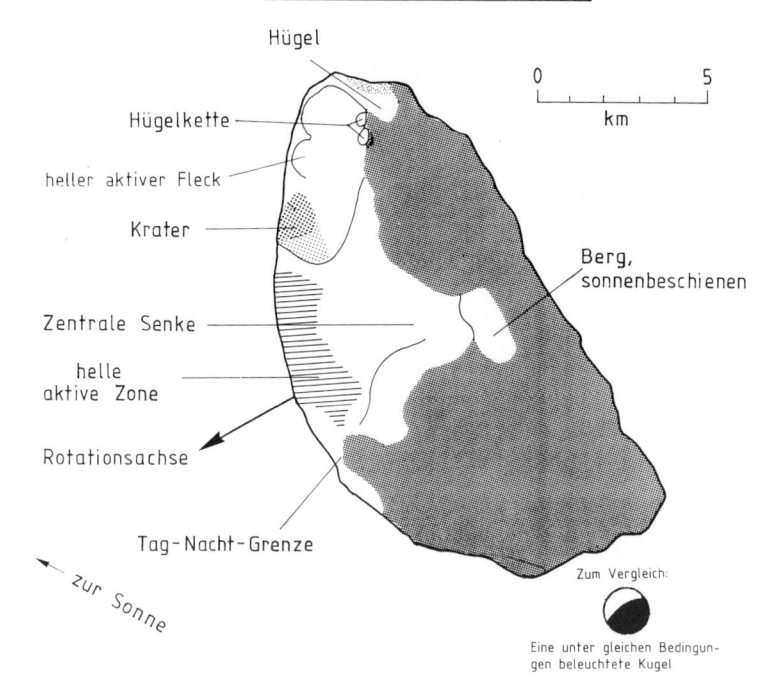

Hügel

Hügelkette

heller aktiver Fleck

Krater

0 ———— 5
km

Berg, sonnenbeschienen

Zentrale Senke

helle
aktive Zone

Rotationsachse

Tag-Nacht-Grenze

zur Sonne

Zum Vergleich:
Eine unter gleichen Bedingungen beleuchtete Kugel

9

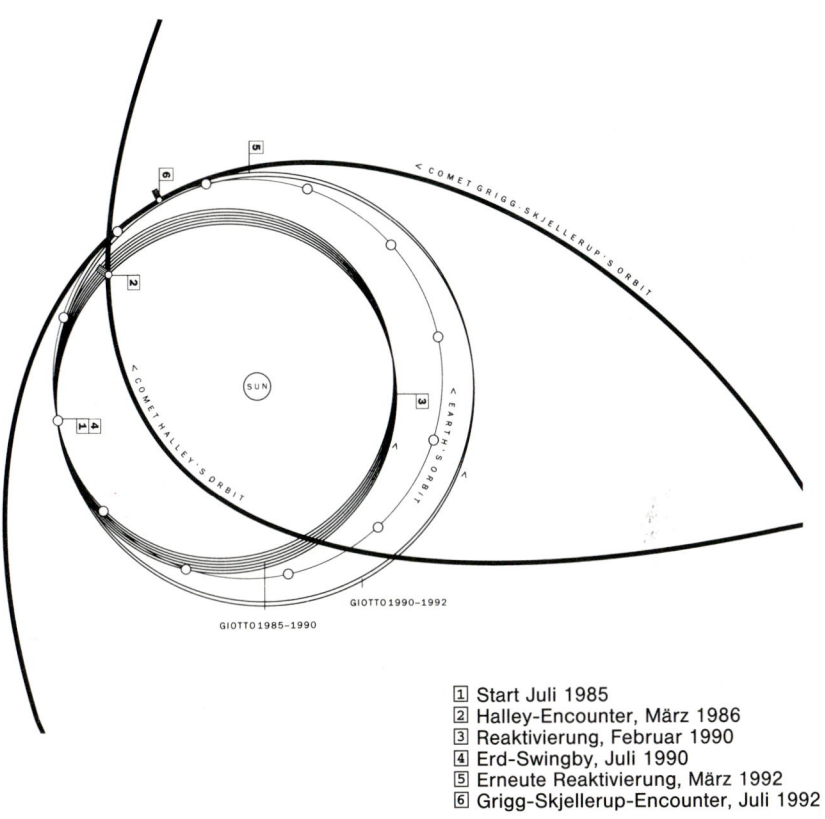

1 Start Juli 1985
2 Halley-Encounter, März 1986
3 Reaktivierung, Februar 1990
4 Erd-Swingby, Juli 1990
5 Erneute Reaktivierung, März 1992
6 Grigg-Skjellerup-Encounter, Juli 1992

10

11

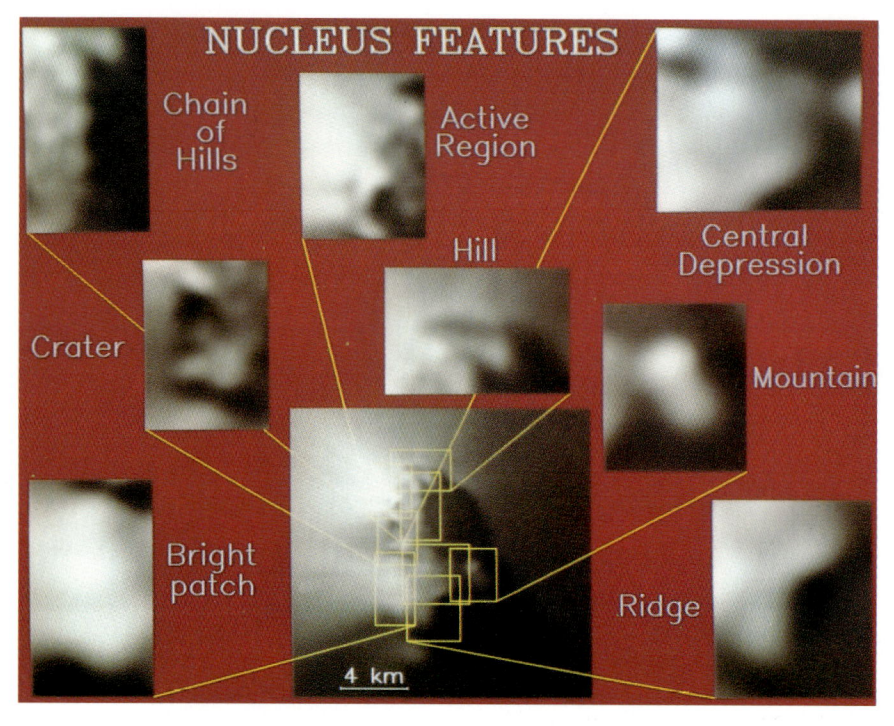

Ausblick

Rosetta – das wahre Rendezvous

Man könnte es als eine letzte Wendung in der Giottosaga betrachten, daß Europa nun auch den Hauptteil der einstigen International Comet Mission durchführen wird, und das abermals ohne die NASA. Erinnern wir uns, daß diese Ende der 70er Jahre ein echtes Rendezvous mit einem Kometen angestrebt hatte. Viele Monate sollte die Hauptsonde den Kern des Kometen Tempel 2 begleiten, und das Absetzen einer europäischen Sonde in den Halleyschen Kometen war nur als Beiwerk geplant.

Die Streichung der International Comet Mission durch die US-Regierung führte bekanntlich zur Schaffung von Giotto, während die USA Mitte der 80er Jahre ihre Idee eines Kometenrendezvous wieder aufgriffen. Gemeinsam mit Deutschland sollte CRAF (Comet Rendezvous and Asteroid Flyby) 30 Monate lang einen Kern begleiten und mit einem instrumentenbestückten Pfeil beschießen. Der solar-elektrische Antrieb, den bereits die International Comet Mission gebraucht hätte, fehlte immer noch, aber CRAF hätte bei einem Start 1995 nach zwei Swingbys an der Venus und einem an der Erde 2002 den Kometen Tempel 2 erreichen können. Anfang 1992 wurde aber auch diese Mission gestrichen, zwar im Einvernehmen der amerikanischen und der deutschen Raumfahrtagenturen, aber zum Schrecken der Wissenschaftler beider Länder. Die Kometenforschung blieb weiter Domäne Europas.

Wie bereits erwähnt, hatte die ESA noch ein anderes aufwendiges Kometenprojekt gemeinsam mit den USA begonnen, das einer der vier „Eckpfeiler" des Langzeitprogramms Horizont 2000 für die Weltraumforschung werden sollte. Rosetta sollte Proben eines Kometenkerns entnehmen, auf sanfte Weise zur Erde transportieren und damit den irdischen Labors mit all ihren ausgefeilten Meßmethoden zugänglich machen. Aber ohne substantielle Beiträge der USA war solch eine Mission für Europa allein unbezahlbar – und nach der Streichung von CRAF kamen aus den USA keine ermutigenden Zeichen, daß man an Rosetta weiter interessiert sei.

Ein weiteres Mal wurden die amerikanischen Kometenforscher, die sich der Raumfahrt zu Kometen verschrieben hatten, enttäuscht. Nun brachten sie die Möglichkeit einer billigeren Kometenlandung zur Sprache, aber wie zuvor lag es an der ESA, die Scherben von CRAF und Rosetta aufzusammeln und zu prüfen, ob eine rein europäische Mission mit einer neuen Rakete und engem Finanzrahmen in Angriff genommen werden konnte.

Gerhard Schwehm, Projektwissenschaftler der Giotto Extended Mission, leitete nun die Studien für Rosetta – 1992 galt seine Aufmerksamkeit sowohl der zweiten Mission Giottos als auch der Neuorientierung seines Nachfolgeprojekts. Die ESA sah bereits dem ersten Start einer Ariane 5 entgegen, die über die vierfache Startleistung der früheren Modelle verfügte. Eine Studie der Nutzungsmöglichkeiten der neuen Rakete nannte eine Reihe von Asteroidenmissionen, den Probentransport zur Erde inklusive, wie auch eine CRAF-ähnliche Mission zum Kometen Schwassmann-Wachmann 3. Von einem Kometen Proben zu holen, wurde in rein europäischem Rahmen allerdings für unmöglich befunden.

Die Fachleute für das Sonnensystem, welche die ESA berieten, hielten nichts von den Asteroidenplänen, und 1993 verfestigte sich die Meinung zugunsten einer neuen Kometenmission. Das beste Ziel würde der Komet Schwassmann-Wachmann 3 sein, der dritte periodische, den die deutschen Astronomen Friedrich Schwassmann und Arthur Wachmann in den Jahren 1927–1930 entdeckt hatten.

Zwar hieß die Mission weiterhin Rosetta, aber sie konnte viel von der Planung und Instrumentenentwicklung für die International Comet Mission und CRAF übernehmen. Schwehm koordinierte die Arbeit einer Wissenschaftlergruppe von 22 Experten, die den Vorschlag an die ESA in größerem Detail ausarbeiten sollten. Als Veteranen von Giotto waren Martin Hechler vom ESOC und die PIs Uwe Keller, Peter Eberhardt, Jochen Kissel und Tony McDonnell beteiligt. Auch der israelische Experte für Eis tiefer Temperatur, Akiva Bar-Nun, nahm an der Studie teil.

Die Kometenforscher in Europa machten nicht den Fehler ihrer amerikanischen Kollegen von 1980, die zu lange auf einer großartigeren Mission bestanden und so Halley schließlich ganz verpaßt hatten. Rosetta wird nun nicht „mit der Eiskrem nach Hause kommen", wie man über die früher geplante Probentransfermission gesagt hatte. Aber die neue Mission ist immer noch die bei weitem bestimmteste Anstrengung, um mehr über die Kometen und ihre mögliche Rolle für unser Dasein zu lernen.

Im November 1993 gab das Science Programme Committee der ESA der neuen Rosettamission grünes Licht. Wie bei Giotto entschloß sich Europa zum Alleingang. Zwar würde man es den Amerikanern oder anderen Interessenten nicht verwehren, Beiträge zu leisten, aber die Sonde würde in Europa gebaut und mit der Ariane 5 gestartet werden. Sogar allein mit den europäischen Bodenstationen sollte die Mission machbar sein, auch wenn diese Entscheidung die zur Verfügung stehende Zeit für die wissenschaftlichen Operationen am Kometen einschränken würde.

Die Sonde von der Erde zu Schwassmann-Wachmann 3 zu schaffen, wird für die Missionskontrolleure eine ungewöhnliche Aufgabe sein, mit langen Perioden des Wartens, unterbrochen von hektischen und kurzen Episoden dramatischer Ereignisse. Auch die Wissenschaftler von Rosetta werden ihre Neugier zügeln müssen. Jeder Forscher über 45, der sich 1994 um einen Platz auf der Sonde bewirbt, wird nahe oder schon jenseits des Pensionsalters sein, wenn sie zusammen mit dem Kometen die Sonne und damit den Höhepunkt und das Ende der Mission erreicht. Der Hauptgrund für die Wahl von Schwassmann-Wachmann 3 als Wunschziel für Rosetta ist tatsächlich, daß die Reise zu den Alternativen noch zwei bis fünf Jahre längern dauern würde – das Wissenschaftlerteam nähme die Daten dann erst nach der Pensionierung in Empfang...

Dieses menschliche Problem sollte allerdings nicht übertrieben werden. Auch andere Missionen können sich hinziehen. Voyager 2 brauchte 12 Jahre für den Weg zum Planeten Neptun, mit langen Pausen zwischen seinen Planetenbesuchen. Der Start des amerikanisch-europäischen Hubble Space Telescope erfolgte erst 15 Jahre nach Beginn der Planung, und seine nominelle Lebensdauer ist weitere 15 Jahre. Weltraumforscher brauchen eben manchmal die Mentalität eines Försters, der die Bäume, die er in der Jugend pflanzte, erst im Alter gedeihen sieht.

Die sogenannte Referenzmission zu Komet Schwassmann-Wachmann 3 erfordert einen Start im Juli 2003, Swingbys an Mars und Erde, und bietet die Möglichkeit, auf der Reise einen oder mehrere Asteroiden zu untersuchen. Auch das war Teil von CRAF gewesen. Dem Kometen nähert sich Rosetta dann im Juni 2008, aber das wissenschaftliche Programm beginnt erst mehr als zwei Jahre später und soll dann elf Monate dauern. Rosetta tritt in einen Orbit um den Kometen ein, kartiert ihn gründlich und läßt eine Landekapsel auf seinen Oberfläche fallen. Dann wird die Sonde den Kometen mit der gebotenen Vorsicht beobachten, wenn er Gas und Staub freizusetzen beginnt, und die Mission endet formal, wenn er im Oktober 2011 sein Perihel erreicht.

Den Zeitplan geben in erster Linie die Entscheidungen vor, sowohl auf das Deep Space Network der NASA wie auch die amerikanischen Radioisotopenbatterien zu verzichten und den Strom von Solarzellen liefern zu lassen. Nähern soll sich Rosetta dem Kometen nahe dessen Aphel, dem sonnenfernsten Punkt der Bahn, in rund fünffachem Abstand Erde-Sonne oder 750 Mio. km. Hier hat das Sonnenlicht nur 4 % seiner Intensität an der Erde: Der erzeugte Strom reicht nicht für den Betrieb der wissenschaftlichen Nutzlast. Die 30-m-Antenne im deutschen Weilheim wird aber in der Lage sein, mit Rosetta Kontakt zu halten, natürlich nur, wenn die Sonde über dem Horizont steht.

Ernsthafte Wissenschaft kann erst beginnen, wenn Rosetta und der Komet der Sonne wieder auf 450 Mio. km nahe sind. Dies ist auch die vermutete Reichweite der 15-m-Stationen der ESA in Villafranca in Spanien und Perth in Australien, jedenfalls nach einigen Verbesserungen. Zunächst werden Perth und Weilheim zusammen eine Verbindung rund um die Uhr ermöglichen, dann kann Villafranca von Weilheim für die letzten Monate der Mission übernehmen.

Das Konzept der Sonde soll aus einem Nachrichtensatelliten hervorgehen, was für eine interplanetare Sonde seltsam erscheinen mag. Aber Rosetta teilt mit diesen erdumkreisenden Satelliten zwei wesentliche Eigenschaften: große Flügel für die Sonnenzellen und eine Menge Treibstoff für die Düsen, die Telekommunikationssatelliten auf ihre geostationäre Bahn bringen.

Das Flugmodell von Rosetta soll Ende 2002 fertig sein, sechs Monate vor dem Start im Juli 2003. Die nächsten 13 Monate geht es Richtung Mars, der Ende Juli 2004 in 2000 km Höhe überflogen wird und Rosetta eine neue Bahn gibt. Die führt sie zur Erde zurück, die sie im Mai 2006 in nur 200 km Höhe passieren soll. Dank der Schwerkraftschleuder und Zündung der Düsen für eine Stunde gewinnt sie dabei so viel an Geschwindigkeit, daß sich die Bahn der von Schwassmann-Wachmann 3 angleicht. Dieser stattet der Sonne dann gerade einen seiner Besuche alle fünf Jahre ab, im Sommer 2006, und Rosetta verfolgt ihn nun auf seinem Weg zurück ins Aphel mit abnehmender Distanz.

Im Jahre 2007 wird die Sonde dem Kometen durch den Asteroidengürtel folgen, was Gelegenheit zum engen Vorbeiflug an mindestens einem Asteroiden bietet. Das nominelle Ziel ist Brita, aber es gibt auch die Alternativen 1980 TG und Rusheva. Das Hauptziel soll dabei die Erforschung einer weiteren Klasse von Asteroiden sein, derer es etliche gibt. Die US-Sonde Galileo hat bereits zwei besucht, Gaspra und Ida, und die preiswerte US-Mission Clementine soll den erdnahen Geographos passieren. Bei der Asteroidenauswahl für Rosetta soll nach Möglichkeit ein sehr dunkles Objekt eingeschlossen sein, könnte es sich dabei doch um einen erloschenen Kometen handeln.

Die Operationen an den Asteroiden dienen zugleich als Generalprobe für die Fernerkundungsinstrumente Rosettas: eine Kamera und ein abtastendes Spektrometer. Die beiden optischen Systeme der Kamera bilden große und kleine Felder auf denselben CCD-Chip mit 4 Mio. Bildpunkten ab. Wenn der Vorbeiflug in 500 km Abstand erfolgt und der Asteroid ca.

20 km groß ist, dann paßt er bequem in das Gesichtsfeld der Teleoptik, die 15 m große Details unterscheiden könnte. Das ähnelt der Auflösung ziviler Erdbeobachtungssatelliten.

Das Spektrometer wird das vom Asteroiden reflektierte Sonnenlicht in einem breiten Bereich, vom visuellen bis infraroten, nach den spektralen Signaturen verschiedener Mineralien absuchen, während ein beweglicher Spiegel die Oberfläche abtastet. Die Verteilung der Mineralien auf der Oberfläche kann dann mit 500 m Auflösung aus 500 km Entfernung kartiert werden. Seine besten Daten soll das Spektrometer in einem Zeitraum von etwa zehn Minuten liefern, während Rosetta mit 5–15 km/s an dem Asteroiden vorbeieilt.

Dann geht die Verfolgung des Kometen weiter, und im Juni 2008 beginnt offiziell das Rendezvous. Bereits in Millionen Kilometern Abstand von Schwassmann-Wachmann 3 wird Rosetta mit seinen Düsen so weit abbremsen, daß sie nur noch ein wenig schneller als der Komet ist. Weitere 23 Monate vergehen, in denen Rosetta langsam näherkommt, während Sonde und Komet gleichzeitig der Sonne und der Erde ferner denn je sind. Erst im Mai 2010 wird die Kamera aktiviert, um den Kometen zum ersten Mal aus etwa 500 000 km Entfernung zu inspizieren. Vier weitere Monate vergehen mit weiterer Annäherung und Instrumentenchecks. Dann kommt Rosetta in den Einzugsbereich der Bodenstation Perth, und die Hauptoperationen können beginnen.

Wenn Rosetta Schwassmann-Wachmann 3 bis auf etwa 100 km nahegekommen ist, beginnt sie seine Schwerkraft zu spüren, auch wenn die Schwerebeschleunigung selbst auf der Oberfläche eines typischen Kerns weniger als ein Tausendstel des Wertes auf der Erdoberfläche betragen dürfte. Im umgebenden Raum ist die Wirkung minimal, aber Rosettas Flugkontrolleure sollten doch in der Lage sein, leichte Bahnabweichungen durch den Kometen zu messen, und die Sonde in einen Orbit um den Kern zu bugsieren. Da die Masse von Kometenkernen nur sehr ungenau bekannt ist, sind die Eigenschaften dieser Umlaufbahn kaum vorherzusagen, aber selbst ein enger Orbit könnte noch viele Tage dauern. Von jetzt an nähern sich Rosetta und der Komet der Sonne in einem langsamen Walzer, der aber je nach den bevorstehenden Aufgaben abgeändert werden kann.

Wenn der orbitale Tanz beginnt, dürften die Ausdünstungen des Kometen kaum nachzuweisen sein, und Rosettas erste Aufgabe ist die Kartierung des inaktiven Kometenkerns. Die Sonde wird eine polare Umlaufbahn einnehmen und nach und nach die gesamte Oberfläche in der Sonne sehen können. Deren Strahlung hat allerdings immer noch nur ein Zehntel ihrer Intensität auf der Erde: Die vermutlich sehr dunkle Oberfläche des Kometen wird sie nur schwach erhellen.

Die erste Kartierphase wird etwa sechs Wochen dauern, aus etwa 50 km Abstand auf der Tagseite des Kerns – Welten trennen diese Operation von dem hektischen Treiben der Kamera Giottos in den letzten Minuten beim Halleyschen Kometen, als die letzten brauchbaren Bilder aus 2000 km Abstand kamen. Während Rosetta gemütlich jeden Teil der Kernoberfläche untersucht, arbeiten die beiden optischen Systeme zusammen: Die Weitwinkeloptik zeigt, wo ein von der Telekamera erfaßtes Gebiet auf dem gesamten Kern liegt. Die langsame Bahngeschwindigkeit bedeutet, daß die Rotation des Kometen die Abtastung von dessen Oberfläche dominiert und weniger die Bewegung Rosettas um ihn herum.

Am Ende der globalen Kartierung werden die Wissenschaftler in Darmstadt Masse und Rotationsrate des Kometen sehr genau kennen, werden mit seinen Landschaften vertraut sein und Details bis zu einem Meter hinab kennen. Komet Schwassmann-Wachmann 3 wird dann die am genauesten erforschte Oberfläche irgendwo jenseits der Erde haben, abgesehen von kleinen Gebieten rund um Landeorte auf dem Mond, dem Mars und der Venus.

Und sie werden ein Zielgebiet für Rosettas eigenes Landegerät suchen. Unterstützt durch das abtastende Spektrometer, das lokales Vorkommen von Eis oder organischen Verbindungen aufspüren könnte, werden sie versuchen, aktive Gebiete auszumachen, wie sie Giotto auf Halley sah. Hier sollte die Chemie der Oberfläche am interessantesten sein. Rosetta wird dann mehrere Kandidatenregionen aus weniger als fünf Kilometern Abstand betrachten. Die Kamera sieht jetzt Details so klein wie ein Schuh, und auch das Spektrometer arbeitet weiter. Die vier Wochen, die für die Fernerkundung aus der Nähe vorgesehen sind, sind eine Nervenprobe für die Flugkontrolleure: Pro Tiefflug über ein Gebiet sind mindestens zwei Bahnmanöver nötig, und ein Fehler könnte zum Absturz führen.

Wenn aber die Landekapsel abgeworfen wird, geht Rosetta noch näher an den Kern heran, bis auf einen Kilometer. Der Aufprall der Kapsel wird wegen der schwachen Schwerkraft nicht härter, als wenn sie auf der Erde ein paar Zentimeter tief fiele, und die Dämpfung des Schocks wird ein geringeres Problem sein als das Verhindern eines Zurückprallens von der Landestelle. Beschleunigungsmesser, die während des Aufpralls arbeiten, melden die Bremsung, aus der auf die mechanische Stärke der Kometenkruste geschlossen werden kann.

Die ESA wird nur einen freien Platz auf Rosetta für dieses „Oberflächen-Wissenschaftspaket" anbieten, die Vorrichtungen für das sanfte Absetzen und die Kommunikation via das Mutterschiff. Der Inhalt des Pakets und seine Finanzierung liegen ganz in der Verantwortung derjenigen

Wissenschaftler, die sich auf das Wagnis einlassen wollen. Der Batteriestrom begrenzt die Lebensdauer des Pakets auf 30 Stunden, die allerdings, wenn gewünscht, auf mehrere Monate verteilt werden können. Aus dieser Möglichkeit das meiste herauszuholen, mit einer Nutzlast von zusammen 10 kg, ist eine faszinierende Herausforderung an den menschlichen Geist. Um den Bewerbern etwas an die Hand zu geben, hat das Studienteam bereits eine wahrscheinliche Gruppe von Instrumenten skizziert.

Mit vier unbeweglichen Kameras könnte das Wissenschaftspaket seine unmittelbare Umgebung betrachten und ein 360-Grad-Panorama der wundersamen Landschaft auf dem Kometenkern liefern. Glasfaseroptiken könnten Teile der Oberfläche mit einer Auflösung von besser als einem Millimeter zeigen, die elektrischen Eigenschaften der Oberfläche könnten ebenso untersucht werden wie ihre Temperatur und deren Veränderungen.

Für die chemische Analyse der Kometenoberfläche sollte das wichtigste und komplexeste Instrument ein Gasanalysator sein, der kleine Proben des festen Oberflächenmaterials einsammeln und mit Wärme und Chemie in seine Moleküle und Atome zerlegen könnte. Ein Massenspektrometer mißt dann die Produkte. „Es gibt keinen praktischen Grund, warum dieser Evolved-Gas Analyzer nicht zu einem anspruchsvollen, chemischen Labor werden könnte", findet das Studienteam.

Andere Instrumente auf dem Rosettalander sollten die chemische Zusammensetzung des Kometenmaterials mit einer Reihe kernphysikalischer Methoden bestimmen. Charakteristische Gammastrahlen und Neutronen, die der Einschlag von Kosmischen Strahlen auf den Kometen freisetzt, verraten die Anwesenheit verschiedener Elemente, ebenso die Streuung von Alphateilchen und Röntgenstrahlen, die kleine radioaktive Quellen im Lander aussenden könnten.

Diese Instrumente sowie der Gasanalysator könnten auch mobil ausgelegt werden und mit einer Art Fahrzeug, über ein Kabel mit dem Landeteil verbunden, in 10–20 m Umkreis umherziehen. In Rußland und Deutschland ist bereits eine miniaturisierte Krabbelapparatur entwickelt worden, nur 23 cm lang, die die analytischen Instrumente auch über eine sehr unebene Oberfläche bewegen könnte, mit einem „Maul" am vorderen Ende, um die Proben aufzunehmen. Das Gefährt und insbesondere seine Stromversorgung und Kommunikationseinrichtungen würden die nominellen 100 kg für Rosettas wissenschaftliche Nutzlast um 6,5 kg überschreiten, aber verglichen mit der Gesamtmasse von Rosetta von 1035 kg (ohne Treibstoff für die Düsen) ist das relativ wenig, während es gleichzeitig die Chancen des Landers stark erhöhen könnte, brauchbare Proben zu finden.

Ein größeres Fragezeichen steht über der Idee eines Penetrators, der ein wenig unter die Oberfläche bohren könnte. Die Kometenforscher sind sich im klaren, daß die Oberfläche eines Kometen wie Schwassmann-Wachmann 3 längst nicht mehr die ursprüngliche ist und nach vielen Periheldurchgängen die meisten flüchtigen Bestandteile verloren hat. Im alten Modell vom „Schmutzigen Schneeball" bestand die Oberfläche aus Staub, der auf den Kometen zurückgefallen ist. Ein Penetrator, der vielleicht 1 m in die Tiefe bohrt, wäre dann unschätzbar. Aber im neuen „Schmutzball"-Modell nach Giotto sind die Oberflächenschichten wahrscheinlich eine feste Matrix, aus der der Schnee gefrorenen Wassers und Kohlenmonoxids verschwunden ist. Die Impulse der Erwärmung, die der Komet immer wieder erlebt hat, gingen wahrscheinlich viele Meter unter die Oberfläche. Wirklich ursprüngliches Material könnte für jeden Penetrator realistischer Größe zu tief liegen. Die Studiengruppe stellte daher lediglich fest, daß ein Penetrator nicht grundsätzlich ausgeschlossen werde.

Niemand gräbt in einem Kometen so kräftig wie die Sonne, deren Hitze Gas und Staub von den aktiven Regionen auf der Oberfläche oder vielleicht auch tiefer wegtreibt. Diese Emissionen erreichen dann den Rosettasatelliten, der weiterhin nahe am Kometen bleibt. Seine 90 kg Instrumente werden den Großteil der wissenschaftlichen Arbeit verrichten. Schwache Emissionen könnten bereits zur Zeit des Absetzens des Landers im Januar 2011 zu spüren sein, wenn die Hauptphase der Mission bis zum Perihel im Oktober beginnt.

Die Konstrukteure der analytischen Instrumente sollen ganze Arbeit leisten und die Erfahrungen bei Giotto und den Vegasonden ebenso einbeziehen wie die Überlegungen für CRAF. Und weil die Relativgeschwindigkeit Rosettas zum Kometen sehr gering sein wird, müssen Gas und Staub erst einmal Energie erhalten, um analysiert zu werden.

Jochen Kissel, dessen Staubmassenspektrometer die Schlüsselinstrumente bei den Halleyvorbeiflügen waren, wird wieder dabeisein, diesmal als PI des Cometary Matter Analyzers (COMA), der eigentlich für CRAF gedacht war. Eine Flüssigmetallionenquelle spaltet die Staubteilchen auf und verleiht den freigesetzten Materialien Energie. Wieder verraten dann die diversen Atome und Moleküle ihre Identität durch ihre unterschiedlichen Geschwindigkeiten und letztlich Flugzeiten zum Detektor. Wenn das Instrument für Rosetta akzeptiert wird, würde die präzise Identifikation der Atome und Moleküle von Parallelexperimenten auf dem Boden unterstützt werden.

Der Staubanalysator wird auch die Gaskomponenten der Kometenkoma messen, aber dafür sieht die Studiengruppe primär ein anderes Instrument vor. Die Aufgaben des Neutralmassenspektrometers und des Ionenmassenspektrometers auf Giotto werden wahrscheinlich in einem einzigen Instrument vereinigt werden. Es könnte immer noch zwei Massenspektrometer haben, aber sie dienen jetzt der niedrigen und hohen Unterscheidung von Massen. Elektronen, die das neutrale Gas bombardieren, laden die Moleküle für die Analyse auf. Diese Technik erlaubt, auf trickreiche Weise verschiedenes Material mit derselben Masse zu unterscheiden, denn es wird bei verschiedenen Energien der auftreffenden Elektronen geladen und damit nachweisbar.

Ein Rasterelektronenmikroskop auf Rosetta soll die Staubteilchen auch morphologisch untersuchen, um ihre Variationsbreite in Form, Mineralogie und Aggregation festzustellen. Durch die Intensität der charakteristischen Röntgenstrahlung, die beim Auftreffen des Elektronenstrahls auf die Teilchen entsteht, läßt sich die Elementverteilung in den Teilchen regelrecht kartieren, jedenfalls für Elemente von Natrium im Periodensystem der Elemente aufwärts. Ein passendes Instrument, SEMPA, wurde in den USA bereits für CRAF entwickelt.

Während diese verschiedenen chemischen Instrumente in den acht Monaten bis zum Perihel von Schwassmann-Wachmann 3 arbeiten, dürfte die Gas- und Staubproduktion des Kometen um das mehr als Milliardenfache zunehmen. Die quasiakustische Meßmethode DIDSYs auf Giotto ist für die sanfteren Staubeinschläge auf Rosetta ungeeignet. Vielmehr sollen zwei Vorhänge aus Lichtstrahlen die Körnchen nachweisen, wenn sie hindurchwandern und Licht zur Seite streuen. Die Ankunft eines Teilchens in einem Vorhang wird einen Moment später vom zweiten Vorhang bestätigt, und das Zeitintervall gibt auch seine Geschwindigkeit an.

Die Missionskontrolle wird natürlich sehr darauf bedacht sein, Staubschaden an Rosetta zu vermeiden. Zwar bedeutet die geringe Relativgeschwindigkeit Rosettas in ihrer Bahn um den Kometen, daß die kinetische Energie des Staubes kaum eine Bedeutung hat, aber er könnte sich auf den vorstehenden Instrumenten absetzen und ihre Funktion stören. Um sauber zu bleiben, muß sich Rosetta im Herbst 2011 in die äußere Koma zurückziehen.

Plasmaexperimenten werden in der Grundnutzlast von Rosetta nur 2,5 kg Masse zugestanden, gegenüber 8 bei Giotto. Messungen des Sonnenwindes, der Elektronendichte und der Temperatur in der Umgebung des Kometen werden diesmal primär als Hintergrund für die Auswertung der chemischen Messungen benutzt. Gleichwohl könnte es aber Möglichkeiten geben, das Plasmaverhalten von Schwassmann-Wachmann 3 bei Exkursionen in den Bugschock und Kometenschweif zu untersuchen.

Die ausgedehnte Untersuchung eines Kometen durch Rosetta sollte wenigstens einige der Fragen, die die Giotto- und Vegamissionen aufgeworfen haben, klar beantworten. Viel hängt davon ab, was auf seine Entdeckung wartet, und wieviel einer Mission des Rosetta-Typs bei einem alten Kometen wie Schwassmann-Wachmann 3 zugänglich sind. Wenn z. B. aktive Gebiete leicht identifiziert werden können und der Lander sie auch trifft, dann könnten wirklich bemerkenswerte Ergebnisse gewonnen werden. Das korrekte Plazieren des Oberflächenpakets dürfte allerdings genauso viel Glück wie Sorgfalt erfordern.

In dieser Beziehung geht die neue Version von Rosetta weniger Risiken ein als die alte, bei der alles davon abhing, gute Proben an einer einzigen Stelle einzusammeln. Wegen des Gewichts und aus finanziellen Gründen hätte man auf Wissenschaft mit Instrumenten vor Ort fast gänzlich verzichten müssen, eine Aussicht, die viele in der Kometenforschung mit Unbehagen sahen. Große, technische Hürden warteten auch bei den Methoden, die „Eiskrem" sicher in einem gefrorenen und unveränderten Zustand zur Erde zu bringen. Bei der neuen Mission versprechen bereits die Messungen an Gas und Staub in der inneren Koma viele wichtige Ergebnisse, ganz unabhängig davon, ob der Lander Erfolg hat.

Wesentliche Schlußfolgerungen, wie ein Komet seine flüchtigen Bestandteile speichert, sollten von den Daten über die Gasmoleküle und -ionen kommen. Die Möglichkeiten reichen von verstreuten Klumpen gefrorenen Wassers und Kohlenmonoxids bis zu einem engen Zusammenhang der flüchtigen Bestandteile mit den kohlenstoffreichen Hüllen der Mineralkörner. Diagnosen dieser Art sollten dabei helfen herauszufinden, wie das Eismaterial der Kometen zusammengekommen ist, erst im interstellaren Raum und dann bei der Entstehung der Planetesimals, als das Sonnensystem geboren wurde. Präzise Zahlen über die relativen Häufigkeiten verbreiteter und seltener Atome bilden eine sicherere Grundlage für die Identifikation kometarischer Beiträge zu den flüchtigen Reservoirs der Planeten. Auf diese Weise kann Rosetta die Debatte darüber voranbringen, ob die Kometen zur Entstehung der Meere und der Atmosphäre der Erde beigetragen haben.

Abertausende einzelner Staubteilchen werden den Massenspektrometern und dem Rasterelektronenmikroskop an Bord von Rosetta ihre Geheimnisse verraten. Die Wissenschaftler würden am liebsten dasselbe Teilchen mit beiden Geräten untersuchen, um sowohl sein Aussehen als auch seine komplette Zusammensetzung zu kennen. Aber selbst wenn dieser Probentransfer technisch nicht machbar sein sollte, so wird zumindest die statistische Auswertung von beiden Instrumenten die verschiedenen Staubteilchenklassen vollständig beschreiben können.

Die „Stellararchäologen" werden nach Signaturen in den einzelnen Staubteilchen suchen, die von deren Ursprung bei verschiedenen Sternen noch vor der Geburt der Sonne berichten. Die mineralischen Komponenten in den Körnchen werden einen lebhaften Eindruck von den Materialien vermitteln, die bei der Bildung des Sonnensystems zur Verfügung standen, um die felsigen Bestandteile der Planeten aufzubauen. Und eine bessere Kenntnis der Kohlenstoffverbindungen in den Körnchen, die das enorme Interesse an den Giotto- und Vegaresultaten ausgelöst hatten, werden die gegenwärtigen Überlegungen über eine Rolle der Kometen bei der Entstehung des Lebens entweder bestätigen oder verändern.

Wenn der Cometary Matter Analyzer auf Rosetta die chemischen Reaktionen der kohlenstoffreichen Staubteilchen mit Wasser untersuchen kann, dann wäre ein direkter Test der Krueger-Kissel–Hypothese möglich, daß solche Körnchen den Beginn des Lebens bewirkten. Die verwandte Idee, daß die Kometenkörnchen die ersten lebenden Zellen waren und die wertvollen Molekülmischungen vor der Verdünnung in der Ursuppe schützten, könnte das Elektronenmikroskop testen. Es wird dieselben flockigen Teilchen sehen, die wir als IDPs, interplanetare Staubpartikel, in der oberen Erdatmosphäre einfangen, doch in frischem Zustand, bevor sie von langer Sonnen- und Kosmischer Bestrahlung verändert und beim Eintritt in die Erdatmosphäre zudem geröstet wurden. Diese Verbindung ist entscheidend für die Theorie, daß Kometenstaub das Wasser auf der Erde mit Kohlenstoffverbindungen versorgte.

Die Kartierung des Kometen Schwassmann-Wachmann 3 und die Beobachtung seiner Veränderungen, während er sich der Sonne nähert, sollten mehrere Grundfragen über seine Natur und sein Verhalten beantworten. Besteht er aus einer Anzahl von Blöcken, wie es Uwe Keller aus den Giottobildern schloß und das Zerfallsmuster des Unglückskometen Shoemaker-Levy 9 am Jupiter in ähnlich große Subkometen nahelegt? Stammt das freigesetzte Gas von der Oberfläche oder aus tieferen Schichten? Sind Ort und Charakter der Emissionen in größerem Sonnenabstand, wo das Kohlenmonoxid leichter als Wasser sublimiert, ein anderer? Was entscheidet darüber, wo aktive Gebiete entstehen? Wie verändern die Emissionsprozesse die Oberfläche des Kometen?

Das Studienteam zu Rosetta empfiehlt, zwei Mikrowelleninstrumente zur Nutzlast hinzuzufügen, wenn es das Massenbudget zuläßt. Ein passiver Sensor könnte Radiowellen registrieren, die in bis zu 1 m Tiefe unter der Kometenoberfläche entstehen, und der Vergleich mit der Oberflächentemperatur zeigt, wie effektiv die Wärmeisolation der äußersten Schicht des Kerns ist. Das gleiche Instrument könnte auch als Spektrometer die charakteristische Mikrowellenemission von Wasserdampf und anderem in der Koma nachweisen.

Das andere vorgeschlagene Instrument wäre ein aktives Radar, das vielleicht die Kommunikationsantenne zum Senden und Empfangen von Pulsen benutzen könnte. Die Echos gäben dann Auskunft über Rauhigkeit und Topographie der Oberfläche, und die Wellen würden auch etwas in die Oberfläche eindringen, was Hinweise auf die (In-)Homogenität des Kerninneren liefern würde.

Die Beiträge Rosettas zur Kometenforschung werden sich nicht auf den einen Kometen beschränken. Die Kamera und der Spektrograph werden die Entwicklung der Atmosphäre und der Staubwolken beobachten, während Schwassmann-Wachmann 3 bei abnehmender Sonnendistanz immer aktiver wird. Zusammen mit den chemischen Instrumenten sollten sie manchem subtilen Prozeß auf die Spur kommen, der das Verhalten von Gas und Staub und ihre Wechselwirkung mit dem Sonnenwind beeinflußt, und der bei der Bewertung von Fernbeobachtungen an anderen Kometen von der Erde oder Weltraumteleskopen aus hilft. Das ganz andere Verhalten eines „neuen" Kometen bei seinem ersten Sturz in Richtung Sonne kann in diesem Licht besser verstanden werden.

Falls der Start von Rosetta um etwas mehr als ein Jahr auf den April 2002 vorgezogen werden könnte*, dann könnte die Ausnutzung eines Swingby an der Venus und zweien an der Erde sagenhafte 700 kg Treibstoff einsparen. Die wissenschaftliche Nutzlast könnte dann drastisch erweitert werden, und doch wäre die Mission zur gleichen Zeit wie der Referenzplan abgeschlossen. Die zusätzlichen Beiträge müßten allerdings von anderen Organisationen und Ländern als der ESA und ihren Mitgliedern stammen.

Rosetta wird die Kometenforschung ein großes Stück voranbringen, ähnlich wie Giotto und die Vegasonden. Bei den alten Plänen der Probenbeschaffungsmission hatte es immer ein gewisses Unbehagen gegeben, vor dem Abschluß von CRAF ein derartiges Wagnis einzugehen. Nun wo Rosetta CRAF gewissermaßen übernommen hat, ist die Reihenfolge der Ereignisse bis hin zu einer Probenmission irgendwann in der Zukunft logischer, wenn auch langwieriger.

Die politische und technologische Szenerie der Weltraumforschung wird im 21. Jahrhundert völlig anders aussehen. Ohne den Wettstreit des Kalten Krieges werden sich die Rollen der USA und Rußlands ändern, und andere Raumfahrer aus Europa, Japan, China und anderswo werden eine relativ größere Rolle spielen. Eine zunehmende internationale Kooperation ist wahrscheinlich. Prestige allein reicht nicht mehr aus als Begründung für teure Großtaten mit paramilitärischen Technologien. Motive und Verwendung der Mittel für die Weltraumforschung müssen klarer gefaßt und den Steuerzahlern der Welt „verkauft" werden. Die neue Stimmung paßt zum durchdachten, schrittweisen Vorgehen, das die europäische Weltraumforschung ausmacht.

---

* Wie sich in der Raumfahrt die Ereignisse überstürzen: Siehe Seite 225.

Starke neue Motivationen könnten gleichwohl auftreten und den Weltraumunternehmungen neuen Antrieb verleihen. Die Ansiedlung von Menschen außerhalb der Erde mag ein Motiv sein oder der Aufbau eines Abwehrsystems gegen Asteroiden und Kometen (was der Kometenforschung anhaltendes Interesse garantieren würde). Die Geschwindigkeiten der Raumsonden könnten dank Miniaturisierung und neuer Antriebstechnologie dramatisch zunehmen. Neben dem solarelektrischen Antrieb, der immer noch seiner Entwicklung harrt, bieten sich Sonnensegel und thermonukleare Impulstriebwerke für Missionen, bemannt wie unbemannt, im Sonnensystem an. In einer solchen Umgebung mag das Anbohren eines Kometen und der Probentransfer zur Erde eines Tages trivial erscheinen.

Wer weiß? Im Jahre 2061, fünfzig Jahre nachdem Rosetta ihre Mission beendet hat, kehrt der Halleysche Komet ein weiteres Mal in die Nachbarschaft der Sonne zurück. Vielleicht werden dann Astronauten auf ihm reiten und aus erster Hand die Jets bewundern, die Giotto sah, als er seinen unvergeßlichen Sturz in die Staubwolken des berühmtesten aller Kometen tat.

Schemaskizze der Rosetta-Sonde, kurz nach der Neuorientierung des Programms. Auffällig die Ähnlichkeit mit einem Nachrichtensatelliten, neu natürlich die Landekapsel. In den Jahren bis zum Beginn des eigentlichen Sondenbaus wird sich das Bild noch in Manchem wandeln. (Bild: MPG)

Letzte Nachricht – Rosetta 1994

Überraschend großes Interesse unter den Kometenforschern hat die ESA 1994 bewogen, die Rosetta-Mission noch einmal bedeutend abzuändern: Anstatt zum Kometen Schwassmann-Wachmann 3 – Ankunft Juni 2008 – soll die Reise jetzt zu Wirtanen gehen, der allerdings erst drei Jahre später erreicht werden kann.

Das unverhofft starke Interesse, das die Verkündung der in diesem Kapitel beschriebenen neuen Rosetta-Mission ausgelöst hat, war paradoxerweise der Grund dafür, von dieser Mission Abschied zu nehmen. Die Wissenschaftler schlugen so viele lohnende Experimente für die Landestation des Kometenorbiters vor, daß die alte Rosetta sie nicht zu Schwassmann-Wachmann 3 hätte tragen können. Da gute Wissenschaft das erstrangige Motiv für Europas aufwendigstes interplanetares Unternehmen sein sollte, fiel im Frühjahr 1994 die klare Entscheidung: Jetzt sieht die neue ‚Baseline'-Mission 2 Surface Science Stations zu je 45 kg vor, und das Ziel ist der Komet Wirtanen. Der Starttermin rückt nun sogar um ein halbes Jahr auf den 22. 1. 2003 vor, doch der Komet selbst kann erst am 28. 8. 2011 erreicht werden; das Perihel ist am 21. 10. 2013.

Auch wenn die erneute Verzögerung bitter ist (und Probleme bei der weiteren Entwicklung des Projekts oder auch der unverzichtbaren Ariane-5-Rakete könnten natürlich auch den neuen Plan gefährden), so wird doch am Ende wohl mehr Wissenschaft stehen als bei der ursprünglich geplanten Mission. Der neue Zielkomet wird als physikalisch interessanter eingeschätzt. Schwassmann-Wachmann 3 ist entweder sehr dunkel oder klein (etwa 1,5 km), zeigt große und irreguläre nichtgravitative Kräfte und ist bei den meisten Erscheinungen seit seiner Entdeckung 1930 nicht mehr beobachtet worden. Wirtanen dagegen ist seit seiner 1948er Entdeckung 7mal gesehen und nur einmal verpaßt worden, mithin gibt es wesentlich mehr Beobachtungen von ihm. Er ist wesentlich aktiver, heller und daher vermutlich auch größer, die absolute Helligkeit ist 9,4 gegenüber 11,5 Helligkeitsklassen: Er ist also 7mal so hell wie Schwassmann-Wachmann 3 und setzt mit 2×10^{28} Molekülen pro Sekunde auch etwa 3mal soviel Gas frei. Alle 5,5 Jahre umkreist er die Sonne auf einer um 11 Grad gegen die Ekliptik geneigten Bahn der Exzentrizität 0,65, die ihn der Sonne bis auf 1,06 Astronomische Einheiten nahebringt. Er ist also auch ein typischer Jupiter-Komet.

Die Anreise zu Komet Wirtanen, die statt eines Mars- und eines Erd-Swingby einen Mars- und 2 Erd-Swingbys erfordert, erlaubt den Besuch von mindestens 2 Asteroiden (Ministrobell und Shipka) und vielleicht sogar noch einem dritten. Bei der alten Mission waren es einer, höchstens 2. Der größte Gewinn der Missionsänderung dürfte aber vor allem in dem ungeahnten Motivationsschub für vor allem die europäische Planetenforschung und -technologie liegen. Zahlreiche Arbeitsgruppen und Raumfahrtagenturen arbeiten bereits an kleinen Rovern oder „Krabbeltieren", die sich auf einer Kometenkernoberfläche fortbewegen könnten. Bei der DLR in Köln, der Hochburg der Kometensimulation unter Laborbedingungen, hat man bereits mit Versuchen begonnen, wie sich eine Harpune oder ein Bohrer in einem Kometenkern verankern können. Eine „Randgruppe" der Planetenkundler, die sich auf die Erkundung von Oberflächen aus der Nähe spezialisiert hat und bisher vor allem den Mars im Visier hatte, rückt dank des neuen Konzepts plötzlich in den Mittelpunkt der Rosetta-Mission.

Daniel Fischer, nach Informationen von Gerhard Schwehm

Letzte Nachricht – Rosetta 1994

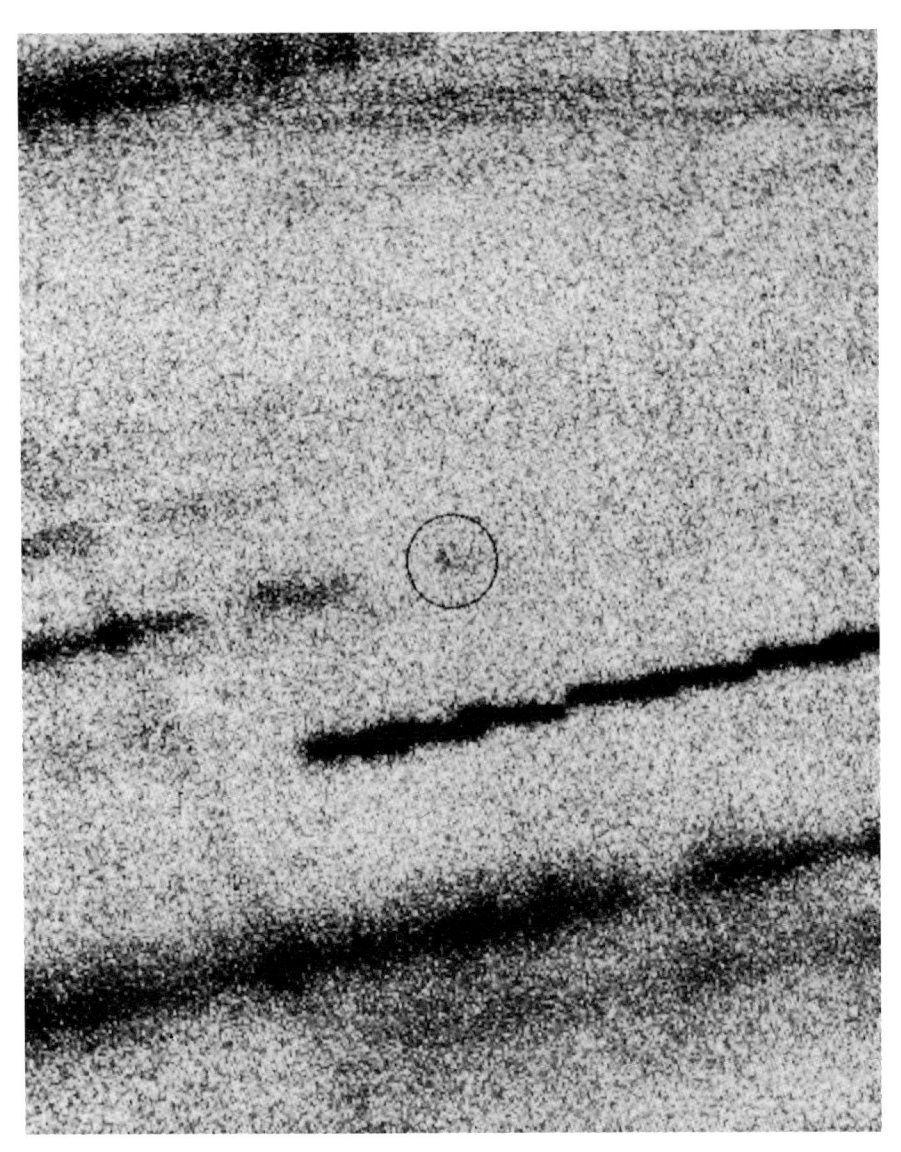

Halley und kein Ende: Im Januar 1994 ist es der Europäischen Südsternwarte ein weiteres Mal gelungen, den Kometen zu fotografieren – als er bereits 2,8 Mrd. km von der Sonne entfernt war. 3 3/4 Stunden lang wurden mit dem besonders leistungsfähigen New Technology Telescope der ESO rund 9000 Photonen des extrem schwachen Objekts aufgesammelt, dann entstand dieses Bild. Vermutlich ist es der reine Kern, der hier zu sehen ist, denn die Helligkeit des Fleckchens (26,5te astronomische Größenklasse) entspricht genau dem, was man von einem 6 × 15 km großen Brocken mit 4 % Albedo erwarten würde. Die ESO hofft nun, den Kometen bis zu seinem sonnenfernsten Punkt noch 30 Jahre später verfolgen zu können, dann allerdings mit dem erheblich größeren Very Large Telescope. (Bild: ESO)

Glossar

äußerer Planet: Planet jenseits des Asteroidengürtels, d. h. Jupiter, Saturn, Uranus, Neptun und Pluto
anomaler Schweif → Gegenschweif
Asteroid → Planetoid
Astronomische Einheit: der mittlere Abstand von Erde und Sonne, 149,6 Mio. km; grundlegende Einheit, wenn es um Planetensysteme geht

Cavity: Raum unmittelbar um einen Kometenkern, in dem das Magnetfeld des Sonnenwindes vollständig abgeschirmt ist und nur das Feld des Kerns selbst nachweisbar ist – sofern er eines besitzt
CCD: steht für Charge-Coupled Device, moderner elektronischer Bilddetektor, v. a. in der Astronomie und in den Kameras von Planetensonden seit den 80er Jahren in Gebrauch
Cruise Science: wissenschaftliche Routinemessungen, während sich eine Raumsonde durch den interplanetaren Raum von der Erde zu ihrem eigentlichen Ziel bewegt

Deep Space Network: Netz von Bodenstationen mit großen Antennenschüsseln, über die die NASA Kontakt zu (in erster Linie ihren eigenen) Raumsonden überall im Sonnensystem hält
DNS: Desoxyribonukleinsäure, das grundlegende Erbmolekül des Lebens
Dopplereffekt: Veränderung der Frequenz einer Strahlung, wenn sich Sender und Empfänger relativ zueinander bewegen
Downlink: Funksignale einer Raumsonde zur Erde
DSN: Deep Space Network der NASA, ein Netz großer Antennen zur Kommunikation mit interplanetaren Sonden
Drallstabilisierung: eine Raumsonde rotiert um eine Achse, so daß der Drehimpuls für eine stabile räumliche Ausrichtung sorgt; technisch leichter zu erreichen als eine ruhende Dreiachsstabilisierung

Encounter: Begegnung einer Raumsonde mit einem Körper des Planetensystems, ohne daß sie in eine Bahn um ihn einschwenken kann; alle Beobachtungen müssen sich auf einen kurzen Zeitraum konzentrieren
Entdrallmotor: ein Motor, der bei einer drallstabilisierten Raumsonde in genau der gleichen Rotationsgeschwindigkeit mit umgekehrtem Vorzeichen läuft und so eine Parabolantenne auf die Erde ausgerichtet halten kann
Enzyme: in Organismen gebildete, komplexe Moleküle, die allein durch ihre Gegenwart, d. h. ohne im Endprodukt aufzutauchen, Richtung und Geschwindigkeit biologischer Vorgänge bestimmen oder beschleunigen; die organisch-chemische Entsprechung der Katalysatoren in der anorganischen Chemie
ESOC: European Space Operations Centre, Darmstadt, Deutschland
ESTEC: European Space Research and Technology Centre, Noordwijk, Niederlande

Gegenschweif: ein Staubschweif eines Kometen, der am Himmel in Richtung Sonne zu zeigen scheint; in Wirklichkeit ist es ein geometrischer Projektionseffekt, und die (in diesem Fall besonders großen und trägen) Staubteilchen liegen wie alle anderen der Sonne ferner als der Komet im Raum
Gravitation: die Eigenschaft von Massen, sich gegenseitig anzuziehen
gravitativ: von der Gravitation bewirkt

Hibernation: die erstmals von der ESA bei Giotto erprobte Technik, eine Raumsonde monate- oder jahrelang völlig sich selbst zu überlassen, was insbesondere Geld spart, da keine Flugkontrolleure mehr gebraucht werden
ICE = International Comet Explorer: vormals ISEE 3; eine amerikanische Raumsonde zur Erforschung des interplanetaren Raums, die durch Swingbys am Mond in den Kometen Giacobini-Zinner umgelenkt werden konnte
IHW = International Halley Watch: ein vom JPL initiiertes Programm zur systematischen Erfassung von Beobachtungen des Kometen Halley jedweder Art, von Helligkeitsschätzungen durch Amateurastronomen bis hin zu den Messungen der Raumsonden
Impakte: Einschläge von Meteoriten und Kometen auf andere, größere Körper des Planetensystems, v. a. feste
innere Planeten: Merkur, Venus, Erde und Mars
Integration (einer Sonde): Einbau der diversen Komponenten, v. a. der wissenschaftlichen Nutzlast, und ihr Anschluß an die Bordverkabelung etc.

interplanetarer Raum: der Raum zwischen den Planeten, der nur leer aussieht; in Wirklichkeit ist er von Sonnenwind und Staubteilchen jeder Größe erfüllt
interstellar: zwischen den Sternen befindlich; hier befindet sich heißes und kühles Gas, Plasma, aber auch Staub
Ion: durch Abgabe oder Aufnahme eines oder mehrerer Elektronen elektrisch aufgeladenes Atom oder Molekül
Ionisation: der Prozeß, bei dem ein Atom oder Molekül zum Ion wird, z. B. durch Strahlung oder Stoß
Iridium: Edelmetall der Platingruppe, das in irdischen Sedimenten so selten vorkommt, daß seine Anreicherung nahe der Epochen großen Artensterbens in der Erdgeschichte als Indiz für die Verwicklung kosmischer Körper gewertet wird
ISEE = International Sun Earth Explorer: Serie von drei US-Raumsonden, deren dritte zum ICE wurde
IUE: International Ultraviolet Explorer; das erfolgreichste astronomische Observatorium, das seit 1978 um die Erde kreist und unzählige Beobachtungen an Himmelskörpern von Kometen bis hin zu Aktiven Galaxien gemacht hat

Jets: im Gegensatz zum Gebrauch in der Astrophysik sind in der Kometenforschung Gas- und Staubstrahlen gemeint, die von einem Kometenkern ausgehen
JPL: Jet Propulsion Laboratory der NASA, Pasadena, Kalifornien, USA

Katalysatoren: Stoffe, die chemische Reaktionen beschleunigen, verzögern oder lenken, ohne selbst im Endprodukt enthalten zu sein
Kleinplanet → Planetoid
Koma: Gas- und Staubhülle eines Kometen, zusammen mit dem Kern auch als Kopf bezeichnet
kurzperiodischer Komet: Komet mit einer Umlaufzeit um die Sonne von weniger als 200 Jahren, wodurch er sich häufig im gravitativen Einflußbereich der Planeten befindet und oft gestört wird; kurzperiodische Kometen gehören mithin meist zu den „Familien" bestimmter Planeten

langperiodischer Komet: Komet mit einer Umlaufzeit von mehr als 200 Jahren

Massenspektrometer: Gerät zum Bestimmen der Massen von Atomen und Molekülen mit Hilfe von Ionisation und Magnetfeldern
Meteor: Leuchterscheinung in der Erdatmosphäre, hervorgerufen von einem kosmischen Staubteilchen, das beim Verglühen die Luft ionisiert

Meteoroid: ein kosmisches (Staub-)Teilchen, solange es noch durch den Raum zieht

Meteorit: ein kosmischer Festkörper, der den Sturz durch die Erdatmosphäre überstanden hat (also nicht vollständig verglüht ist) und den Boden erreicht

Meteorstrom oder Sternschnuppenschwarm: alljährlich um die gleiche Zeit auftretende Häufung von Meteoren, die vom gleichen Punkt am Himmel auszugehen scheinen und auf Meteoroide in der Bahn eines Kometen zurückgehen

Mikrometer: ein Tausendstel Millimeter, Zeichen µm

Moleküle: kleinste, aus zwei oder mehr Atomen bestehende Teilchen einer chemischen Verbindung

nichtgravitative Kräfte: Raketeneffekte durch Jets, die einen Kometen von derjenigen Bahn abweichen lassen, die er unter Berücksichtigung der gravitativen Wirkungen der Planeten und natürlich der Sonne eigentlich beschreiben müßte

OAO = Orbiting Astronomical Observatory: ein früher amerikanischer Astronomie-Satellit im Erdorbit

Oort-Wolke, Oortsche Wolke: hypothetische Wolke aus Milliarden von Kometenkernen in großem Abstand von der Sonne, aus der neue, langperiodische Kometen ins innere Sonnensystem stürzen können

Omnidirektionalantenne: eine kleine Antenne ohne ausgeprägte Richtwirkung, mit Hilfe derer Raumsonden zur Erde Kontakt halten, wenn die Hochgewinnantenne aus welchen Gründen auch immer nicht zur Erde zeigt

Orbit: Bahn eines Himmelskörpers (oder Satelliten) um einen anderen

Perihel: sonnennächster Punkt eines Orbits

periodischer Komet: ein Komet, der auf einer Ellipse um die Sonne reist und daher eines Tages wieder ins Perihel gelangt

PI = Principal Investigator: der für Entwicklung, Betrieb und Auswertung der Daten eines Experiments auf einer Raumsonde maßgeblich verantwortliche Wissenschaftler; bei der ESA muß er auch für die Finanzierung des Experiments sorgen

Pixel: Abkürzung für Picture Element, das quadratische oder rechteckige kleinste Bildelement eines elektronischen Detektors, v. a. einer CCD

Planetoid: kleiner Planet, meist auf einer Bahn zwischen Mars und Jupiter

Plasma: hochionisiertes Gas, das aus Ionen und neutralen Atomen sowie aus freien Elektronen und Lichtquanten besteht

Plasmaschweif: der Teil eines Kometengasschweifs, der aus ionisiertem Gas besteht und daher der Wechselwirkung mit dem Sonnenwind unterliegt
Produktion: die Freisetzung von Gas und Staub aus einem Kometenkern
Proteine: einfache Eiweiße, die nur aus Aminosäuren aufgebaut sind; hochmolekulare, organische Verbindungen, die die Grundbausteine der lebenden Substanz und Träger aller Lebensprozesse sind

solar: von der Sonne oder auf die Sonne bezogen
solarterrestrisch: die Auswirkungen solarer Effekte aller Art auf die Erde betreffend
Sonnenaktivität: Vielzahl von Erscheinungen auf der Sonnenoberfläche, die von im Mittel mit 11-jähriger Periode schwankenden Magnetfeldkonfigurationen der Sonne ausgelöst werden
Sonnenflare: besonders heftige Manifestation der Sonnenaktivität, bei der es zu Eruptionen von Materie und Schauern geladener Teilchen auch auf der Erde kommen kann
Sonnenwind: Strom geladener Teilchen von der Sonne, der das ganze Planetensystem durchweht
Starmapper: kleine Kamera, die den Sternhimmel fotografiert und durch Vergleich mit gespeicherten Himmelskarten die räumliche Orientierung einer Sonde ermitteln hilft
Staubschweif: Kometenschweif aus den vom Kern freigesetzten und danach ggf. noch weiter zerfallenen Staubteilchen, die vom Strahlungsdruck der Sonne aus der Kometenbahn weggedrückt werden
Strahlungsdruck: Druck, den ein durch einen Körper reflektierter oder absorbierter Lichtstrahl auf diesen ausübt, durch die Änderung des Impulses der auf den Körper treffenden Lichtquanten
Swingby: Methode der energiesparenden Bahnänderung einer Raumsonde durch engen Vorbeiflug an einem Planeten

terrestrisch: von der Erde oder auf die Erde bezogen

ultraviolett: elektromagnetische Strahlung mit etwas kürzeren Wellenlängen als das sichtbare Licht
Uplink: Funksignale von der Erde zu einer Raumsonde
Unschärferelation: von Heisenberg entdecktes Prinzip der Quantenmechanik, nach dem einem Elementarteilchen nicht gleichzeitig bestimmte Werte für gewisse Paare physikalischer Größen (z. B. Impuls und Ort) mit beliebiger Genauigkeit zugeschrieben werden können

VLBI = Very Long Baseline Interferometry: phasengenaue Zusammenführung der empfangenen Radiostrahlung von einer kosmischen Quelle oder einer Raumsonde, die an verschiedenen Orten gemessen wurde, mitunter auf verschiedenen Kontinenten; erlaubt die Ortsbestimmung der Quelle mit enormer Präzision

Springer-Verlag und Umwelt

Als internationaler wissenschaftlicher Verlag sind wir uns unserer besonderen Verpflichtung der Umwelt gegenüber bewußt und beziehen umweltorientierte Grundsätze in Unternehmensentscheidungen mit ein.

Von unseren Geschäftspartnern (Druckereien, Papierfabriken, Verpackungsherstellern usw.) verlangen wir, daß sie sowohl beim Herstellungsprozeß selbst als auch beim Einsatz der zur Verwendung kommenden Materialien ökologische Gesichtspunkte berücksichtigen.

Das für dieses Buch verwendete Papier ist aus chlorfrei bzw. chlorarm hergestelltem Zellstoff gefertigt und im pH-Wert neutral.

Printing: Druckerei Zechner, Speyer
Binding: Buchbinderei IVB, Heppenheim